界面设计 1+X 证书制度系列教材

界面设计〔初级〕

主　编　腾讯云计算〔北京〕有限责任公司

副主编　余灿灿　袁守云　刘腾　谭昕

中国教育出版传媒集团

高等教育出版社·北京

内容简介

　　本书为界面设计 1+X 证书制度系列教材之一，根据《界面设计职业技能等级标准》（以下称《等级标准》）中的界面设计职业技能等级要求（初级）编写，采用基础理论知识结合企业实际项目的形式，以任务驱动方式推进，以腾讯出品的设计项目为原型搭建内容架构，通过"腾讯在线教育部 2020 年年会创意设计""TDW 腾讯设计周平面设计"和"腾讯企鹅辅导 App 界面设计" 3 个项目的实施，将设计基础、平面设计、界面设计等模块的核心内容与《等级标准》中的知识点高度融合，结构清晰、理实结合，使学生在鲜活案例和实战项目中掌握平面构成、色彩基础、版式设计、图形设计、软件基础、开发流程、设计规范、交互设计、视觉基础、设计交付等知识与技能，并能围绕核心考点加强备考训练，顺利达成考证要求。

　　本书可作为界面设计 1+X 职业技能等级证书（初级）认证的教学和培训教材，也可作为在职设计师、UI 设计爱好者的自学参考书。

图书在版编目（C I P）数据

　　界面设计 : 初级 / 腾讯云计算（北京）有限责任公司主编 . --北京 : 高等教育出版社，2021.4（2024.1 重印）
　　ISBN 978-7-04-055423-6

　　Ⅰ . ①界… 　Ⅱ . ①腾… 　Ⅲ . ①人机界面-程序设计-高等职业教育-教材 　Ⅳ . ①TP311.1

　　中国版本图书馆 CIP 数据核字（2021）第 023927 号

Jiemian Sheji（Chuji）

策划编辑	侯昀佳	责任编辑	刘子峰	封面设计	王 洋	版式设计	于 婕
插图绘制	邓 超	责任校对	王 雨	责任印制	刁 毅		

出版发行	高等教育出版社	网　　址	http://www.hep.edu.cn
社　　址	北京市西城区德外大街 4 号		http://www.hep.com.cn
邮政编码	100120	网上订购	http://www.hepmall.com.cn
印　　刷	北京市鑫霸印务有限公司		http://www.hepmall.com
开　　本	787 mm×1092 mm　1/16		http://www.hepmall.cn
印　　张	21		
字　　数	490 千字	版　　次	2021 年 4 月第 1 版
购书热线	010-58581118	印　　次	2024 年 1 月第 8 次印刷
咨询电话	400-810-0598	定　　价	59.50 元

前 言

2019 年 4 月，教育部等四部门印发了《关于在院校实施"学历证书+若干职业技能等级证书"制度试点方案》（以下简称《试点方案》）的通知，正式启动高等职业教育培养模式的改革，重点围绕服务国家需要、市场需求、学生就业能力提升启动 1+X 证书制度试点工作。《试点方案》的重点之一是强调职业技能证书在高等职业教育中的作用，将校内的职业教育和校外的职业培训有机结合形成新的技术技能人才培养模式。

为响应新时期职教改革，配合 1+X 证书制度试点工作的开展，发挥职业技能证书在高等职业教育中的作用，腾讯云计算（北京）有限责任公司联合高等职业院校专家共同起草《界面设计职业技能等级标准》。该标准明确了界面设计职业技能等级对应的工作领域、工作任务及职业技能要求，并能适用于界面设计职业技能培训、考核与评价及相关用人单位的人员聘用、培训与考核。基于此背景，我们开发了本套系列教材，分别对应《界面设计职业技能等级标准》中的初、中、高级，能同时满足读者知识学习、技能训练及 1+X 证书考证需求。

本书涵盖设计基础、平面设计、界面设计等内容，服务面向的工作岗位（群）包括 IT 互联网企业，各企事业单位、政府部门等的信息化数字化部门，以及从事移动端 App 界面设计相关工作的设计师。

本书按项目式教材编写思路开发，以腾讯公司项目"腾讯在线教育部 2020 年年会创意设计""TDW 腾讯设计周平面设计""腾讯企鹅辅导 App 界面设计"为内容载体，把项目分解为 12 个实战任务，对接设计基础、平面设计、界面设计三大模块，囊括平面构成、色彩基础、版式设计、图形设计、软件基础、开发流程、设计规范、交互设计、视觉基础、交互文档等知识点与技能点。在具体教学应用中，每个任务均可单独作为案例引导串讲知识点：项目 1 重点剖析平面构成、色彩设计、版式设计、图形创意、字体设计等视觉设计的基础关键知识，为界面设计的学习夯实基础，亦使界面设计师具备更全面的视觉创意设计能力；项目 2 重点解决平面设计中图像处理与图形处理两大基本问题，将界面设计的基本技能与 Photoshop 和 Illustrator 两款优秀软件的操作结合起来，解决视觉表现与工作效率并举这一难点；项目 3 重点讲解界面设计入门所需知识和移动端界面设计全流程制作过程，将移动端界面设计的基本技能融入其中，为读者了解或进入界面设计职业技能初级岗位提供全面的专业支持。在相应的项目模块后亦设置了对接知识点的强化训练习题，同时也安排了多元案例用于巩固项目实操技能，使学生能举一反三、融会贯通，应用教材中的知识及技能解决同类问题，有效实现知识与技能的掌握。

　　本书于 2021 年 4 月出版后，编者基于广大院校师生的教学应用反馈并结合最新的课程教学改革成果，同时为贯彻党的二十大精神进教材、进课堂、进头脑要求，进一步全面落实立德树人的根本任务，对相关知识内容及案例设计不断优化与更新。通过学习本书，学生既能了解界面设计的概念与基础理论，又能掌握界面设计的流程与方法，还能独立完成基础界面设计，制作完整的移动端 UI 作品，为进阶学习打下基础。同时，本书也注重培养学生的基本美学鉴赏与表达能力、艺术创新创作思维、设计师职业道德与职业操守、民族文化自信与文化传承精神等基本职业素养，加强行为规范与思想意识的引领作用，落实新时代德才兼备的高素质艺术设计类人才培养要求。

　　本书由腾讯云计算（北京）有限公司主编，深圳职业技术学院余灿灿、袁守云、刘腾、谭昕（排名不分先后）任副主编。项目 1 由余灿灿编写，项目 2 由袁守云编写，项目 3 由刘腾编写，谭昕负责案例规化与体例设计。感谢腾讯云计算（北京）有限责任公司同仁的全力支持和信赖。

　　由于编者水平有限，书中错误与疏漏之处在所难免，敬请各位专家、同行、读者批评指正。

编者

2023 年 7 月

目　录

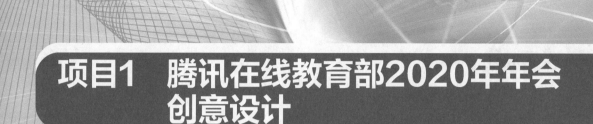

项目1 腾讯在线教育部2020年年会创意设计

学习目标

（一）知识目标

1. 掌握平面构成的基本概念、基本形式、法则及应用方法。

2. 掌握色彩构成的基本原理、一般规律及色彩设计技巧。

3. 掌握版式设计的定义、视觉流程原理及版式设计法则。

4. 掌握图形的概念、功能与意义，掌握图形创意的表现形式与手法，能进行图形创意表达。

5. 掌握字体的相关概念，能运用相关技巧完成字体设计。

（二）技能目标

1. 掌握企业年会视觉设计的需求分析方法。

2. 掌握品牌基因与企业年会创意的结合方法。

3. 掌握企业年会视觉设计的创意推导方法。

4. 掌握企业年会主舞台视觉设计方法。

5. 掌握企业年会互动区的设计方法。

6. 掌握企业年会邀请函的设计方法。

7. 掌握企业年会礼品外包装的设计方法。

（三）素质目标

1. 培养设计需求分析能力。

2. 培养设计美感与审美能力。

3. 培养理论与实操的结合能力。
4. 培养创意落地执行能力。
5. 提升团队协作能力。

项目描述

项目描述

（一）项目背景及需求

腾讯在线教育部（简称 OED）隶属于腾讯 CSIG 云与智慧产业事业群，负责腾讯在线教育业务。OED 通过打造腾讯课堂、企鹅辅导和 ABCmouse 等产品，深耕在线职业教育、K12 在线教育和少儿英语教育等市场，构建学员、教育机构、教育内容、教育技术等新生态体系，让优质教育触手可及。本项目是为 OED 2020 年年会完成视觉创意及相关延展设计。本次年会以 OED 成立三周年为契机，通过结合交互创意、视觉引导、体验设计等手段向观众呈现与往年不同的创意视觉盛宴，彰显"以科技引领教育未来，让优质教育触手可及"的核心愿景，呈现辉煌历程，突出旗下拳头产品，提升员工凝聚力。

OED 2020 年年会的设计任务需求如图 1-1 所示。

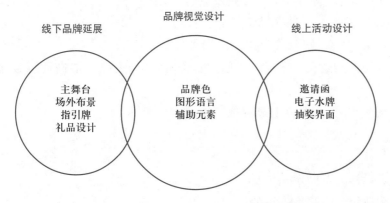

图 1-1　OED 2020 年年会的设计任务需求

本页彩图

本次年会以"OED 成立三周年+部门发展+无限可能"为创意切入点，引用老子《道德经》中"三生万物"作为主视觉形象，并展开相关创意设计。在结合主题"OED 在接下来的若干三年里有着无限发展可能"的基础上，选取自由度极高且具有较大弹性的"街头风+赛博朋克+潮流拼贴"作为本项目的主视觉风格（图 1-2），

图 1-2　主视觉风格概念图

同时基于视觉风格确定视觉形态载体（图1-3），将代表生命之源、寓意无限可能的水珠结合墙贴形态，通过循环动态效果呈现在主舞台背景中（图1-4），同时将水、霓虹灯、铁丝网、胶带等视觉形态应用贯穿于项目的各项延展设计。品牌色以红色向玫红色渐变为主，突出视觉核心，整体基调以黑色为主，色彩搭配呈现炫酷、潮流、创新及活力。品牌色概念图如图1-5所示。

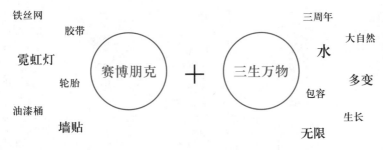

图1-3　视觉形态载体头脑风暴图

图1-4　舞台背景动态效果概念设计　　　　　　本页彩图

视觉元素配色：

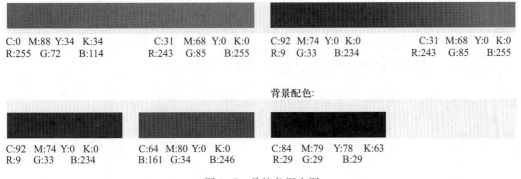

C:0　M:88　Y:34　K:34	C:31　M:68　Y:0　K:0	C:92　M:74　Y:0　K:0	C:31　M:68　Y:0　K:0
R:255　G:72　B:114	R:243　G:85　B:255	R:9　G:33　B:234	R:243　G:85　B:255

背景配色：

C:92　M:74　Y:0　K:0	C:64　M:80　Y:0　K:0	C:84　M:79　Y:78　K:63
R:9　G:33　B:234	B:161　G:34　B:246	R:29　G:29　B:29

图1-5　品牌色概念图

（二）项目结构

腾讯OED 2020年年会创意设计包含主舞台视觉设计、互动区创意及视觉设计、平面物料设计、礼品外包装设计、纪念徽章设计 5 个学习任务，如图 1-6 所示。

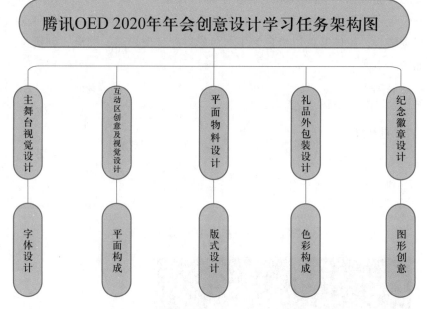

图 1-6 腾讯 OED 2020 年年会创意设计学习任务架构图

（三）项目工作

1. 主舞台视觉设计。
2. 互动区创意及视觉设计。
3. 平面物料设计。
4. 礼品外包装设计。
5. 纪念徽章设计。

任务 1-1 互动区创意及视觉设计

任务 1-1
互动区创意及视觉设计

【任务描述】

本任务通过对 OED 2020 年年会互动区功能、人流动线及应用需求进行分析，在符合项目主视觉风格的前提下完成互动区的创意及视觉设计，满足互动区通过视觉引导完成行为互动的需求。通过该任务掌握平面构成的基本概念、基本形式、法则及应用方法。功能区域示意图如图 1-7 所示。

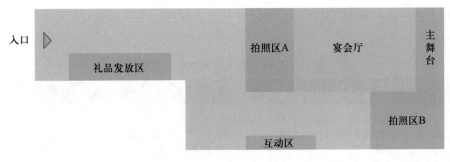

图 1-7　功能区域示意图

【问题引导】

1. 互动区的核心功能是什么？
2. 互动区的视觉设计元素铺排从哪些方面考虑？
3. 如何结合平面构成法则进行互动区视觉设计？
4. 互动区视觉设计风格怎样与主视觉风格统一？
5. 怎样通过视觉引导来宾参与互动？

【知识准备】

1. 平面构成的基本概念

平面构成是利用点、线、面等视觉元素，在二维空间按照美的视觉效果，以理性和逻辑性的手法进行编排和组合，重点研究在二维空间如何创造形象，如何运用构成的形式美法则组织形象与形象之间的关系，创造出具有强烈形式美感的新形态。平面构成的四大特征见表 1-1。

表 1-1　平面构成的四大特征

具有客观性	具有规律性			具有数学美与秩序美	具有理性与感性
通过观察、体验和联想，把客观世界中复杂多样的现象以逻辑分析的方式加以概括和理性认识，使人们能从艺术设计的角度形成对事物结构的重新审视	规律性由概念元素、视觉元素和关系元素表述			必须在观察现实生活的基础上分析生活现象，通过严格的逻辑思维将数理原理与美的观念相结合，产生视觉美感。平面构成展示了抽象与概括的力量、数学美和秩序美，这种数学美和秩序美也是现实世界广泛存在的形式美感	强调形态之间的比例、平衡、对比、节奏、律动等，同时又要讲究形态对人所传达的视觉感受及人的心理反应，具有美的价值取向、综合理性的逻辑思维和感性的体验情感
	概念元素	视觉元素	关系元素		
	存在于人们头脑中的元素，如点、线、面、体等抽象的意念形式	将概念元素体现在具体设计中的元素	指视觉元素的组合形式，通过框架、骨架及空间、重心、虚实、有无等因素决定		

　　根据平面构成视觉元素的不同，可以将其分为抽象形态构成和具象形态构成两大类，见表 1-2。

表 1-2　抽象形态构成和具象形态构成

名　称	概　念	类　型	特　征
抽象形态构成	将点、线、面等基本形及其他几何形态进行组合的构成形式	有机形	由点、线、面的大小、方向、疏密等的不同产生基本元素的变化，按不同的骨架和章法在形式美法则的指导下形成构图与画面
		偶然形	
具象形态构成	指自然界中存在的形态及人为创造的形态	自然形态	通常将形态的整体或局部打散、重组，重新构成一个新的形态
		人工形态	

　　平面构成构筑于现代科技美学基础之上，它综合了现代物理学、光学、数学、心理学、美学等诸多领域的成就，带来了新鲜的观念要素。在现代设计的创作实践中，平面构成对提高思维想象能力和造型能力、启迪设计灵感、探讨用多变的外部视觉形式来保证形式美感所追求的永恒性等方面具有探索和促进作用。

　　2. 点、线、面的概念及构成要素

　　在平面构成中，通过对形态的结构进行分析、概括得到组成形态的最基本元素——点、线、面，再通过多种方式形成千万种形态，构成丰富的视觉存在。

　　（1）点、线、面的概念与特征

　　点、线、面的概念与特征见表 1-3。

表 1-3　点、线、面的概念与特征

名　称	概　念	特　征
点	线的开始和终止，或两线相交的位置	1）点是一个视觉形象，有大有小，真实存在 2）在限定范围内，点的大小是有限度的，超过限度点就成为了面 3）点的形成在于它与空间面积的对比
线	由点移动的轨迹形成	1）有位置、方向、长度、形状、宽度等表征因素 2）表现形式上有粗细、浓淡、流畅、顿挫之分 3）视觉特征的多样化能提供富于表现力的造型手段
面	线的运动轨迹形成面	1）能给人带来饱满的感觉，使设计具有强烈的视觉冲击 2）有位置、方向、形状和虚拟的厚度

　　（2）点、线、面的构成要素

　　点的构成要素：点在几何学里是形成线的要素，是力学的中心及稳定的关键。作为视觉造型的"点"具有聚焦的作用，能刺激观察者产生注意力和紧张感。点在空间中的位置、数量、体量上的不同，带给人们的感受也会相差很多。当一个空间中只有一个点时，点在正中央，视觉感受是稳定、单纯、焦点集中；点离中央越远就越不稳定，当偏到极限时，它的聚焦作用最弱，注目作用会减少。当空间中有两个点时，点与点之间的关系会给画面带来不同的视觉效果。两个较为接近的点，其作用与一个点基本是一样的，适当地拉开一定距离会使人的视觉有成线的感受，两个点之间的距离越大，张力就越大。当空间中有 3 个及以上的点时，点的集中会产生面的视觉效果，点与点的距离拉得越开，面的感觉越弱。一组点沿一定的方向有序地由多到少排列，空间中就形成有方向感和运动感的图形。

　　线的构成要素：线对人们心理上的影响比点更加强烈，也更具有情感特征。不同种类的线各有特点，同时在一个空间出现时，会出现新的构成要素，因此线的表现力更具多样性和复杂性。宏观上把线分为直线和曲线两大类，见表 1-4。

表 1-4　直线和曲线

名称	概　　念	类　型	特　　征
直线	简洁、抽象的具有男性化特征的线	水平直线	安定稳妥，具有平静永恒的性格，保守、寂寞、没有生气
		垂直线	严谨、坚挺、向上，视觉紧张感强烈，是阳刚的线
		斜直线	打破了空间的稳定性，产生不安定的因素，是有方向感和运动感的线
		折线	有指示性和方向性，具有强烈的运动感和刺激感
曲线	直线的运动方向改变所形成的轨迹	几何曲线	具有对称、平衡、丰满、有秩序的美感，温柔、舒缓并有较强的柔韧性和速度性
		自由曲线	圆润、富有弹性，更具女性化，不受约束、轻松自然、富于变化，能充分表现自然美，极富人情味

　　面的构成要素：面具有体量感，稳定、安全、可靠，它的情感与特点与其外轮廓关系最大。不同性格的线组成不同形状的面，产生各自不同的性格特征。通常把面分为几何形、自由曲线形与偶然形 3 种，见表 1-5。

表 1-5　几何形、自由曲线形与偶然形

名　　称	概　念	特　征
几何形	用规、矩等工具绘制的形状，包括三角形、矩形等	有规律、规矩、精密、严谨、有理性
自由曲线形	比几何形更有鲜明的个性，变化更丰富自然	具有温暖感和柔情感，不容易产生呆板、枯燥的感觉，容易引起受众的注意
偶然形	不经意间形成的、偶然产生于自然中的形状	具有不可复制性，最贴近于人类的心理需要，在实际中经常用在与人类生活最为紧密的产品上

3. 平面构成的基本形式美法则

　　形式美法则是指事物外在形态的自然物理属性（色彩、形状和声音等）及其组合规律所体现出来的美，是构成学中形式的视觉审美特性，属于美的范畴。形式美法则源于人类长期生产、生活积累的共识，是人类在创造美的形式、美的过程中对美的形式规律的经验和抽象概括。掌握形式美法则，能够更自觉地运用形式美法则来表现美的内容，达到美的形式与美的内容高度统一。

形式美法则包括统一与变化、对称与均衡、节奏与韵律、比例与分割。

（1）统一与变化

统一与变化是辩证统一的关系，两者相辅相成，见表 1-6。统一总是和变化同时存在，统一是变化的统一，是这些有变化的元素或个体元素规律经过有机的组合，使其从整体上得到多样统一的效果；变化是统一的变化，是统一中各组成元素或元素规律的区别。

表 1-6　统一与变化

名称	概　念	类　型	特　征
统一	性质相同或相似的事物组合形成某种一致性的规范形式	绝对统一	组合元素及其组合规律完全相同的组合形式
		相对统一	具有部分差异的组合形式
变化	各组成元素的区别或组合规律差异	—	在不违背一致性规范的前提条件下，组成元素个体与整体组合规律的差异

（2）对称与均衡

对称与均衡是互为联系的两方面，见表 1-7。对称通过形式上的相等、相同与相似给人以"平稳、庄重"的感受，是一种物理性的等量排列；均衡则是心理上的平衡感，其构成元素和规律在形式上不一定相同或对称，是一种心理上的体验，通过适当的组合使画面呈现"稳"的感受。对称体现了视觉物质层面的特点，同时反映出了视觉心理对称层面的性质；均衡体现了视觉心理层面的特点，同时反映出了视觉物质均衡层面的性质。对称属于均衡，能产生均衡感，反映出视觉心理均衡层面的特点；均衡未必对称，却能反映出视觉心理对称层面的性质。

表 1-7　对称与均衡

名称	概　念	类　型	特　征
对称	图形或物体对某个点、线、面而言，在大小、形状和排列上具有一一对应关系	绝对对称	整齐、均匀、统一、排列相同，可以产生稳定、牢固的心理反应，构成平稳、安宁、和谐、庄重的美感
		相对对称	
均衡	图像的形状、大小、轻重、色彩、材质及其他视觉要素的分布作用于视觉判断的平衡	对称式均衡	以视觉中心为支点，各构成要素以支点保持视觉意义上的力度平衡，通过各种元素的摆放、组合，使画面在心理上产生物理的平衡感（空间、重心、力量）
		非对称式均衡	

（3）节奏与韵律

节奏与韵律从美学角度看，属于形式美的两个关联范畴，它们互相依存、互为因果，见表 1-8。节奏是运用某些造型要素的有变化的重复、有规律的变化，从而形成一种有条理、有秩序、有重复、有变化、有连续性的形式美；韵律是节奏的规律变化形式，是节奏的丰富和深化，是情调在节奏中的体现。韵律在节奏的基础上产生强弱起伏、悠扬缓急的情调，把等距间隔改为几何级数的变化间隔，赋予重复的音节或图形以强弱起伏、抑扬顿挫的规律变化，产生优美的律动感。一般认为节奏带有一定程度的机械美，而韵律又在节奏变化中产生无穷的情趣。

表 1-8　节奏与韵律

名称	概　念	类　型	特　征
节奏	各种因素有条理性、重复性、连续性的律动形式	同一节奏	指元素和规律完全相同的构成形式
		变化节奏	元素或规律发生条理性、重复性、连续性的律动变化的形式，包括元素节奏、规律节奏和元素规律混合节奏
韵律	指规律变化的节奏，由有规则变化的元素或元素组合规律以几何级数（等比等）的变化处理排列	连续韵律	赋予重复的音节或图形以强弱起伏、抑扬顿挫的规律变化，使其产生优美的律动感
		渐变韵律	
		交错韵律	
		起伏韵律	

（4）比例与分割

比例与分割的概念及应用见表 1-9。

表 1-9　比例与分割

名称	概　念	应用类型
比例	造型或构图的整体与局部、局部与局部或自身尺寸的数比关系，以数理规律呈现	包括等比数列、黄金分割、调和数列、斐波那契数列等
分割	对事物体量的切割分离，包括对画面中单个图形的分割和对画面中多个构成元素组合的分割	包括等形分割、等量分割、比例分割、相似分割与自由分割等

4. 平面构成的基本方法

将常用的视觉元素在限定的空间内，按美学原理将其组织从而形成一种规律，并将这种规律运用在实际的视觉实践中，这就是平面构成的基本方法，主要包括重复构成法、近似构成法、渐变构成法、发射构成法、空间构成法、特异构成法、密集构成法、肌理构成法，见表 1-10。

表 1-10　平面构成的基本方法

名　称	概　念	类　型	用　法
重复构成法	把同一元素反复排列组合以表现秩序美，强调形象的连续性和秩序性	简单重复	基本形始终不变地反复使用
		多元重复	使基本形的方向、大小、位置等发生变化，运用点、线、面进行分割、重复、联合等组合
近似构成法	在形状、大小、色彩、肌理等方面有着共同的特征的基本形构成画面，在统一中呈现变化	—	采用基本形体之间的加减来创造近似基本形
渐变构成法	把基本形按某种秩序关系进行渐变排列	大小渐变	分别把基本形体按大小、方向、疏密、虚实、色彩规律进行视觉构成
		方向渐变	
		疏密渐变	
		虚实渐变	
		色彩渐变	
发射构成法	单元形和骨架线环绕着一个或几个中心进行排列组合，具有放射的对称性，有焦点且焦点形成视觉中心	单点发射	以圆心为中心，向外扩散形成一点式发射形态
		多点发射	以画面中任意位置的点作为发射点，还可以选择多个发射点，使画面的眩感更强烈
		旋转发射	从一个发射点出发，将基本形进行旋转形成旋绕感
空间构成法	利用透视学中的视点、灭点、视平线等原理营造视觉上的空间形态	—	通过强调空间的深度和变换来实现平面视觉的扩展
特异构成法	通过被破坏规律和秩序的局部与整体间的对比形成视觉中心	形状特异	在同类形态中进行方向、位置、大小、形状等改变来突出关键形态
		类别特异	使关键形态与周围内容联系脱节，从而产生特异效果
		色彩特异	改变视觉中局部元素的颜色，打破统一的色彩搭配，营造鲜明、跳跃的视觉冲击
密集构成法	将一定数量的基本形（重复或近似）在画面中的特定位置集中且在其他地方发散形成的视觉形态	框架密集	运用线构成框架，把基本形趋附于框架，越接近线越集中，反之则越发散，形成的就是渐变效果的密集
		自由密集	通过运用基本形与空间、虚实等关系产生的轻度对比来进行构成，视觉形态组织无须受点或线约束
肌理构成法	把触觉的感受引入平面视觉，强化触觉对视觉带来的心理暗示	—	运用手绘、压印、喷洒、拓印、渲染等手段在平面构成中模拟触觉肌理

5. 平面构成的应用技巧

平面构成设计中除了以点、线、面独立的构成形式出现外，还可以经过不同的应用技巧使其产生更多丰富的构成形式。基本形构成与骨架构成是基本的应用技巧，决定着平面构成的内容表达准确度与外在形式美，见表 1-11。

表 1-11　基本形构成与骨架构成

名　称	概　念	作　用
基本形构成	平面构成设计的基本单位及表达构成意图的主要手段	基本形构成有助于平面构成设计的内在统一，通过对基本形内在共性和形式规律的掌握可使平面构成产生连贯、统一、和谐的形式美
骨架构成	支撑构成形象的最基本的组合形式	能编排基本形和管辖基本形的位置，并起到分割画面空间的作用，将画面空间按要求进行规律分割，以保证画面分割的节奏性

【任务实施】

1. 互动区需求分析

（1）效能分析

为营造年会互动区炫酷、潮流、年轻的氛围，需要在来宾进场的流程中设置互动区。互动区应满足吸引来宾参与活动、提前预热年会气氛、引导来宾拍照及打卡等功能诉求，其整体视觉风格拟采用灵动跳跃、轻松活泼的 pop 线性手绘+黑白色平面构成，并预留填色空间向来宾进行心理暗示，吸引来宾参与色彩涂鸦互动。行为示意图如图 1-8 所示。

图 1-8　行为示意图

（2）动线分析

动线示意图如图 1-9 所示。

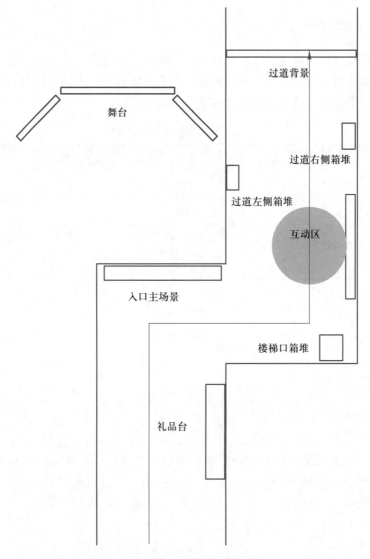

图 1-9 动线示意图

动线指人在室内外移动的点连起来的线,在本任务中具体指参会来宾的路线。它标示了来宾从何处进入会场,在哪个区域停留,创意设计引导下的互动在何处开展。对动线的分析能使本项目的创意设计更具逻辑性和科学性。

并非每个空间中的动线都以人移动要快速为主,应满足以下 3 个原则。

原则 1:动线布局合理,以分散和引导人流,不产生死角。

原则 2:根据实际情况设计最优空间,在合理考虑各区域功能诉求的前提下获得最大的可使用面积。

原则 3:体现人性化的思路,使来宾拥有清晰的方向感,获得准确的行为提示,同时不易产生疲劳感和压抑感。

（3）场景分析

OED 2020 年年会在深圳某酒店举办，基于场地条件，需要结合场地结构进行合理的应用场景分析。首先，把互动区设置于过道的阶梯顶端，使楼梯对入口主场景和互动区产生区分作用；其次，通过在阶梯下堆叠结合主视觉并充满赛博朋克风格的箱子对来宾产生心理预热，预示阶梯之上有相关精彩活动，如图 1-10 所示；最

图 1-10　充满赛博朋克风格的箱子

后，通过结合代表鼠年的老鼠创意形态进行指引，进一步明确相关场景的方向与位置，如图 1-11 所示。

图 1-11　老鼠创意形态

最后，综合考量人机尺度、场地环境、展示效果等因素，把互动区设定为高 2.4 米×宽 4 米，如图 1-12 所示。

图 1-12　互动区

本页彩图

（4）应用分析

年会互动区在保证来宾顺利入场的前提下，应给予足够时间与空间完成"吸引注意→

解读功能→操作→产生留念"这一流程。为保证互动活动顺利开展，互动区整体采用单线设计结合局部涂色引导来宾参与色彩涂鸦，如图 1-13 所示，并通过合作指引、成果导向、礼物奖励等形式提升来宾参与互动应用的效果。

(a)

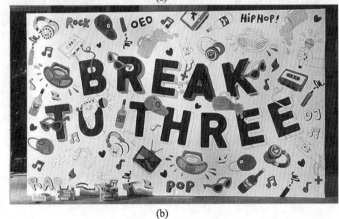

(b)

图 1-13　来宾参与色彩涂鸦

本页彩图

2. 互动区视觉平面构成元素铺排

（1）运用特异构成法确定视觉设计思路

特异构成法能通过打破一般构成规律引起的视觉关注和心理反应，运用特大、特小、独特、异常等现象刺激视觉，使作品在受众脑海里留下深刻的印象，常用于商品包装、商业陈列、平面招贴海报的设计。互动区视觉设计的整体思路可结合特异构成法完成，具体包括 3 个步骤：第 1 步，运用类别特异把主题文字与图形进行区分，形成视觉焦点吸引眼球；第 2 步，通过形状特异把单线线框图形与纯黑填色图形进行对比，形成视觉冲击，吸引来宾参与互动；第 3 步，采用色彩特异对少量单线线框图形进行手绘涂鸦处理，通过有色彩与无色彩的对比引导来宾理解互动要求并预示涂鸦效果。合理运用特异构成法的 3 种方式能完成互动区整体的创意构思及互动逻辑。

（2）运用密集构成法搭建视觉草图

互动区视觉设计先从平面构成视觉草图开始，可通过密集构成法完成互动区平面构成元素铺排，如图 1-14 所示。

密集构成法在视觉设计中是常用的构建画面视觉架构的手法，把视觉形态在整个构图中散布产生疏密对比，最密的地方一般会成为整个设计的视觉焦点。互动区中以英文标题"BREAK TO THREE"作为设计中要强调的主题和重点，在画面中是视觉元素最密集的地方，同时利用其他图形进行对比产生疏密、虚实、松紧等视觉效果，营造富有节奏感的视觉冲击。密

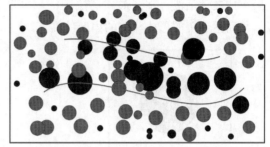

图 1-14　通过密集构成法完成互动区
平面构成元素铺排

集构成法中的基本形一般采用具象形、抽象形、几何形，基本形的面积小、数量多，以营造密集效果。为形成疏密及虚实对比，互动区视觉基本形的视觉形态采用重复、相近的线性手绘图形组成，同时在大小和方向上根据标题的视觉流动产生相应变化。密集构成法能使画面中的形象疏密体现内容之间的关系，以及形象与空间的关系，元素的集结、组合与空间形成的对比使画面更具有动感和趣味性，为具体视觉形象的建立明确方向并打下基础。

（3）运用形式美法则调整草图视觉效果

运用平面构成形式美法则中的统一与变化、对称与均衡、节奏与韵律对互动区草图进行视觉效果调整，使其从视觉、功能及体验上更能贴近该区域的互动要求。具体分为以下3 个步骤：

第 1 步，运用统一与变化法则将文字、图形、色彩等元素经过转换、变形等方法统一在一起，使其展现出鲜明对比且活泼、生动、丰富的特征，同时遵照视觉逻辑、构成秩序使其中的主题标题字、变形氛围字及手绘单线图产生互动，使整体画面和谐统一、局部元素有变化，达到在变化中求统一、在统一中求变化的视觉效果。

第 2 步，鉴于草图视觉元素并非完全对称，因此着重运用对称与均衡法则中的均衡进行视觉调整。均衡并非指实际重量的完全相同，而是根据图像的形状、大小、轻重、色彩、材质的不同而形成视觉判断的平衡。互动区草图中各项视觉元素可分成 3 个层级：第一层级为主题标题（数量最少但面积最大），第二层级为手绘单线图（数量最多但面积最小），第三层级为变形氛围字（数量、面积中等），如图 1-15 所示。3 个层级的元素排布在平面视觉中，构成要素保持视觉意义上的力度平衡，彼此牵引互相制衡，营造均衡效果，达到"等量不等形"。

第 3 步，把互动区草图中的视觉元素按照等距格式反复排列，做空间位置的伸展，从而产生节奏。主题标题字按照从左到右"起—伏—起"的节奏进行排列，如图 1-16 所示；把节奏的等距间隔扩展为几何级数的变化则形成韵律，使视觉元素以强弱起伏、抑扬顿挫

的规律变化。例如，互动区草图中的其他视觉元素在沿着标题排列的前提下以向左或向右倾斜 30°的方式进行排列，从而产生优美的律动感，运用节奏与韵律法使互动区草图视觉效果更加灵动活泼。掌握形式美法则能够使我们更自觉地运用形式美法则来表现美的内容，从而达到美的形式与美的内容的高度统一。

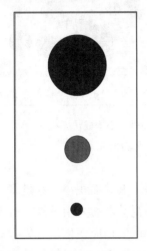

图 1-15　视觉元素的 3 个层级

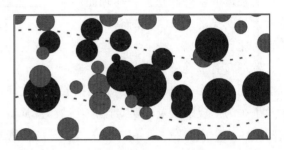

图 1-16　主题标题字的排列

3. 完成互动区视觉元素单体设计

（1）主题标题字设计

互动区主题标题字"BREAK TO THREE"由 12 个字母组合而成，运用空间构成法对标题字进行拆分并完成视觉设计。平面中的空间是视觉上的空间，空间构成法即是利用透视学中的视点、灭点、视平线等原理创造平面上的空间形态，通过强调空间的深度和空间的变换来实现平面的扩展，目的在于突出视觉形象本身。以字母"O"为例，首先，对字母形态进行加厚处理，使其具有一定体积感和重量感；其次，通过黑白及虚实对比突出层次及空间效果；最后，手绘风格的手拿麦克风插画从字母中心穿出，进一步强化空间的视觉效果，如图 1-17 所示。其余 11 个字母均采取同样思路，运用空间构成法制造主题标题字的空间视觉效果，形成互动区视觉焦点。

（2）变形氛围字设计

如图 1-18 所示的变形氛围字设计是针对与年会主题相关的英文单词为主体（Rock、OED、HipHop、DJ、POP、RAP）进行视觉设计，使其作为主题核心内容的辅助说明，同时也作为装饰性图形产生丰

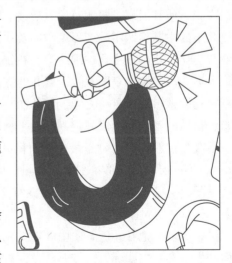

图 1-17　字母"O"的设计

富的视觉层次。完成互动区变形氛围字的设计需要先理解图底关系的含义，并合理应用图底反转方法。图底关系是指同一图形元素可被理解成图形（视线聚焦的明显的元素）或背景（除了中心图形以外的背景或图片）。以如图 1-19 所示的著名插画《鲁宾之杯》为例，受众在画面中看到的是人还是杯子完全取决于看整体还是看局部。图底反转指当视线集中在白色部分，则看到的图形是杯子，黑色部分为"底"；若视线集中在黑色部分，则看到的图形由相对的两张脸组成，原来的白色则成为"底"，即"图"和"底"都可以作为图形随时转换。

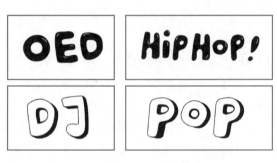

图 1-18 变形氛围字设计

图 1-19 《鲁宾之杯》

变形氛围字是把文字当作图形按自由、轻松、灵动的视觉风格进行绘制，运用图底反转方法呈现两种视觉表现形式：第 1 种形式把文字本身用黑色填充并绘制白色线条模拟文字的高光效果，黑色文字本身与其他单线装饰图结合在一起，既可当作信息传达的"图"，也可反转为装饰元素的"底"；第 2 种形式是对氛围字做立体处理，文字本身与体现体积感的阴影互为图底，这种形式的氛围字与主题字互为补充，可引导来宾在"图"上进行颜色填充，顺利完成互动区的功能诉求。

（3）手绘单线图形设计

在互动区视觉设计中，手绘风格的单线图形是数量最多、最富感染力、最能吸引来宾参与互动的视觉元素。根据互动区功能诉求，只能通过单色与点、线、面结合完成单线图形的设计，因此在设计中充分考虑点、线、面的特点及其组合造型规律，通过点、线、面的合理编排和重构有效打破重复线性效果带来的视觉单调。"点动成线，线动成面"，在互动区单线图形的设计中，点是相对而言的（图 1-20），它既是录音机功能按键的视觉形态，是唯一填充了颜色的最大面积，又承担了整个图形视觉焦点的作用，与图形两侧由线组成的网状形态相呼应，并与大面积的留白对比，形成黑、白、灰 3 个层次，有效改变了单线图形的呆板和沉闷。线与面的灵活用法则体现在图 1-20（b）中，电视机的整体形态以矩形结构为主，由灵动且交叉的放射线组成电视屏幕的裂开效果，裂开中心处形成的偶然形表达了独特、唯一、不可复制的视觉感受，线与面在此有机结合，打破了图形本身的单薄与无聊，并能有效引起来宾的兴趣，使其主动完成电视破碎平面的颜色填充。

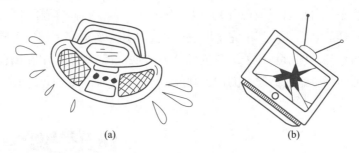

图 1-20　手绘单线图形设计

4. 互动区视觉形态呈现

在确定了互动区创意构思、平面构成元素铺排以及单个元素设计后，最后一个环节是把所有的元素进行有效组合，并运用相应平面构成技巧使视觉形态呈现出最佳效果。

（1）运用基本形构成技巧调整元素呈现形态

基本形构成主要是对形和态两方面进行调整，形是指图形的外部轮廓，态是指外部轮廓所包围的面的方向、颜色、肌理、质感等，形与态的组合决定了视觉呈现的大部分效果。互动区视觉的调整包括对主题标题字、变形氛围字、手绘单线图形进行分离、接触、叠盖、透叠、差叠、交叠、重叠、减缺、联合、重合等多种整合，具体包括元素间互补接触，元素相互靠近时边缘发生接触，元素间覆盖、相叠有前后之分，元素交叠时产生透明效果且前后有机融合。元素交叠能产生新的形态，元素叠盖时只出现后面元素的减缺形象，元素互相交叠、无前后之分可联合成为一个多元形象，元素完全重叠、分别按各自中心点对应可联合成为一个独立的形象。

经过一系列的基本形技巧调整后，互动区视觉元素已基本符合预期要求。

（2）运用骨架构成技巧优化整体视觉效果

骨架是支撑视觉构成的基本组合形式。运用骨架构成技巧能使视觉元素有秩序地经过人为的构思排列出各种视觉空间，把视觉元素放置到设定的框架空间中，以各种不同的编排来达到设计目的。合理运用骨架构成技巧能使骨架有机地成为构成元素的一部分。互动区视觉整体效果以有规律性的骨架形态为主导进行编排，使所有视觉元素均向标题"BREAK TO THREE"中心靠拢，但是整体呈现出柔和、优美的弧度。某些视觉元素未必能完全符合弧度，则可利用图形形态的造型互补使多个图形互相组合形成优美弧线，所有视觉元素均呈现于方形骨架、弧形及直线骨架内。

运用骨架构成技巧优化后的整体视觉效果更符合年会欢乐愉悦、大方稳重的气质。

【知识拓展】

1. 运用肌理构成法提升视觉效果

互动区的整体视觉用黑、白、灰区分了不同视觉层次，并将单线图形布满整个画面。宏观上，单色图形成了某种肌理效果，肌理把触觉的感受引入平面视觉。可尝试运用肌理构成法通过视觉上的触感去强化来宾的心理感受，使来宾能进一步感受到轻松愉悦、热情奔放的年会氛围。

运用肌理构成法可从两方面提升视觉效果。一方面，可从主标题"BREAK TO THREE"中把 12 个字母单独拆开并运用联合、重合、差叠、透叠、叠盖、分离、接触等视觉组合方式使字母形成肌理，注意每个字母的形态上都应以曲线为主，降低彼此间的视觉冲突。另一方面，可采用模拟材质手段强化视觉效果。人们常通过对物体材质的认识产生心理判断，例如羽毛材质会让人产生轻盈感，金属材质会让人产生厚重感，麻料材质会让人产生粗糙感，丝绸材质会让人产生细腻感。因为材质的存在，人们才有着丰富的触觉、视觉感受以及由此带来的心理暗示。可以在互动区的视觉设计中引入温暖的木质材料肌理、柔和的液体形态肌理、热烈的烟花效果肌理作为视觉背景，并把背景与其他视觉元素进行多层次的融合，通过触觉肌理效果的营造引导来宾在看到互动区时产生相应的心理联想。

2. 灵活运用分割与群化构成手法拓宽平面视觉中的创意表现渠道

互动区视觉设计也可采用分割与群化的构成手法产生新的创意思路。分割是指把整体的视觉形态采用各种拆解方式，使其从一个完整的状态变成零散的元素。以圆形为例，可通过单次、多次、重复、跳跃、对比等拆解手段去拆散它，以产生各种不同的新图形，如图 1-21 所示。群化则是把拆解出来的元素运用组合的形式产生各种新视觉形态，图形通过平行排列、旋转排列、对称排列、放射排列等设定来达到群化效果，形与形之间注意组合后的紧凑、严密、平衡、稳定，且应具有共同的目的性和明确的方向感，如图 1-22 所示。分割与群化也可理解为解构与重构的逻辑关系，一般而言，需要结合运用且存在先后顺序。

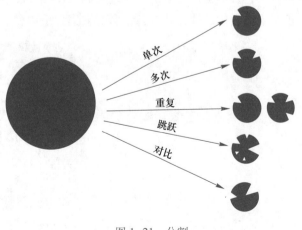

图 1-21　分割

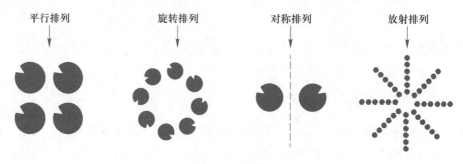

图 1-22　群化

3. 问题思考

（1）如何理解视觉流程设计？

（2）举例说明引导来宾参与可采取的具体方法。

（3）互动区的人流密集程度与视觉吸引力的关系是怎样搭建的？

（4）如何把平面构成原理用于平面视觉设计流程？

任务 1-2　礼品外包装设计

任务 1-2
礼品外包装设计

【任务描述】

　　本任务通过结合 OED 2020 年年会的功能需求、场地条件要求及来宾情感诉求，在符合项目主视觉风格的前提下完成年会签到礼品外包装设计，使签到礼品能产生建立印象、营造氛围、宣传主旨的效果。通过完成该任务掌握色彩构成的基本原理和一般规律，能运用色彩语言表达设计，并具备色彩的采集、重构和情感表现的能力，如图 1-23 所示。

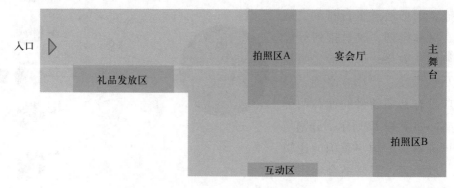

图 1-23　功能区域示意图

【问题引导】

1. 在预算相对有限的条件下如何展开创意设计？
2. 年会纪念礼品的设计需求包括哪几项？
3. 如何结合色彩构成的基本原理和一般规律构建礼品外包装视觉？
4. 怎样使礼品外包装设计视觉风格与会场主视觉风格有机融合？
5. 怎样通过礼品外包装色彩设计提升来宾参与互动的热情？

【知识准备】

1. 色彩构成的基本原理

色彩构成是视觉艺术设计的基础理论之一，是从人对色彩的知觉和心理因素出发，以物理学、化学、生理学和心理学等方面的知识为依据，结合科学分析方法把色彩现象还原为基本要素，利用色彩在视觉、空间、质量上的关联性，根据不同的目的性按照一定的规律去组合和搭配各视觉元素并形成的一套科学化、系统化的训练方法，创造出合理的、具备美感的色彩效果的过程。

通过研究和揭示色彩构成的基本规律来阐明色彩构成设计的基本原理，并掌握色彩构成方法以提高对色彩的认识，把握色彩美的匹配、组合规律，能有效提升视觉艺术形式的创造能力，并能运用色彩构成中美的形式规律进行色彩设计创作。

2. 色彩构成的一般规律

作为研究艺术设计色彩现象的学科，探索、研究、理解并合理运用色彩构成的一般规律能帮助设计师认识色彩的性质、视觉规律以及对受众心理所产生的具有普遍意义的影响，进一步从美学角度去实现色彩设计的多种表现形式。

色彩构成的一般规律包括色彩均衡、色彩比例、色彩韵律、色彩关联、色彩焦点等，见表 1-12。

表 1-12　色彩构成一般规律的相关要素

名　称	概　念	类　型	特　征
色彩均衡	运用等量不等形状态及色彩的差异关系表现出相对稳定的视觉心理感受	—	配色的常用手法，能兼顾活泼生动与庄重大方，具有良好的视觉平衡状态，最能符合广大群体的审美心理要求

续表

名 称	概 念	类 型	特 征
色彩比例	色彩搭配设计中各部分的尺度关系	—	常用的比例包括黄金分割、等差数列、等比数列等，能对色彩设计方案的整体风格起决定性作用
色彩韵律	通过色彩的虚实、叠加、重复等形式形成有节奏的美感	重复韵律	体现秩序美感并具有机械和理性的视觉效果
色彩韵律		渐变韵律	具有方向性与时间性，有色相、明度、纯度、冷暖等节奏演变
色彩韵律		多元韵律	色彩动感强，层次丰富，形式多变
色彩关联	运用色彩间相互呼应、相互依存的搭配方式取得统一协调的美感	分散关联	需要用浅色作基调色、深色作小面积对比色，使整体色调统一在某种格调中，且应在适当部位作色彩呼应
色彩关联		系列关联	同类色彩同时出现在各种类别作品中，组成系列设计，广泛应用于品牌设计中
色彩焦点	通过设置色彩的强调突出形成视觉焦点吸引受众的注意力	—	焦点色的设置应吻合适量与适度两大原则并应兼顾与整体配色的平衡

3. 光与色彩

光是一种电磁波，人类能观察到各种色彩是因为所看到的光的波长不同，特定的波长刺激了视网膜从而使人们看到色谱。波长在 400~760 nm 范围的电磁波能量可以被人眼接收，此范围是人们肉眼能看的光线，称为可见光。运用三棱镜分解太阳光能形成光谱，其中红色光波长最长，紫色光波长最短，因此在色彩中红色传递的信息最远，紫色传递的信息最近。波长大于 760 nm 称为红外线，波长小于 400 nm 称为紫外线，属于需要通过仪器才能观测到的肉眼不可见光，如图 1-24 所示。

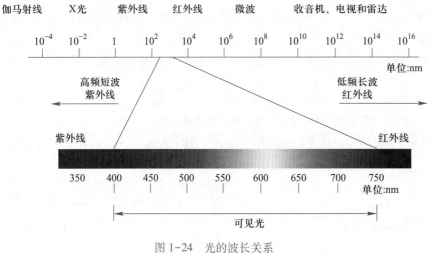

图 1-24 光的波长关系

本页彩图

色彩是光线、物体、视觉三者结合的体现，没有光就没有色。与光相关的色彩概念包括光源色、固有色、环境色，其相关的色彩概念见表 1-13。

表 1-13　与光相关的色彩概念

名　称	概　念	特　征
光源色	根据波长、强弱、比例、性质不同所形成的不同色光	1）不同光源色能使同一物体呈现不同色彩 2）明亮程度对物体色彩有直接影响 3）不同性质的光源对物体的色彩呈现有直接影响
固有色	正常日光下物体呈现出的色彩	1）物体的固有色并非固定不变 2）能表达物体的象征意义
环境色	正常光线照射下物体呈现的周围影响的色光	1）呈现在物体的暗面背光部分及物体之间相近的部位 2）受物体的材质和肌理影响较大

4. 色系与色立体

人眼能感知的色彩世界非常丰富，色彩的总和称为色系。色系可划分为有彩色系和无彩色系两类，见表 1-14。

表 1-14　色系类型及相关因素

名　称	概　念	特　征
有彩色系	在可见光谱内的全部色彩	1）以红、橙、黄、绿、蓝、紫等颜色为基本色 2）所有颜色均具有色相、明度和纯度 3 个属性 3）可由基本色间的混合或与无彩色间的混合产生
无彩色系	黑色、白色及各种不同深浅度的灰色系列	1）不包括在可见光谱中，物理学上不能称之为色彩，但在视觉心理学上具有完整的色彩性 2）颜色只有明度上的变化，没有色相与纯度的描述

色彩一般可从色相、明度、纯度去描述，这三者称为色彩属性，见表 1-15。

表 1-15　色彩属性相关因素

名　称	概　念	特　征
色相	色彩的视觉识别特征，即颜色的名称	1）能按光谱的顺序围合成色相环 2）并非所有色间都有非常明确的界限
明度	色彩的明暗程度	1）在有彩色和无彩色上具有明度表现 2）明度最高为白色，明度最低为黑色 3）在对比中是影响色彩醒目程度的重要因素
纯度	色彩的饱和度或彩度，即颜色的鲜艳程度	1）色彩感觉强弱的标志 2）色彩混合会导致纯度降低

色立体是运用三维空间来表示明度、色相、纯度等色彩三大属性的关系，即把色彩属性系统地组合安排在一个立体结构上以构建三维色彩模型，与色相环相比是三维空间与二

维平面的区别。

色立体对色彩三大属性的系统化呈现为：垂直方向为明度变化，圆周方向为色相变化，从最外围圆周表面到中心轴的水平方向为纯度变化。图 1-25 所示为色立体示意图。

明度关系为立体结构的垂直轴，顶端为白色，底端为黑色，上下呈不同明度灰色的渐变；色相是环绕在明度轴四周，呈圆形结构；离垂直轴越近的色彩纯度越低，而越远的色彩纯度越高，即纯度从外向内递减。

色立体的作用体现在两方面：一方面，根据色立体理论可制成色彩字典，能呈现出超过千种颜色于坐标上，直观体现色与色相的相互联系与关系要素，能直接助力设计配色应用；另一方面，能把颜色用通用的数值表示（不同的色立体表示方法不同），从而能统一印刷标准，突破客观条件的局限解决印刷色彩偏差问题。

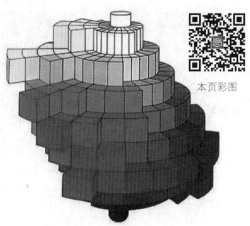

本页彩图

图 1-25　色立体示意图

最著名的色立体主要有孟赛尔色立体、奥斯特瓦德色立体、PCCS 色立体 3 类，见表 1-16。

表 1-16　最著名的色立体及其相关因素

名　称	国　家	特　征	色彩表示法
孟赛尔色立体	美国	根据视知觉特征制定标色系统，着重研究颜色的分类与标定，是目前应用最广泛的分类和标定物体表面色的方法	HV/C（色相明度/纯度）
奥斯特瓦德色立体	德国	以含黑量、含白量、含色量 3 个因素为标准，所有色彩均由 3 个因素混合而成。色彩明度、纯度变化是含黑量、含白量与纯色量的变化，任一颜色均是三者相加后的总量等于 100	色彩序号/含白量/含黑量，如 6 na
PCCS 色立体	日本	利用色调调和配色，将色彩综合成色相与色调来构成各种不同的色调系列	将明度与纯度合成色调，以色相与色调的观念对色彩进行表示

5. 色彩混合

色彩混合是指将两种或两种以上色彩互相进行混合从而产生新色彩，混合可包括色料的原色混合和色光原色的混合。原色是无法通过混合产生的颜色，色料的原色为红黄蓝，色光的原色为红绿蓝。色彩混合可分为色光混合、颜料混合、中性混合三大类，见表 1-17。

表 1-17　色彩混合的相关因素

名　称	概　念	类　型	特　征
色光混合	又称加法混合，把色光进行叠加产生比原色更亮的颜色	—	混色越多亮度越大，用于电视、计算机、灯光照明等
颜料混合	运用颜料三原色进行混合	—	混色越多明度越低
中性混合	把多个色彩放置在一起通过人的视觉原理产生新色彩	延时混色	将多种色彩比例填涂在平面上，通过移动或旋转能延时产生混合，在视觉上产生新的色彩效果
		空间混色	将不同的色彩放置组合，在一定距离观看，色彩相互影响，从而混合成新的色彩效果

6. 色彩对比构成规律

色彩对比构成规律主要指色彩的对比与调和。色彩对比是指两种或两种以上色彩并置对照呈现时形成的效果，在搭配组织色彩时，当产生色彩差异较大的效果时，这种差异大的表现就为对比，能使受众产生诸如紧张、轻松、温馨、冰冷等不同感受。

色彩对比构成规律主要包括色相对比规律、纯度对比规律、明度对比规律、面积对比规律、形状对比规律、位置对比规律，见表 1-18。

表 1-18　色彩对比构成规律的相关因素

名　称	原　理	类　型	特　征
色相对比规律	运用色相之间的差别所形成的对比	同类色对比	色环上 0°~15° 间的色彩对比效果，对比效果平静、单调、柔弱
		邻近色对比	色环上 0°~60° 间的色彩对比效果，须结合明度、纯度对比的变化来弥补色相雷同感
		对比色对比	色环上 0°~120° 间的色彩对比效果，色相缺乏共性因素，容易出现散乱并造成视觉疲劳
		互补色对比	色环上 0°~180° 间的色彩对比效果，会产生杂乱、不协调、刺激、生硬等缺点
纯度对比规律	色彩因纯度差别而形成的对比	纯度弱对比	可通过加白、加黑、加灰、加互补色这 4 种方法来降低色彩纯度
		纯度中对比	
		纯度强对比	
明度对比规律	色彩的明暗对比程度	同色相对比	明度对比对视觉感受有较大影响，色彩的层次、体态、空间关系均能通过色彩的明度来体现
		不同色相对比	

续表

名　称	原　理	类　型	特　征
面积对比规律	通过对色彩之间面积的增减来调节色彩的对比效果	—	两种或两种以上的颜色共存在于同一平面内，彼此间会产生相应面积比例关系，能营造色彩的强度关系
形状对比规律	以形载色，形状变化会对色彩对比产生影响	—	面积相等的色彩形状单纯时对比强烈，而形态丰富的形状色彩对比则相对减弱
位置对比规律	间距、包围、主次对色彩对比产生影响	—	色彩彼此位置间距远则对比弱，间距近则对比增强，接触相切则对比更强，一色包围另一色时最强

【任务实施】

OED 2020 年年会的品牌色以红色往玫红渐变为主突出视觉核心，整体基调以黑色为主，色彩搭配呈现炫酷、潮流、创新以及活力的 OED 部门精神，如图 1-26 所示。年会签到纪念礼品（下称礼品）应在符合主视觉色彩风格的前提下，通过运用色彩对比构成规律使外包装视觉设计能给来宾建立强烈的第一视觉印象，从而留下深刻的视觉记忆。

视觉元素配色：

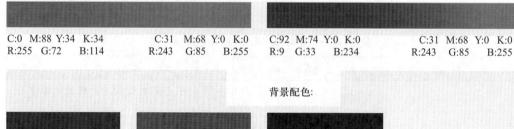

C:0　M:88　Y:34　K:34
R:255　G:72　B:114

C:31　M:68　Y:0　K:0
R:243　G:85　B:255

C:92　M:74　Y:0　K:0
R:9　G:33　B:234

C:31　M:68　Y:0　K:0
R:243　G:85　B:255

背景配色：

C:92　M:74　Y:0　K:0
R:9　G:33　B:234

C:64　M:80　Y:0　K:0
B:161　G:34　B:246

C:84　M:79　Y:78　K:63
R:29　G:29　B:29

图 1-26　品牌色概念图

1. 礼品需求分析

（1）效能分析

为有效营造年会气氛、提升观众参与热情、及早预热观众情绪，本次年会在入场的第 1 个环节设置了礼品发放区，观众在经过礼品发放区时可领到统一设计的礼品。图 1-27 所示为礼品发放环节示意图。

礼品的效能体现在 4 个方面：强化年会主题风格；凸显部门产品特性；能引导观众留存；符合年会预算要求。

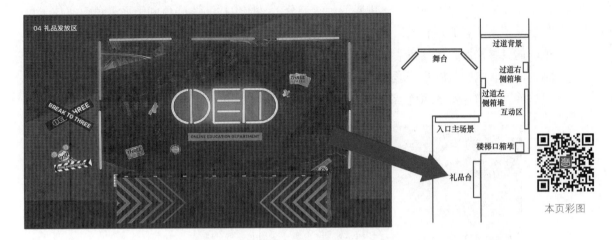

图 1-27　礼品发放环节示意图

（2）包装设计定位分析

礼品的最初构思为时尚挎包，但在综合考虑预算分配的前提下改为了非定制产品并以批量化采购的铁盒作为包装载体，主要通过视觉设计手段体现创意并满足需求，有效实现了成本控制，铁盒适中的体量也降低了观众携带的负担，避免造成散会满地礼品的尴尬局面。另外，铁盒简约的造型和合理的结构容易促使来宾对其实施二次利用，从而进一步扩大 OED 品牌的影响力及知名度。礼品外包装视觉采用插画形式并制成贴纸作为包装标签，在视觉设计上提取了 "3" "BREAK TO THREE" 等元素并以手绘方式呈现自由、轻松、潮流、动感的视觉效果，同时把 OED 的三大产品 "腾讯课堂" "企鹅辅导" "ABC mouse" 进行具象化形态结合穿插在插画中，合理自然地把 OED 的特色体现其中，如图 1-28 所示。

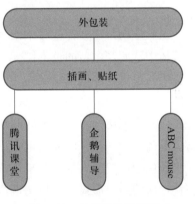

图 1-28　礼品定位示意图

2. 运用色彩采集与重构构成法确定外包装色彩类型

礼品外包装设计是年会创意设计的其中一环，需要在视觉上体现其与年会的从属关系，并要在满足本身产品诉求的基础上实施视觉设计延展。色彩的合理应用是延续主题风格、强化年会氛围的有力手段，运用色彩的采集与重构法确定色彩类型，从而使礼品外包装色彩的设计、搭配、构建有更明确的目的性和方向性。色彩的采集与重构构成法是在观察、研究、学习源色彩的前提下，对源色彩进行拆分、重组、再造的构成手法，具体包括将天然色彩和人工色彩进行分析、采集、提炼、创造的过程。

色彩采集是指从别处获得色彩来源借鉴，可从原始、古典、民间等各类东西方艺术流派中获取来源，也可从大自然中吸取创意养分，具体包括实体采色和平面采色。实体采色是指从丰富多彩的自然风景、动植物、微观矿物、建筑雕塑、铜漆器、陶俑、丝绸等获取色彩的灵感来源，将其色彩架构应用于设计作品的色彩搭配；平面采色是指从摄影、国画、油画、电影、游戏等形式的平面视觉载体类优秀艺术作品中直接采集色彩，通过计算机软件可以快速实现颜色吸取。图 1-29 所示为平面采色示意图。

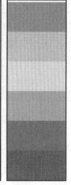

图 1-29　平面采色示意图 　　　　　　　　　　　　本页彩图

色彩重构是建立在色彩采集基础上的二次创造，是指将原来物象中的色彩元素注入新的载体中从而产生新的色彩搭配形态，具体方式包括原比例重构、新比例重构、局部色重构、形与色重构、色与调重构。原比例重构指将原色彩关系、面积比例按同样架构运用在新的色彩搭配中，原物象的色彩风格基本维持不变；新比例重构是只选择有代表性的色彩并按照原搭配比例，可将不同面积大小的代表色作为主色调，这种重构是在维持原有色彩感觉基础上的创新；局部色重构是抽取原物象的部分色彩进行再创造，这种创造不一定受原物象色彩搭配的限制；形与色重构是对原物象形色特征进行概括、抽象，并在画面中重新构造新的组织形式；色与调重构是整体形态变化较大的创作方式，只保留原色彩的搭配意境即可，这种重构方法比较彻底，也要求设计师对色彩有深入的理解和认知才能确保色彩重构的合理性和感染力。

礼品外包装色彩采集是通过运用平面采色直接在主视觉设计（图 1-30）配色中提取，共提取了 4 种色彩作为构成外包装色彩搭配的主调，并把这 4 种色彩通过色相、明度、纯度三属性的调整扩展为 8 种颜色，实现包装色彩的整体性调和；再运用形与色重构法使提取出来的色彩具有插画风格形态，插画风格的新视觉形态的风格和气质也必须跟年会主视觉氛围相吻合。通过运用色彩采集与重构构成法构建外包装的独有的全新形态架构，从而确定了外包装的色彩类型，如图 1-31 所示。

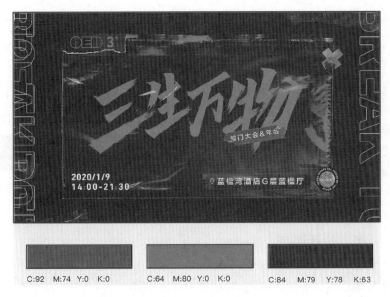

C:92　M:74　Y:0　K:0　　　　C:64　M:80　Y:0　K:0　　　　C:84　M:79　Y:78　K:63

图 1-30　礼品外包装色彩采集示意图

图 1-31　礼品外包装色彩构成线稿图

本页彩图

3. 运用色彩对比构成规律搭配外包装色彩

（1）运用明度对比规律构建色彩基调

在完成线稿视觉架构的基础上确定外包装插画色彩的明度关系。明度对比是色彩搭配的骨骼，明度对比规律在色彩构成中能强化色彩的明暗层次变化，也能加强色的体量感和空间关系，是完成色彩对比的基础。

如图 1-32 所示的明度色标，明度在 1~3 的色彩为低调色，4~7 为中调色，8~10 为高调色。色彩间明度差异决定明度对比的强弱，低于 3 的差异对比为短调对比，3~5 的差异对比为中调对比，5 以上的差异对比为长调对比。例如，1 与 10 间距长，明暗差别大对比强，组成的对比关系就为长调；而 1 与 2 或 3 间距短，明暗差别小对比弱，组合的调子关系就为短调；1 与 5～7 的间距适中，明暗差别中等对比居中，组成的对比关系为中调。根据此原则，明度对比规律包括 10 种调子：高长调、高中调、高短调、中长调、中中调、中短调、低长调、低中调、低短调、最长调。以高长调 10:7:4 调子组合为例，画面中大面积为色阶 7，色阶 4 面积次之，小面积为色阶 10，该组合明暗反差大，感觉刺激、对比强，形象的清晰度高，有积极、活泼、刺激、明快之感，符合礼品包装的视觉需求。图 1-33 所示为明度对比示意图。

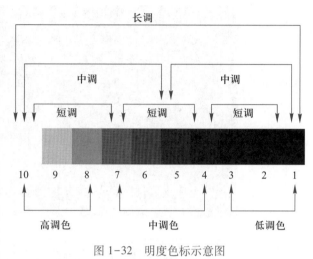

图 1-32 明度色标示意图

图 1-33 明度对比示意图

本页彩图

通过利用同等明度的色彩这一共性因素调整画面，可使色调达到整体、统一的效果，但需要注意的是，如果画面明度过于接近，容易产生模糊、含糊不清的感觉，画面中的主体难以突出。

（2）运用色相对比规律营造色彩氛围

在运用明度对比规律确定色彩的对比基调后，可运用色相对比规律来进一步营造色彩氛围。色相对比是因色相之间的差别而形成的对比，是色彩最直观的视觉形态。运用色相对比规律能有效进行色彩的性格、主题、风格等的表现。礼品外包装应具有调动观众情绪和建立良好印象的功能，合理的色相对比搭配能实现这一效果。色相对比规律是因为色相在色环上距离不同产生强弱对比而形成的，例如对于色相环上的任一颜色，与其相邻为邻接色，相隔 15°的为同类色，相隔 60°的为邻近色，相隔 120°的为对比色，相隔 180°的为互补色，如图 1-34 所示。

在色相对比中，同类色对比效果相对单调、柔和，也可理解为是同一色相带上不同明度、纯度或冷暖倾向之间的对比；邻近色对比色彩能产生朦胧、不确定的色相差别感，在借助明度、纯度对比变化来弥补色相感不足的基础上，色彩效果会使人产生和谐、柔和、优雅的感觉；对比色的色相对比强烈、明快、饱满、华丽、跳跃，具有容易使人兴奋激动的特点；互补色的对比具有强烈、鲜明、运动的特点，能改变单调平淡的色彩效果，会对人的视觉产生强烈的刺激作用。对照礼品外包装设计需求，可把对比色作为整体色彩搭配的基础，互补

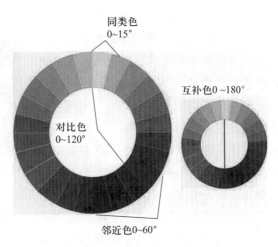

图 1-34　色相对比原理示意图

色作为局部小面积应用的点睛之笔，对比色与互补色共同营造活泼、热情、跳跃的色彩氛围。

在具体色彩的选择上，选择了如图 1-35 所示的两种色彩作为对比的色相，另外，选取如图 1-36 所示的一组互补色相作为营造视觉焦点的颜色。

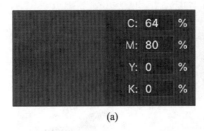

图 1-35　对比色相

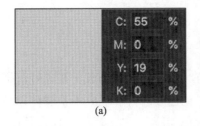

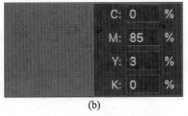

图 1-36　互补色相

本页彩图

在运用色相对比规律营造色彩氛围的过程中需要特别注意的是，由于对比色色相缺少共性因素，色彩的倾向性较复杂，不易形成主色调且容易造成视觉疲劳，因此在选取本组对比色的同时也应用它们中间的 4 种具有渐变倾向的色相作视觉递增处理，在视觉逻辑上实现色彩关联；另外，在使互补色充分发挥形成视觉冲击这一优势的同时，也通过色彩面积的控制并运用中性色轮廓线区分的手段克服互补色搭配产生的凌乱和刺激，使画面色彩

效果视觉和谐。色彩氛围示意如图 1-37 所示。

（3）运用纯度对比规律调整色彩效果

图 1-37　色彩氛围示意图

经过前两个步骤的色彩搭配，礼品外包装插画已形成较完整的色彩视觉体系，为使整体色彩搭配更和谐，可采用纯度对比规律对色彩进行调整。通俗来讲，纯度对比规律是纯色间的、纯色与含有黑白灰的浊色间或浊色与浊色间的对比规律。纯度对比规律是色彩对比的重要规律之一。合理运用纯度对比规律能决定画面色调华丽、高雅或质朴、含蓄，在本步骤中的主要作用是降低对比色及互补色搭配时所产生的冲突感。

纯度对比规律的应用通常有 4 种方法：第 1 种为混入白色，用于降低纯度提高明度，同时也使其色相的色性变冷；第 2 种为混入黑色，用于降低色彩明度及纯度，使所有色相减少光彩，大多数色彩会因混入黑色使得色性转暖；第 3 种为混入灰色，用于减弱纯色的特征，色彩能变得浑厚、含蓄且具有柔和典雅的气质；第 4 种为混入补色，用于使纯色变浊直至完全变为灰色，这种灰色会带有原纯色的色彩倾向。如图 1-38 所示，根据整体色彩呈现，礼品外包装插画局部的色彩分别做了混白色、混黑色、混灰色、混补色的处理，使整体上呈现活泼但不艳俗，跳跃但不突兀的色彩感受。

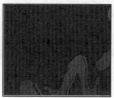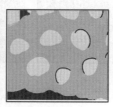

图 1-38　纯度对比规律应用示意图

本页彩图

4. 运用色彩语言表达礼品外包装设计思想

色彩是视觉设计的重要表达手段之一。每种色彩均有其独特的象征语言，在进行色彩搭配和色彩设计过程中，需要设计者运用科学有效的手段把色彩语言合理应用于设计作品中。另外，色彩语言的解读受观察者的性别、种族、年龄、宗教、文化背景、教育程度、生活经历等多方面的影响，因此在进行色彩设计过程中应充分考虑受众对象的相关因素。OED 2020 年年会签到纪念礼品的受众对象以企业员工为主，受众构成相对单一，在进行礼品外包装色彩设计时应结合年会主题、部门文化、员工预期等因素综合考虑。

常见的色彩语言表达如下。

红：穿透力最强且被感知度极高的色彩语言，广泛应用于各种宣传媒体，常被用来传达活力、积极、热诚、温暖、前进、希望、忠诚、健康、充实、饱满、幸福等形象与精神。红也常用来作为警告、危险、禁止、防火等标示用色。人们在某些场合或物品上看到红色标示时，常不必仔细看内容即能了解警告危险之意。红是中国传统的喜庆色彩，深红及带紫红常用于欢迎贵宾的场合，礼品外包装色彩设计主色调的运用也符合了这一重要色彩语言，如图 1-39 所示。

图 1-39　主色调搭配应用示意图　　　　　　　本页彩图

　　橙：明度较高的色彩语言，具有红黄之间的色性，是温暖、响亮的色彩，常用于表达活泼、华丽、辉煌、温情、愉悦等感觉，在工业安全中作警戒色应用，如火车头、登山服、救生衣等。橙色明亮刺眼，需特别注意选择搭配的色彩和表现方式才能把橙色明亮活泼的特性发挥出来。橙色能使人产生火焰、灯光、霞光、丰收等物象的联想。

　　黄：明度最高的色彩语言，给人以轻快、光辉、透明、活泼、光明、辉煌等印象。黄色与其他颜色搭配需注意面积大小对比，面积过大会过于明亮而显得刺眼，且与其他色相混合易失去其原貌。深黄给人以高贵、庄严、明朗、愉快、希望的感觉。

　　绿：具有适应人眼注视的色彩语言，是自然界中占据面积极大的颜色，象征生命、青春、和平、新鲜等，符合服务业、卫生保健业的诉求，如医疗机构场所常采用绿色来做空间色彩规划或标示医疗用品。黄绿具有春天的气息，蓝绿、深绿具有海洋、森林的象征，灰绿有成熟、老练、深沉之感。

　　蓝：具有典型强烈现代感的色彩语言，表示冷静、睿智、高深，在商业设计中是高科技的典型象征色，表达高效率的商品或企业形象。蓝常用于标准色、企业色，如计算机、汽车、影印机、摄影器材等。浅蓝色系明朗而富有青春朝气，深蓝色系沉着、稳重、大方，藏青则给人以大度、庄重的印象，靛蓝、普蓝成为某些民族特色的象征。

　　紫：具有神秘、高贵、优美、奢华的色彩语言，在商业设计中常作为女性相关产品的主色调，红紫或蓝紫色具有太空、宇宙的神秘感。在年会礼品外包装色彩搭配中，紫色也作为主色调的辅助色和过渡色，能理顺视觉逻辑并丰富视觉层次，如图 1-40 所示。

　　黑：具有无色相、无纯度的色彩语言，往往给人以沉静、神秘、严肃、庄重、含蓄的感觉。在商业设计中是许多科技产品的用色，如电视机、跑车、摄影机、音响器材等。黑的组合适应性极强，尤其可用于与鲜艳纯色的搭配，在礼品外包装色彩搭配中可用作图形间的区分轮廓，有助于调和画面中过分跳跃的纯色，如图 1-41（a）所示。

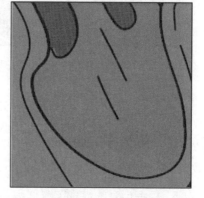

图 1-40　色彩语言应用示意图——紫

白：具有洁净、恬静的色彩语言，有高级、科技的意象。纯白色常带有寒冷、严峻的感觉，因此在使用白色时可混合其他色彩倾向，如象牙白、米白、乳白等。年会礼品外包装的中心位置用白和红渐变搭配并形成了视觉焦点，在白的衬托下，其他色彩也能显得更鲜丽、更明朗，如图 1-41（b）所示。

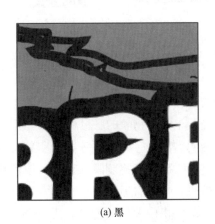

(a) 黑   (b) 白

图 1-41　色彩语言应用示意图——黑与白

灰：具有柔和、细致、平稳的中性色色彩语言，对于其他色相的影响低于黑与白。在商业设计中，灰具有柔和高雅的意象，许多高科技产品常采用灰色来传达高级、精确的形象。使用灰色时应运用层次变化组合打破沉闷、呆板、僵硬感觉，年会礼品外包装也应用了混合蓝紫意味的灰色用于丰富视觉层次，营造色彩空间效果，如图 1-42 所示。

图 1-42　色彩语言应用示意图——灰   本页彩图

为精确传达设计师"三生万物，包罗万有"的设计思想，营造活泼、跳跃、潮流的年会氛围，礼品外包装色彩应用上把红、橙、黄、蓝、紫、黑、白、灰等多种色彩均作了不同层次、属性、面积的应用。充分认识各种色彩语言并根据其特点善加运用，有助于降低色彩属性间造成的冲突，构建更和谐、愉悦的视觉效果。

5. 根据色彩的情感因素增强外包装色彩视觉表现效果

色彩情感是当可见光作用于观察者的眼睛时使观察者产生某种心理感受的过程。色彩感知和色彩情感是同步产生的，它们之间既互相联系又互相制约。事实上，并非色彩本身具有情感，而是受众在长期的社会体验中逐步形成了对色彩的不同理解和感情上的共鸣。充分理解各种色彩的情感因素，能在设计中运用色彩元素进行合理搭配以满足设计需求。

色彩的情感因素一般包括冰冷与温暖、柔软与坚硬、轻盈与沉重、华丽与朴实、兴奋与沉静、明快与忧郁。

冰冷与温暖：色彩本身其实并无冷暖之分，但是依据人的心理错觉对色彩的物理性分类和对于色彩的物质性印象，大致可以将色彩分为冷暖两个色系。色环上红、橙、黄为暖色，蓝、靛、蓝紫为冷色，绿和紫为中性色，无色系的白是冷色，黑是暖色，灰是中性色。这种冷暖感并非物理意义上的温度变化，而是与视觉经验和心理感受有密切关联。在礼品外包装的色彩设计中充分考虑了冰冷与温暖的情感因素，大面积应用红色产生的过分热烈感通过相对小面积的点缀蓝色进行中和，红蓝之间也通过运用紫色进行过渡，如图 1-43 所示。

图 1-43　色彩情感因素——冰冷与温暖

本页彩图

柔软与坚硬：色彩柔软与坚硬的情感因素主要来自色彩的明度与纯度的变化，明度越高感觉越软，明度高、纯度低的色彩有软感，中纯度的色彩也呈柔感，易使人产生动物皮毛触感的联想。柔软的颜色一般是使人感觉温和的颜色，如具有较高明度的粉色系，明度低的色则会给人带来坚硬的感觉。在表现柔软时常使用暖色，而在表现坚硬时则经常使用冷色，因此女性产品多使用柔和的粉色系，而家电产品则多使用黑色、深蓝等坚硬的色彩表现其质量可靠的感觉。

轻盈与沉重：色彩的轻盈与沉重这一情感因素与明度、色相、纯度均有关系。高明度色彩传递轻盈的感受，低明度的色彩则传递沉重的信息。色相上，紫色系比黄色系分量沉重，因为纯度越大则重量越轻。黑色能带来比白色重量感翻倍的情感体验，在画面配色中，为营造活泼、动感、跳跃的视觉感受，可画面上部小面积采用沉重色彩，下部则采用轻盈色彩搭配，如图 1-44 所示。

华丽与朴实：色彩的华丽与朴实的情感因素与色彩三属性有直接关系，尤其与纯度的关系最大。明度高、纯度高、对比强的色彩给人以华丽、辉煌的感觉；明度低，纯度低、对比

图 1-44　色彩情感因素——轻盈与沉重

弱的色彩给人以质朴、古雅的感觉。大部分跳跃、热烈、明亮的色调都能给人以华丽感，而暗色调、灰色调、土色调则给人以朴实感。年会礼品外包装的基调应营造强烈的华丽感以配合整体氛围，局部运用了较朴实的色彩也是为了跟其他色彩产生对比，进一步反衬其华丽感，如图 1-45 所示。

图 1-45　色彩情感因素——华丽与朴实　　　　　　　　　本页彩图

兴奋与沉静：色彩兴奋与沉静的情感因素主要取决于色相的冷暖，暖色系中的鲜艳色彩能营造兴奋感，冷色系中的深暗色彩则给人以沉静感。另外，色彩的明度、纯度越高，也会使人兴奋感越强。在具体设计中，应根据环境需求及设计诉求进行色彩调整。在礼品外包装色彩搭配中应运用大量的容易产生兴奋情感因素的色彩来调动来宾的热情并预热参会情绪，使来宾从进入会场的第一个环节拿到纪念礼品开始就能从包装设计中感受到设计者的意图及年会整体的气氛，如图 1-46 所示。

图 1-46　色彩情感因素——兴奋与沉静

明快与忧郁：色彩的明快与忧郁情感因素与色彩的明度及纯度关联最大，明度高的鲜艳色彩具有明快感，灰暗浑浊色则会产生忧郁感；对比强烈的色彩的搭配趋于明快感，对比较弱的配色则趋向于忧郁感。明快与忧郁情感因素的色彩表达常用于有着明确色彩倾向的设计作品中。礼品外包装采用暖色调、鲜艳、强对比色彩，营造了明快的情绪，能有效吻合年会的整体氛围要求。

在礼品的外包装设计中，色彩是最能吸引受众、打动人心的视觉手段。作为能首先引起受众视觉兴趣的元素，色彩在所有设计因素中最具有先声夺人的作用，根据色彩的各项情感影响因素调整后的年会礼品外包装色彩搭配效果具有了更强烈的视觉吸引力和创意表现力，整体的搭配架构也更具科学性和逻辑性，同时也能更符合受众心理和应用需求，如图 1-47 所示。

图 1-47　礼品外包装设计

本页彩图

【知识拓展】

1. 色彩搭配调和小技巧

色彩之美在于和谐，当色彩差异过大、过于强烈，以至于造成尖锐刺激、不舒服的感觉时，就需要在组织色彩的过程中运用调和来达到视觉上的平衡和谐。色彩调和是指当两种或两种以上的色彩组合时，经过有效的安排、调整，使它们能遵循秩序、协调并存。色彩在视觉中并非单独存在，受众观看某一颜色时必然受到该颜色周围的色彩影响，即色彩对比与调和是对立统一的关系，两者相互依存。通过对比使色彩产生具有差异性的画面才生动活泼，利用调和可使色彩相互平衡、画面和谐统一。在色彩设计中，既有对比又有调和是获得变化丰富又统一均衡色彩效果的重要手段，二者的有机统一才构成了色彩的和谐格调。

色彩调和的具体方法主要有共性调和、面积调和、秩序调和 3 种。共性调和是指发掘色彩的某些共通性，以共通性作为色彩共存的基础，包含了色彩统一或色彩近似的因素。面积调和是通过几种色彩之间面积的扩大或缩小来调节色彩对比的强弱，并取得视觉上平衡及稳定的效果。秩序调和是把色彩采用等差、等比、渐变等秩序或规则交替出现，使画面具有节奏感和韵律感，当色彩根据三大属性按级差进行递增或递减时便能产生秩序和规律的变化，从而使色彩搭配获得调和效果。OED 2020 年年会礼品外包装的色彩搭配也是运用了该思路，使得红色与蓝色在保留冲突的前提下实现调和共存。

2. 运用色立体原理进行色彩采集

孟赛尔、奥斯特瓦德、PCCS 等色立体模型构建了科学有效的色彩呈现体系，根据色立体原理人们在设计实践中可运用 Photoshop（下称 PS）等软件的取色系统进行灵活的色彩取样用于色彩搭配。在 PS 的拾色器里可以发现有 4 种色空间，分别为 HSB、RGB、Lab和 CMYK，如图 1-48 所示。RGB 是计算机、手机等采用的 RGB 三原色加法形成的色空间；CMYK 是印刷油墨 CMYK 四色减法形成的色空间，适用于印刷工艺；Lab 是一个内部转换用的色空间，RGB 色转换为 CMYK 色时，需要先转换为 Lab 色，再转为 CMYK 色，反之亦然；HSB 则是在 RGB 的基础上，根据色彩三属性的理论推导出来的色空间，最符合人眼的直觉。

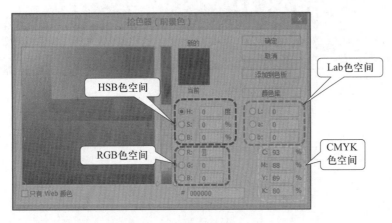

图 1-48　PS 中的取色系统

本页彩图

HSB 拾色器是通过调整 Hue（H，色相）、Saturation（S，饱和度）、Brightness（B，明度）这 3 个参数来选取颜色的拾色器，如图 1-49 所示。

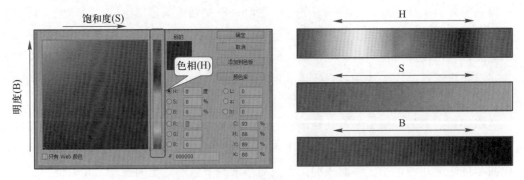

图 1-49　HSB 拾色器原理示意

在 PS 中，HSB 模式的应用可在已确定色相的基础上，进行饱和度、明度的微调，从而可以产生一系列和谐统一的配色方案，当定下了配色的基调，也就定下明度、饱和度的基本风格。在该模式下，可以完美固定 HSB 中的一个参数，只对其他两个参数做改变。

实际上在本项目中，年会礼品外包装的色彩搭配也可运用此技巧，先确定红、紫、蓝等几个色相（H），然后固定这几个色相不变。从而调整饱和度（S）和明度（B）的数据。

3. 问题思考

（1）除了插画手绘形式外，年会纪念礼品外包装视觉设计还可以采用哪些表达方式？

（2）哪种色立体更符合本项目等应用需求？为什么？

（3）举例说明色彩对比构成规律能为色彩搭配设计带来哪些创意切入点？

（4）如何把色彩构成原理用于调整包装视觉设计？

（5）如何把色彩的情感结合设计需求进行色彩创意？

任务 1-3　平面物料设计

【任务描述】

本任务将结合 OED 2020 年年会宣传需求、信息传达需求、邀请需求、各环节的应用需求及来宾的情感诉求，在符合项目主视觉风格的前提下完成年会平面物料版式设计。通过完成本任务，能了解版式设计的定义及印刷常用纸张的规格、类型和特性；能掌握版式设计法则；能理解图形与文字的转换方式与编排关系；在理解视觉流程概念的基础上能依据信息的传递需求建立不同类型的视觉流程版式，如图 1-50 所示。

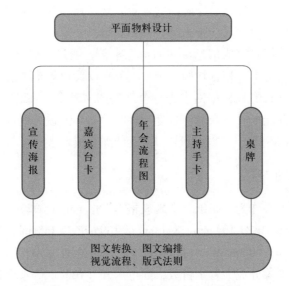

图 1-50　平面物料设计的任务架构图

【问题引导】

1. 年会平面物料的作用是什么？
2. 年会平面物料包括哪些？
3. 年会平面物料版式设计有哪些需求？
4. 能应用于本次年会平面物料的版式设计法则有哪几项？
5. 如何合理运用图文编排关系解决平面物料版式编排问题？

【知识准备】

在本任务中，主要通过版式设计相关知识及技能完成 OED 2020 年年会平面物料的设计，与版式设计相关的准备知识包括以下 4 项。

1. 版式设计的定义

版式指各种二维平面形态中文字或图形编排后的具体样式，广义的版式亦包括三维空间中事物的特定的平面状态。版式设计，也称编排设计或版面编排，英文表述是 Layout，意思是排布、规划、调度、安排，是在某种设计目的支配下发生的行为，即在有限的版面空间里，将文字、图形、色彩等视觉要素根据特定的需要在版面上进行有组织、有目的的编排组合。日本设计理论家、教育家日野永一认为，版面设计是根据目的把文字、插图、标志等视觉设计要素作为美观的功能性配置构成。简单地说，版式设计就是一种视觉要素间合理性的构成，是制造和建立有序版面的理想方式，作为视觉信息交流的载体，版式设计应在有效传递信息的同时给受众带来感官上的美感。

版式设计的核心功能是完成信息传达与信息审美，通过提升文字及图形的可识别性、准确性体现信息的传播诉求，根据均衡、统一、节奏、韵律等形式美法则使信息实现艺术诉求。版式设计的最终目的是根据需求进行合理的图文整合，使相关信息能直接、快速、有效实现传达目的，并能提升受众的注目度与理解力。版式设计的应用涵盖书籍设计、报刊设计、包装设计、DM 设计、广告设计、UI 设计等领域。

2. 印刷常用的纸张规格

用于印刷的原始纸张称为全张纸，常规规格有 787 mm×1 092 mm、850 mm×1 168 mm、880 mm×1 230 mm、889 mm×1 194 mm、841 mm×1 189 mm、1 000 mm×1 414 mm 等几种，其中 841 mm×1 189 mm 和 1 000 mm×1 414 mm 的幅面代号分别为 A0 和 B0。日常提及的书籍开本是指把一张全张纸等分成为若干份数，如十六开（16 K）等于全张纸的 1/16。把完整的全张纸对折一次，得到的大小就是 2 开，再对折就是 4 开，再对折就是 8 开，再次对折就是 16 开。16 开是 32 开的 2 倍，8 开是 16 开的 2 倍，依此类推。

目前国际通用的标准是德国 1922 年制定的纸张规格规范，按照纸张的整体面积规格分为 A 系、B 系和 C 系，见表 1-19。A0 的尺寸为 841 mm×1 189 mm，B0 的尺寸为 1 000 mm×1 414 mm，C0 的尺寸为 917 mm×1 279 mm。C 系列纸张尺寸主要用于信封。A4 是常见的办公打印用纸尺寸，它的大小刚好放进一个 C4 大小的信封。A4 纸张对折则变成 A5 尺寸，刚好放进 C5 大小的信封，同理类推。

表 1-19　纸张国际通用规格　　　　（单位：mm）

类　别	A 系	B 系	C 系
0	841×1 189	1 000×1 414	917×1 297
1	594×841	707×1 000	648×917
2	420×594	500×707	458×648
3	297×420	353×500	324×458
4	210×297	250×353	229×324
5	148×210	176×250	162×229
6	105×148	125×176	114×162
7	74×105	88×125	81×114
8	52×74	62×88	57×81
9	37×52	44×62	
10	26×37	31×44	

3. 印刷常用的纸张类型

国内常用印刷用纸有铜版纸、胶版纸、商标纸、牛皮纸、瓦楞纸、纸袋纸、玻璃纸、防潮纸和白卡纸等。胶版印刷要求印刷用纸具有更平滑的表面及更好的印刷性能，能够承受较大的温度和水分变化而不出现卷曲现象。专供印刷用的纸，按用途可分为新闻纸、书刊用纸、封面纸和证券纸等；按印刷方法的不同可分为凸版印刷纸、凹版印刷纸和胶版印刷纸等。根据印刷方法不同，纸张具有特定的性能，例如印刷报刊的新闻纸和印刷书籍内的凸版印刷纸，吸墨性好和不透印；用于套色彩印的胶印新闻纸，则有较高的吸水变形伸缩率容；用于凹版印刷的证券纸，其纸面细腻，印出的线条清晰逼真。

4. 印刷常用纸张的属性

纸张是大多数版式设计的载体，不同材质、肌理、重量、厚度的纸张会带来不同的设计体验，与设计意图产生息息相关的影响，设计师在进行版式设计的同时也应充分了解纸张属性，有效结合纸张属性满足设计需求。

一般来说纸张可以分为非涂布纸、轻涂纸、涂布纸和特种纸四大类，见表1-20。非涂布纸常用于笔记本、书籍、漫画的设计，其优点是伸缩性小且对油墨吸收均匀；轻涂纸常用于杂志内页、商品型录、传单的设计，其优点是成本较低等；涂布纸常用于商品型录、海报、手册、月历等要求照片重现度高的印刷品设计，但此类纸张容易使设计产生廉价感；特种纸是具有特殊功能、色调或质感的纸，用来制作印刷品能实现特别的设计效果，其价格会比常见的印刷用纸高，常用的包括珠光纸、牛皮纸和超感纸等。设计师运用特种纸进行设计前应与印刷施工方进行沟通，避免特种纸的印刷效果与预期设计需求不符。

表1-20　纸张类型及特征

类　　型		特征与用途	类　　型		特征与用途
涂布纸	低级纸	特征：白度50%左右，与报纸同等级 用途：杂志内页、电话簿	特种纸	美术纸	特征：具有独特纹理的特殊纸 用途：包装、书籍装帧、扉页、书页、腰封
	中级纸	特征：白度65%以上 用途：书籍、教科书、杂志、文库内页		其他	特征：视规格而定 用途：彩色铜版纸、明信片、地图、卡片等
	高级纸 （道林纸）	特征：白度75%以上 用途：书籍、教科书、海报、商业印刷			
涂纸	高级轻涂纸	特征：白度79%以上，双面涂布量12 g/m² 以下 用途：商业印刷、杂志内页等彩色印刷	纸板	白纸板	特征：单面或双面为白色的积层板 用途：食品、日常杂货的包装等
	轻涂书籍用纸	特征：白度比较低，双面涂布量12 g/m² 以下 用途：杂志内页、彩色页面、传单		黄纸板	特征：以废纸、麦草为主原料的黄色积层板 用途：精装本书封的芯板、礼品纸盒、包装
布纸	铜版纸	特征：双面涂布量约40 g/m²，基纸为高级纸 用途：杂志封面、月历、海报、广告等		灰纸板	特征：以废纸为主原料灰色积层板 用途：纸容器、贴合用、芯材、保护板
	高级涂布纸	特征：双面涂布量约20 g/m²，基纸为高级纸 用途：杂志封面、月历、海报、广告等			
	铜西卡纸	特征：加厚的铜版纸 用途：明星片、卡片、高级包装等			

【任务实施】

平面物料是基于主题需求进行的平面设计延展，通常包括画册、单页/折页、海报、展示架和横幅等，从属于品牌 VI 系统的设计，具体类别见表 1-21。

表 1-21　平面物料类型及相关因素

类　　别	概　　念	工　　艺
画册	一般为产品手册和企业宣传册等，达到宣传产品、品牌形象的目的	装订方式有骑马钉、蝴蝶钉、无线胶装、锁线胶装、精装。设计的时候页数能被 4 整除，使用骑马钉时页数必须是 4 的倍数
单页/折页	常用于市场推广，单页分为单面印刷和双面印刷，折页有对折页、三折页、四折页	可利用数字印刷灵活地控制印刷数量
海报	平面广告的主要形式，也是主流常见的产品展示方式	常见的印刷材质有纸质、喷绘、写真、即时贴等。如果需要张贴一般背面带胶，如果是放进灯箱内的广告会采用背喷灯箱片
展示架	常用于推广活动，成本低廉且存放、携带方便	以 X 展架和易拉宝为主要载体
横幅	常用于宣传或组织活动的图文口号表达	主要使用锦纶牛津布做喷绘用途

OED 2020 年年会的平面物料围绕年会的流程功能需求开展，涉及宣传海报、年会流程图、嘉宾台卡、主持手卡和桌牌等，其中宣传海报主要用于展现年会主题，预告年会内容以及提升观众期待；年会流程图按年会当天时间先后顺序呈现具体环节安排，一般附带于年会邀请函中，通过电邮或信函方式发送；嘉宾台卡主要用于呈现参会嘉宾的个人信息，方便嘉宾便捷入席；主持手卡主要承载年会流程及相关节目信息，方便年会主持人实施主持和串场；桌牌放置于观众席上供来宾入席后观看，主要呈现年会流程安排、相关数字化联系方式及年会奖品示意图等，如图 1-51 所示。

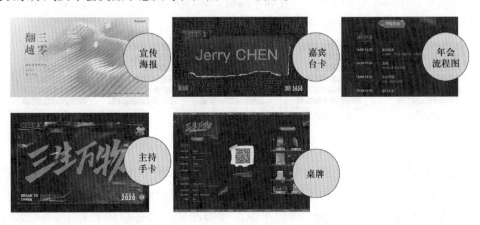

图 1-51　年会平面物料类型

1. 运用版式设计法则设计年会流程图

完成年会流程图设计涉及版式设计法则的相关知识，需要对版式设计法则的类型、概念、技巧等作充分的了解并融会贯通方能有效完成本任务。在视觉传达设计中，影响版式设计的因素包括文字、图形、色彩等视觉要素，如何能让视觉元素在完成传情达意的同时在视觉上实现完美结合，则涉及版式设计法则的运用。版式设计法则能使视觉传达设计呈现整体而完美、和谐而富于变化的形式美感，通过有效协调各种视觉传达设计元素之间的关系满足设计需求。常用的版式设计法则包括统一、节奏、对齐、平衡、留白、聚拢、重复、对比、层次和网格等。

统一法则主要依靠加强或减弱对比因素使视觉元素协调一致，使整体视觉效果趋向缓和，形成和谐的画面。统一是版式设计中最基础的设计法则，应注意度的把握，因为过分统一容易产生呆板导致受众产生视觉疲劳感。

节奏源于音乐的概念，是版式设计的常用法则。节奏是在均匀、不断地重复中产生频率的变化，能使单纯的更单纯，和谐的更和谐。平面设计中的节奏感主要建立在以比例、轻重、缓急或反复、渐次的变化为基础的规律形式上，这种规律的形式一般通过各种视觉要素逐次运动达到和谐美感。

对齐在版式设计中指视觉元素的位置关系，一般包括左对齐、右对齐、居中对齐和两端对齐，如图 1-52 所示。左对齐、右对齐指版面中的元素以左或右为基准对齐，能给人带来整齐、严谨、区分明显的视觉感受。左对齐是版式设计中最常见的方式，也是最符合视觉心理学、阅读最舒服的方式；相对于左对齐，右对齐并不太常见，因为右对齐的方式与人的常规视线移动方向相反，会使受众的阅读效率降低，产生人为干预的感觉，但也正因如此，右对齐方式会彰显个性，能产生与众不同的强烈视觉冲击力。居中对齐是版面中元素以中线为基准对齐，会产生正式、稳重的视觉感受，显得更为中规中矩，常应用于高端、成熟的品牌宣传品的版面设计。两端对齐是把版面中的元素拉伸或缩放与其他元素两端平齐，常用于大段落文字的编排，有利于阅读，但如果文字排列用了两端对齐，有可能使文字间产生较大空隙从而影响视觉体验。

(a) 左对齐　　　(b) 居中对齐　　　(c) 右对齐　　　(d) 两端对齐

图 1-52　对齐法则的类型

平衡法则指版面素材、色彩、构图等视觉元素的编排使版面达到静止、稳定的状态，它是构成版面形式美感与布局构图的基本准则，也是版面设计中必须遵循的设计法则。平衡法则包括物理平衡与视觉平衡：物理平衡，即版面元素编排在量和形上相同或相对对称，使之产生平稳、安定的视觉感受；视觉平衡指通过理性的分析与感性的体验相结合，使版面在视觉及心理上产生相对均衡的形式美感。

留白法则不是单独存在的概念，必须建立在与文字、图片等视觉元素产生关联的基础上。留白法则产生的空白能使图形和文字有更好的表现。中国传统美学思想有"计白当黑"的说法，"黑"指的就是图文编排内容。透常情况下，受众的兴趣一般都集中在图片和文字上，从美学角度看，留白能更好地放松人的视觉，从而凸显图片和文字信息引起人们的注意。在版式设计中，巧妙地利用留白可以增强版面的空间层次，集中观众的视线，更好地衬托主题。

聚拢法则在版式设计中主要用于信息归类，通过信息亲疏关系划分把图文视觉元素分成若干区域，相关内容聚合在同一区域中形成相应信息层级引导阅读。有效运用聚拢法则是视觉设计师应具备的信息组织能力，通过视觉手段把内容进行分层重构并形成信息传达的先后顺序使受众获得高效、有序、精确的视觉体验。

重复法则是把版式中相同或相似的视觉单元有规律地反复排列，呈现单纯、整齐的美感，视觉单元可以是单个元素，也可以是组合模块。重复的视觉效果取决于对视觉单元的处理，组合视觉单元的重复能产生统一且有变化的效果，单个元素的重复则应考虑如何有效突破单调。

对比法则是指两个或以上元素相比较而产生的效果，能使各视觉元素的特点更鲜明、生动，形成强烈的视觉冲击力，使版式设计的主题更加突出。对比法则包括大小对比、黑白对比、图文对比、色彩对比和动势对比等。大小对比可以凸显主题内容，是最常见的对比法则，能体现在各种主题的版式设计中；黑白对比具有极强的视觉冲击力，表现张力极大，可以明确地传达画面信息，不易产生歧义和误解，使画面更清晰、明朗；图文对比是将文字图形化或用图形来表现文字，通过建立图文的主次关系确定对比的主体和陪衬因素，明晰版式设计视觉语言；色彩对比是依据色彩三要素产生的对比效果，通过明度、色相、纯度的各因素进行比较产生符合不同主题的版式设计效果，还包含色彩的面积对比、冷暖对比等；动势对比是运用图文元素运动或发展的倾向对比使整个画面产生视觉张力和冲击力，能有效打破版面的平淡，从而丰富版面设计的视觉呈现形式。

层次法则是指对事物进行有规律的组织安排，在版式设计中指合理安排版面构成元素的布局关系。根据层次原则，应将不同的图形、文字等进行错落有致的合理排列，从而使版面高雅大方、整体美观。在版式设计中，视觉元素的层次体现在版式的整体、造型、色彩及处理等方面。整体的层次化建立在对内容的理解上，需要通篇考虑、突出重点，使整个版面安排呈现先后顺序；造型是版式构成的具体元素之一，将不同造型形态进行归纳、分类，使画面整齐、统一，实现造型的层次化；色彩的层次化体现在同一版面中应使用相对固定的配色组，过多的色彩会分散受众的注意力，不利于版面的整体统一；处理的层次化是指对版面视觉设计处理手法的合理应用，过多的处理手法会造成版式语言的混乱，应根据主题表达采用恰当的处理手法使视觉效果条理明晰、层次分明。

网格法则是最基本的版面设计应用系统，也是使页面元素有序排列的基础保障。假如在版面设计中没有任何可作参照的标准，编排工作将难以展开，使用网格将版面进行规划往往可以起到事半功倍的效果。网格的基本形式见表 1-22。

表 1-22 网格的基本形式

形 式	概 念
水平网格	在水平方向上建立辅助线，将版式元素加入到水平网格中去
垂直网格	在垂直方向上建立辅助线，将版面划分为竖向分割的格局，将图文内容按竖向流程进行编排
对称网格	根据版心的宽度和网格的划分，页面的版式结构上下或左右完全一致，形成对称的视觉效果
非对称网格	编排效果方式与对称网格是类似，但其对称性不是指完全镜像效果，只需要根据主题要求保持整体视觉上平衡即可
反复网格	与对称网格模式类似，直接使用相同形式的网格在左右的对页上反复构图

OED 2020 年年会流程图内容模块包括主题、行程安排（含部门大会及年会晚宴安排）、异地直播及咨询信息等，年会流程图需要符合较广泛的功能应用场景，既作为跟随邀请函发放的补充说明，也可作为会场现场关键位置的流程指引，还可用于节目单或其他物料的辅助应用，因此在尺寸上充分考虑其通用性选择 60（宽）×140（高）等比例作为流程图设计尺寸，以竖幅矩形形态作为内容载体。具体设计流程如下：

① 首先运用层次法则把整体内容分为背景层与文字信息层两大层级，背景层由 3 层图片叠加营造赛博朋克风格配合年会整体氛围，如图 1-53 所示。

图 1-53 层级示意图

② 运用聚拢法则把文字层信息进行层级分类，第 1 层级为主标题及年会时间地点，第 2 层级为模块标题，第 3 层级为小标题，第 4 层级为正文文字，作为最主要内容载体。

③ 运用网格法则搭建流程图的骨骼。流程图整体架构采用垂直网格，满足由上至下的浏览需求；在垂直网格中运用水平网格在水平方向上建立分割关系，将各个模块内容以色块代替填充并对比调整其整体视觉关系；在单个内容模块中以非对称网格营造视觉均衡，内容主体文字长短不一，因此无须强制其完全齐行排列以免影响识别功能，如图 1-54 所示。

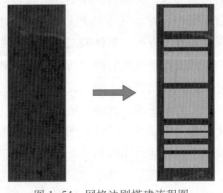

图 1-54 网格法则搭建流程图

④ 运用对齐法则规整文字内容提升阅读体验。主体文字主要由时间安排及内容安排两部分构成，时间安排文字整体长度统一，通过两端对齐使文字统一视觉规范；内容安排文字根据长度不同采取左对齐方式使其更符合视觉心理学，降低受众理解难度并带来更舒服的阅读体验；两部分文字均以网格边界为间隔营造统一的对齐逻辑，如图 1-55 所示。

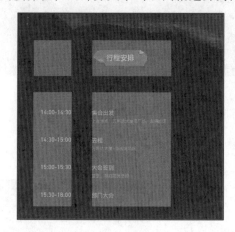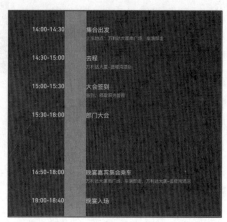

图 1-55　运用对齐法则规整文字内容

⑤ 运用对比法则中的色彩对比、图文对比及黑白对比丰富流程图版面整体视觉层次，提升版式设计的品质感。首先以年会主色调作主标题、模块标题及内容标题的色彩搭配，使其在突出内容区分功能性的基础上更具层次与肌理的形式美感，再以赛博朋克风格标签设计作为模块标题载体，把模块标题视作图形处理，使其与正文文字产生明确的图文对比效果；正文内容部分以白色（主体文字）及浅灰（辅助说明）填充，使其与背景层产生黑白对比区分，能合理划分内容类型快速精准传达信息的同时也丰富了视觉层次，如图 1-56 所示。

图 1-56　对比法则应用示意

本页彩图

⑥ 运用平衡法则丰富设计细节，并从动态与色彩上保证视觉均衡。作为流程图的视觉起点，"三生万物"及"2020 在线教育部大会 & 年会"构成了主副标题，"三生万物"是按图形效果进行标题设计，具有从左往右的视觉动感；副标题则把文字与肌理色块进行叠加配合主标题的动态走向，并通过冷暖色调的对比使主副标题突破视觉呆板，同时也保证版面的整体平衡，如图 1-57 所示。

图 1-57　主副标题设计

合理运用版式设计多种法则进行有机搭配，有效满足了流程图的版式设计需求，也能使年会流程图能符合多种场景的应用延展，具体设计效果如图 1-58 所示。

2. 运用图形与文字的转换及编排关系设计年会宣传海报

OED 2020 年年会宣传海报主题为"翻三越零"，其中"三"与"山"取谐音，寓意部门 3 年来发展迅猛、成效突出，部门全体上下一心、不畏艰难险阻、勇闯高峰。为求从视觉层面精准到位地表达主题，海报设计结合了使用三维软件 C4D 设计的数字"3"作视觉表现素材并以图文转换的创意思维完成海报的版式设计。

在视觉传达设计中，文字具备"字"与"图"的功能，它既是信息传递的载体也是审美对象。在版式设计中，可以对版面中的主题文字进行创意设计，使其完成"字"与"图"的转换并兼备两者功能，同时能与整个版面视觉风格统一，更能凸显表现效果。图形与文字的转换包括重叠式处理、图形化处理和动态化处理。

重叠式处理是指将版面中文字与文字、文字与图形或图片进行叠放编排，这种方式可以使受众从版面结构中感受动感、活力与富有视觉张力的表现魅力，也能更直接有效地丰富版面的视觉层次，如图 1-59 所示。

图形化处理是指对文字进行艺术创意或重构设计，在不影响其原有信息传达功能的前提下，强化文字的视觉美学效果。文字图形化处理包括意象化处理和形象化处理，意象化处理使用字体的具体形象直接

本页彩图

图 1-58　流程图设计效果

展示内容，使文字具有个性、直观、生动的效果；形象化处理则是根据文字的内容进行具象形态呈现，使用具体的形表现抽象的意，强化、引申文字的表达效果，如图 1-60 所示。

图 1-59　重叠式处理

图 1-60　图形化处理

在版式设计中通过动态化处理的图文结合能表现流线感与速度感，尤其体现在版面的标题中。动态化处理是指除了文字本身的图形化外还可以将文字按照一定的形态排列产生，或者将大段的文字按图形的外形排列，产生强烈的造型视觉冲击力，如图 1-61 所示。

年会宣传海报对整体视觉架构进行重叠式处理，把 C4D 效果图与编排文字进行了有机的叠加；同时把主标题"翻三越零"进行图形化处理，把海报上散落的视觉元素进行动态化处理，其产生的视觉动感打破海报的平淡，示意图如图 1-62 所示。

标题"翻三越零"的图形化处理也体现在笔画交界处的断线设计，这是细腻、克制、有质感的设计表现手段，跟海报整体的气质和氛围能实现到位的吻合，如图 1-63 所示。

图 1-61　动态化处理

合理利用图文结合编排关系，能完美呈现年会宣传海报的视觉元素。首先，运用图文编排关系展现海报的空间感。在海报中放置文字的位置通常为明暗变化或内容变化较少的位置，具体如天空、草地或物体阴影部分，也可以将文字放在图像比较模糊的位置，容易使受众视线聚焦。在使用满版图片的海报中可将文字放置在左右两侧，从而有效地拓展版面的空间感，如图 1-64 所示。

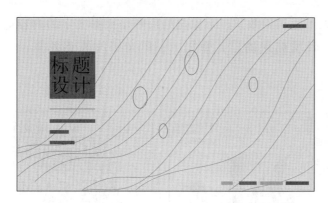
图 1-62　年会宣传海报示意图

图 1-63　标题的图形化处理

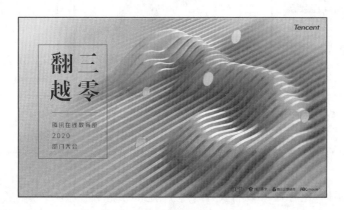
图 1-64　海报的图文结合编排

其次，利用图文编排关系强化标题可读性。标题是主题的概括和逻辑中心，它如同海报的核心备受受众关注。标题的细节变化对于版式效果至关重要，应保持一定的视觉强度，字体应比正文大且更醒目。为使海报标题具有更好的可读性，如果版面中的图片色彩搭配比较丰富、色调变化大，在不破坏图片完整性的前提下，可在标题的下方添加半透明的黑白色块或是符合海报主色调的色块，能进一步加强海报标题的视觉冲击。图 1-65 所示为以吸取了海报素材的光源色作标题衬底色块。

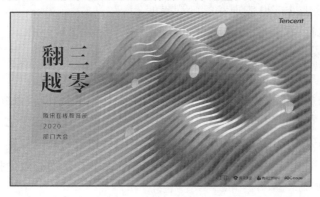
图 1-65　海报标题设计效果

本页彩图

　　最后，使用能营造氛围的文字颜色协调海报图文编排关系。以满版图片作为主体的海报，其内置文字常用黑色或反白这类能确保文字可读性的配色，也可根据图片的色调来设置文字颜色更能衬托海报的氛围，完成令人印象深刻的版式设计。在本次年会海报中，运用 C4D 制作的素材完美呈现了颜色的冷暖对比，选择图中阴影部分的蓝色（C89 M71 Y37 K1）作为文字的色彩，并把企业标志及产品标志以相同的颜色呈现在海报的右边顶部及底部，有效实现了版面平衡，也自然而然毫不违和地呈现视觉统一感，如图 1-66 所示。

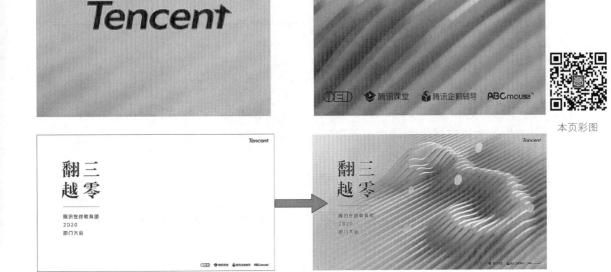

本页彩图

图 1-66　海报整体视觉呈现

3. 合理建立视觉流程完成年会桌牌版式设计

　　视觉流程是指受众的视线在某种导向前提下沿着一定的顺序移动的过程，这种顺序由特定的视觉元素决定，视觉元素的铺排和编排则构成版式的形式语言。理解视觉流程的概念并依据信息传递的需求建立不同类型的视觉流程有助于把握版式的逻辑秩序，突出版式设计主题。年会桌牌常放置于观众席上供观众入席后浏览信息，主要呈现年会流程安排、相关数字化联系方式及年会奖品示意图等，其信息类型繁杂且功能需求较明确，需要通过建立合理的视觉流程来规范信息的视觉呈现。在版式设计中，常用的视觉流程包括直线流程、曲线流程、导向流程、重心流程、反复流程和散点流程等。

　　直线流程形式较为直接，最大的特点是直击主题，极具视觉冲击力、感染力。直线流程根据直线的方向可以分为横向流程、竖向流程、斜向流程、相向流程和离向流程，如图 1-67 所示。

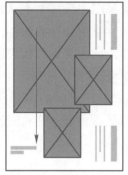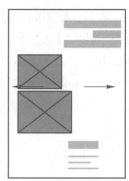

图 1-67　视觉流程概念示意图

曲线流程具有灵活变化的形式，因其柔和的形态能使视觉元素的呈现极具美感。曲线流程包括无机曲线和有机曲线，无机曲线需要借助工具绘制，因此线条规范齐整，抛物线、S 线等均为无机曲线，版式设计中按无机曲线流程设计可使版式的视觉元素铺排具有秩序感和节奏感；有机曲线一般为徒手绘制，自然界中动植物形态均为有机曲线，版式设计中按有机曲线流程进行设计能充分使版式效果灵活多样，充满自主性和个性，如图 1-68 所示。

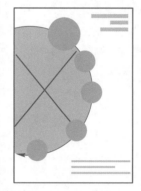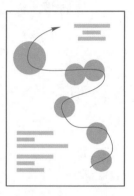

图 1-68　曲线视觉流程概念示意图

导向流程是指在版式设计中运用符号、元素或色彩引导受众的视线，使受众能按照设计者的意图完成浏览过程，常见用于信息可视化图表中，如图 1-69 所示。导向流程分为放射性视觉流程及十字形视觉流程，放射性视觉流程是运用点和线引导，使画面上的所有元素集中指向同一个点形成聚焦效果；十字形视觉流程的视觉元素能使读者的视线从版面四周以类似"十"字的形式向中心聚集，即通过横竖交叉浏览的形式达到突出重点、稳定版面的效果。

重心流程是以视觉重心为中心展开版式设计，需要注意的是视觉重心不一定就是版面中的物理中心，可从向心、离心、顺时针旋转及逆时针旋转等方面来考虑视觉元素安排。采用重心流程对版面进行设计可以使版面的主题表现更加鲜明、生动，如图 1-70 所示。

反复流程是运用相同或近似的视觉元素多次出现在版面中形成一定的重复感。反复视觉流程广泛应用于视觉设计，能加深受众印象，有效突出设计主题。在版式设计中，对视觉进行反复引导，可以增加信息传播的强度，使版面形式显得有条理，产生秩序美、整齐美和韵律美。如图 1-71 所示，日本设计师 U.G. 佐藤运用反复视觉流程把同一元素在版面中反复呈现，并搭配不同类别的色彩组合呈现均衡且灵动的视觉冲击。

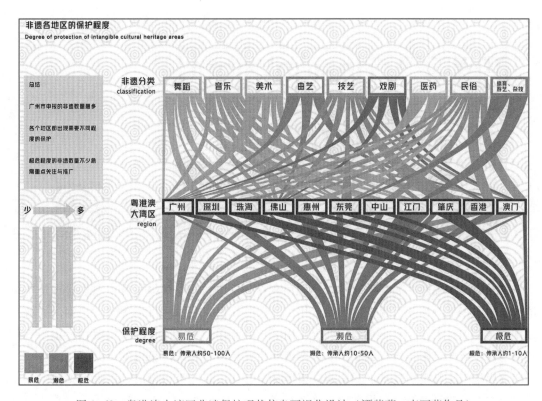

图 1-69　粤港澳大湾区非遗保护现状信息可视化设计（谭紫薇、李丽莉作品）

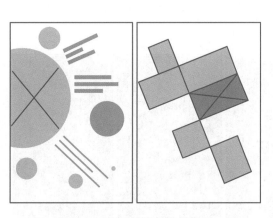

图 1-70　重心流程概念示意图

图 1-71　U. G. 佐藤作品

本页彩图

　　散点流程是将版面中的视觉元素分散排列在版面的各个位置，特别适合呈现轻松、自由、欢快的效果。散点流程应用关键是形散意不散，需要充分考虑图文的主次、大小、疏密、方向等因素。散点流程分为发射型和打散型，发射型是把版面中的视觉元素按规律向同一焦点集中；打散型则是将完整的个体打散为若干部分并重新排列组合，从而形成新的秩序效果。如图 1-72 所示，2019 年腾讯设计周的 KV 版式设计就是典型的散点流程。

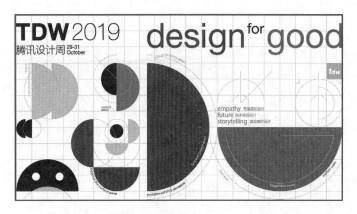

图 1-72　2019 年腾讯设计周的 KV 版式设计

本页彩图

各种视觉流程间并非是孤立的，它们存在着有机关联，设计师也应在熟悉各种基本编排技能的前提下对视觉流程进行灵活运用。一个版面设计中往往可运用多种视觉流程解决编排问题，如本次年会桌牌版式设计分别用了重心流程、直线流程和反复流程。重心流程应用于构建年会桌牌整体视觉架构，以赛博朋克风格标签为载体呈现的年会信息同步群二维码构成视觉重心吸引受众视觉，这是桌牌最重要的信息内容，同时把其他图文信息排布在版面左右两侧平衡视觉布局并引导受众视线流动。年会桌牌左右两侧分别采用直线及反复两种视觉流程，版面左侧主要展示部门大会及年会晚宴的流程安排，具有时间的先后顺序，因此直线流程从上往下的秩序引导最符合受众的信息浏览需求；版面右侧以货架的视觉形态展现年会精彩纷呈的抽奖礼品，利用反复流程使礼品以重复展现的视觉呈现方式有效吸引来宾的关注并提升参与热情，如图 1-73 所示。

图 1-73　年会桌牌视觉流程应用示意

年会桌牌整体编排设计效果如图 1-74 所示。

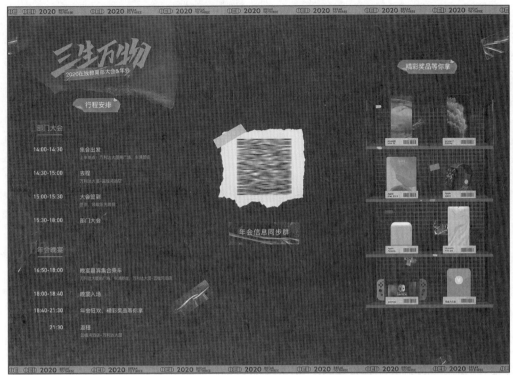

本页彩图

图 1-74　年会桌牌整体效果

【知识拓展】

图片在版式设计中有着重要作用。图片带来的视觉冲击力往往比纯文字更强，"一图胜千言"指的就是图片能突破文化、语言、民族等诸多限制，文字难以传达的信息、感受、思想借助图片往往可以有效实现。图片具体包括照片和插图两种形式，照片具有写实细腻的特点，可根据设计需求进行裁剪、合成等处理；插图可以突破素材的局限以创作者独特的想象力、创造力根据主题需求重新创作，在版面中实现独一无二的魅力。OED 2020年年会平面物料的版式设计也可以充分考虑图片的合理应用，进一步拓展其设计形式。对图片的灵活运用包括出血图、退底图及形状图的应用。

1. 出血图

出血图指充满整个版面的图片，整个画面以图像为主不受边框限制，能有效地打破版面的束缚，视觉上充满动感，给受众带来强烈视觉冲击。本次年会宣传海报正是运用了出血图。除了宣传海报的应用效果以外，出血图还能渲染版面氛围，也能客观地描写空间；在版面中部分使用出血图则能赋予版面足够的开放性，使版面有向外延展的感觉，使受众能同时感受到视觉顺序与版面张力。

2. 退底图

退底图是根据主题和中心选取图片中必须保留的部分并删除其他元素，这种图片在实际应用中一般以透明背景呈现，能有效地排除其他干扰元素，突出主体形象。退底图与文字的组合常表现为文本绕图的形式。退底图能突出产品主体、活跃版面效果、灵活表现版面空间（特别是在人物与场景结合的主题中），也能结合色块或图形重新创作作为插图使用。

3. 形状图

形状图指使用特定几何形状对图片进行限定处理，常用的几何形状包括圆形、方形、三角形及梯形。使用形状图形设计版面往往能使版面更新颖、突出，更有秩序感和形式美感。具体表现为：能打破固有的图片表现形式，丰富版面的视觉效果；能在版面中形成多种对比并呈现灵活的视觉趣味。需要特别注意的是，形状本身也有明确的视觉情绪倾向，在具体应用时应根据主题选择合适的图形。

4. 问题思考

（1）年会平面物料设计能否突破平面的表现形式？
（2）本次年会是否有其他形式的平面物料可延展应用？
（3）如何结合版式设计法则为平面物料设计带来其他创新点？
（4）影响版式设计的色彩因素有哪些？

任务 1-4 纪念徽章设计

任务 1-4
纪念徽章设计

【任务描述】

本任务通过结合 OED 2020 年年会的功能需求、参会者情感诉求，在符合项目主视觉风格的前提下完成年会纪念徽章设计，并通过凸显部门核心产品视觉形象使来宾留下深刻印象，进一步扩大品牌的影响力和号召力。通过完成本任务，能了解图形语言的分类及属性、图形的功能与意义；能掌握图形创意的表现形式与手法，灵活进行图形创意表达；能提炼和挖掘图形意义，完成抽象概念的图形化表现；熟知图形在版面上的位置运用、图形在版面中的比例关系、图形数量的版面效果、图形在版面中的组合方式，如图 1-75 所示。

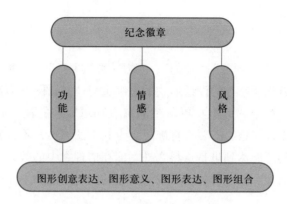

图 1-75　纪念徽章的任务架构图

【问题引导】

1. 年会纪念徽章的作用是什么？
2. 年会纪念徽章的设计需求包括哪几项？
3. 如何结合图形创意的表现形式与手法进行徽章创意？
4. 如何把抽象概念的图形化表现有机融合到徽章形态中？
5. 怎样提炼和挖掘图形意义应用于年会纪念徽章设计？
6. 如何展开产品的系列化设计？

【知识准备】

在本任务中，主要通过图形创意设计相关手段完成 OED 2020 年年会纪念徽章设计，与图形创意设计相关的准备知识包括以下 5 项。

1. 图形的概念

著名设计理论家尹定邦先生在《图形与意义》一书中对图形作出如下定义："所谓图形，指的是图而成形，正是这里所说的人为创造的图像。"图形是设计作品的表意形式，是设计作品中敏感和备受关注的视觉中心。图形（Graphic）是由绘画、记写、雕刻、拓印或数字技术等手段产生的能传达信息的图像记号，是设计作品的表意形式，是设计作品中敏感和备受关注的视觉中心，其存在的价值是传达相关信息。

图形与纯绘画作品有本质区别，它是作为一种交流信息的媒介而存在，而纯绘画作品主要是为了创造美、反映社会和生活，它通过描绘来展示画家对生活的理解、对社会的看法或情感的表达。图形有很强的功能性，和文字语言等媒介一样含有大量信息，是为了传播概念、思想或观念而存在的。图形可通过现代传播工业手段实现大规模复制并广泛传播，从而达到信息传达目的。

2. 图形创意的概念

图形创意的"创"指"创造""独创","意"即"主意""意念"等,因此图形创意是指将意念转化成具有创新精神的设计形式的思维过程,是以图形为造型元素经一定的形式构成和规律性变化,赋予图形本身更深刻的寓意和更宽广的视觉心理层面的创造性行为。图形创意是图形设计的核心,要求打破思维方式上的惯性,不按常规、另辟蹊径地思考问题。出色的图形创意能达到虽是意料之外、但在情理之中的效果,既符合逻辑又超乎想象,在构思上观点新颖、立意巧妙,在说明问题的同时也能产生深刻寓意。

3. 图形语言的分类

图形是人类进行交流、表达、记录思想等相关活动的最早手段。早在新石器时代,人类祖先就开始用木炭或矿物质作画以记录相关信息,这种画可以理解为图形意识的萌芽。

图形在人类早期就承担起了语言的功能,如人类早期所使用的象形文字。象形文字纯粹利用图形来作文字功能,虽然与其所代表的东西形状很相像,但有较大的局限,某些实体事物和抽象概念较难描绘。随着人类生存空间的扩大和对外交流的发展,烦琐的图形已满足不了人类沟通交流的需求,古代的象形文字从图形开始逐渐演变发展成其他的文字样式。人类早期图形语言的创意和表现方法虽显拙劣,但从其原始动机来说和现代图形设计语言一样,都已具备了记载和传达信息的功能。从这一点上来说,它已经是平面活动范畴内的内容,是人类最早、最为纯粹的设计活动。

随着信息化时代的到来,单纯的文字传播方式难以匹配快节奏高效率的信息获取需求,以图形为交流媒介的新"读图时代"来临。人们在生活的各个领域每时每刻都在读取各种无声的图形语言,包括交通指示牌、公共导示系统、产品使用示意图、产品按钮上的图形等。图形语言在很多地方起到了文字语言无法替代的效果,它可以令人类的交流更直接、更快捷。人类的思维方式以图形的方式为起点且人类对视觉图形的理解有着普遍的共通性,因此人类对图形的理解、接受可以跨越国界、跨越地域、跨越文化,图形语言也是一种没有国界和地域限制的国际性的语言。随着新"读图时代"的来临,图形语言也成为人类不可或缺的沟通方式。

4. 图形语言的属性

(1)视觉符号属性

图形语言是人类重要的视觉符号语言。"图形"的英文为 Graphic,亦指说明性符号。格式塔心理学关于"图形论"的异质同构说说明图形可以让人们把其与某种事物相关联,通过视觉感知其代表的符号语言,然后再通过视觉感知其代表的事物。因此,图形语言其本身就是符号化的表达方式。设计师借助于符号向受众传达信息和思想,而图形语言相比其他语言形式又属于视觉造型范畴,又会呈现出更强的视觉符号性。因此,图形语言的基础属性是视觉符号属性。

（2）编码解码属性

语言交流的过程实际上是语言编解码的过程，图形语言的交流也是同样道理。图形语言和文字语言一样有着相似的语言组织构架，也有完整丰富的语法和修辞关系。图形符号和图形之间是符号和符号编码的关系，图形语言是图形符号的编码组合。在图形语言中的图形符号就相当于文字语言中的字或词组，它可通过不同的语法形式去表达不同的语意。设计师进行图形创意的过程即是图形编码的过程，而作品被观众解读认知的过程则等同于解码的过程。需要注意的是，不同设计师对同一图形符号通过不同的创作手段，可使图形编码方式产生不同的语意从而表达不同的思想。

（3）创新思维属性

图形语言是图形符号再创造的思维过程，这个过程是运用视觉形象进行创造性活动，需要创造力和想象力的结合。图形语言的创造性思维体现出极大创意，想象力是图形创意思维的动力，创意则是图形语言编码的核心。创意和想象力能决定设计师的生产力，能增加图形作品的视觉吸引力和冲击力。人们在应用图形语言交流时，也是利用图像投射到人脑的印象产生想象才能完成交流与沟通。受众对创意的读解往往基于设计师提供的图形符号、视觉形态等元素。在图形语言从创意到与受众交流、沟通的全流程中设计师与受众的想象力都显得至关重要，因此创新思维属性也是图形语言可以产生交流的基础属性。

5. 图形的功能与意义

图形具有传递信息的功能，这一功能是通过视觉系统具象呈现的，不需要通过阅读文字而进行转译的抽象思考。图形被称为"世界语"，其信息传达功能能跨越民族、地域、国家而进行文化对话交流。图形除了作为承载信息的载体，亦能够准确、生动、直观地反映相关问题，通过图形视觉创作来表达情感、思想、警示等信息，具有易理解、好辨识、强记忆等功能。

图形的传递信息功能具有以下重要意义。

① 直观意义：图形是简练、感性、单纯的视觉语言，它能够被大多数人群所认知，可以强烈、直观地传递信息。

② 象征意义：图形是隐喻、寓意、内涵的符号，通过引起受众的想象达到思想与情感的交流，其传播效果具有象征性。

③ 指示意义：图形中特定的符号、颜色，具有警示、提示性功能，能快速直接呈现指示作用。

④ 广泛意义：图形的应用渠道非常广泛，从传统纸媒到移动互联媒体，能广泛突破时间与空间的限制。

⑤ 易读意义：受众通过视觉感知接收到图形传播的信息，并且理解图形所传达出的思想，比起文字渠道更有快速凝练的易读性。

⑥ 审美意义：经过设计创意的图形作品不仅能准确传递信息，同时具有设计感、形式美、艺术性，能给受众带来愉悦美感，从而产生审美作用。

【任务实施】

企业年会是农历新年前一年一度的欢庆盛典，在创意设计中通常会呈现相关新年元素。2020 年是庚子鼠年，OED 2020 年年会纪念徽章设计的视觉创意将融入鼠年元素，而作为 OED 旗下三大拳头产品之一的"ABC mouse"的 IP 形象是老鼠的形态，为徽章设计带来了极佳的视觉载体，因此徽章主体视觉图形将围绕"ABC mouse"的 IP 形象展开。在符合年会整体氛围的前提下，纪念徽章以系列化思维设计为三种形态，如图 1-76 所示，徽章的发放也采取了极具创意的盲盒形式，以年会签到纪念礼品铁盒作为盲盒，三款纪念徽章随机放进铁盒中，铁盒外包装上不做任何标注，只有来宾领取到铁盒并打开后才能知道自己抽到了哪款徽章，营造的神秘感进一步提升了纪念徽章的创意效果，更符合炫酷、潮流、创新、活力的年会氛围。

图 1-76 盲盒创意示意图

1. 提炼、挖掘图形意义，完成抽象概念在纪念徽章中的图形化表现

"ABC mouse"是腾讯 OED 的三大主打产品之一，其原先是美国知名在线儿童教育品牌，专为 3~8 岁少儿英语学习打造。腾讯联合美国"2006 国家教师"与"2014 国家教师名人堂"获奖者带领"ABC mouse"课程顾问团队将其进行了本土化重构，针对中国儿童精心制作包含 10 000 个词汇、7 000 个纯正发音的学习活动、口语跟读、听说练习、动画、歌曲、绘本等丰富的学习活动，构建科学合理的课程体系、生动有趣的教学方式、浸入式的学习环境，有效地让孩子爱上英语学习。

腾讯设计团队在"ABC mouse"产品本土化重构的过程中也对品牌形象、用户体验进行了全方位的优化，运用更具几何形式的视觉形态，更纯净鲜明的视觉语言来阐释更新后的 IP 形象。以品牌识别元素作为首要的切入点，对 IP 形象作了细节简化与优化，在保留经典品牌记忆基础上更符合现代设计审美要求，如图 1-77 所示。

本次年会纪念徽章视觉主体以"ABC mouse"的可爱老鼠 IP 形象为基础根据需求进行展开创意。"ABC mouse"IP 形象气质偏低龄化、卡通化、故事化，与 OED 2020 年年会潮流、炫酷、跳脱的风格差异较大，需在通过图形意义提炼挖掘的基础上完成抽象概念的图形化表现。

本页彩图

图 1-77　"ABC mouse" IP 形象更新效果

具体思路步骤如图 1-78 所示。

图 1-78　抽象概念图形化表现示意图

与文字相比，图形最重要的优势在于可以通过有效的提炼和挖掘手段赋予相关的视觉内涵，使受众更直观地感受到传达的关键信息。在图形创意过程中，提炼和挖掘图形意义着重于运用图形语义符号的组合和创造技巧，具体包括比喻、象征、比拟、夸张、幽默等手段。

比喻手段是用跟 A 事物有相似之处的 B 事物来描绘或说明 A 事物。比喻的结构一般由本体、喻体和比喻词构成，其中本体和喻体必须是相互之间有相似点的不同事物。运用比喻可以使平凡变动人，使繁复变简洁，使抽象变具体。相对于平铺直叙而言，在图形创意中用灯泡来比喻人大脑的创意无限或用由仙人掌比喻毒舌言论，可以使得图形作品更加含蓄，如图 1-79 所示，而好的图形作品在留给受众想象空间的同时亦不妨碍对作品本身意义的理解。

象征指用简明可视的图形去表示复杂抽象的事物。在日常生活中，人们对某些物件、符号或者现象会形成了某些共识与联想，如绿色象征生机、红色象征喜庆、白色象征纯洁、白鸽象征和平、枪炮象征战争（图 1-80）、心形图形象征甜蜜等。象征手法的作用体现在通过简洁图形或简易形态来表达抽象的难以描述的概念或现象。

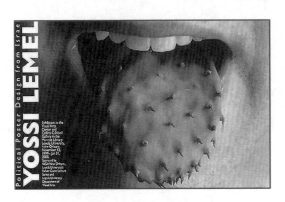

图 1-79　雷又西作品

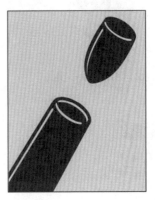

图 1-80　福田繁雄作品

比拟包括拟人和拟物，拟人是赋予物以人的情绪、感受、行为等；拟物是把人当物或把 A 物体当 B 物体来描述。运用比拟，可使人或物个性鲜明、呈现生动、内涵丰富。在图形创意中常用比拟进行图形意义提炼，从而将事物本身的内涵之间进行迁移和关联，让受众能快速产生联想。如图 1-81 所示，作者把用户过闸口的便捷比拟为哪吒踩风火轮飞奔的感觉，直观呈现了速度极快的视觉效果。

夸张以反常态、反比例的关系出现，突出事物的本质特征，通过图形信息表达强烈的思想感情引发受众联想。图形夸张的作用是烘托气氛、增强联想、给人启示，从而增强表达效果。在图形创意中，常用夸张手法对图形形态进行夸大或缩小，以强烈的图形视觉冲击来表达作品的主题，如图 1-82 所示。

图 1-81　李旻钰、朱丽璇作品

本页彩图

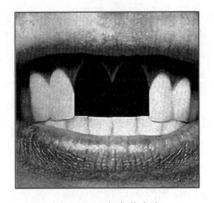

图 1-82　麦当劳广告

幽默最能体现"意料之外、情理之中"的图形意义，最能引起观众的兴趣，从而引起对作品本身的关注。在图形创意中，常采用带有怪诞、惊奇等情感的来强调图形的视觉冲击力，而富有幽默感的图形创意往往能持久、深入吸引受众注意，如图 1-83 所示。制造幽默感的图形要依靠巧妙的视觉流程使受众首先注意表面的"正常现象"，然后通过制造矛盾或冲突或关联巧合呈现幽默效果。幽默的手法在图形创意中是较高级的应用，其核心意义不在幽默本身，而是具有与讽刺艺术相似的效果，目的是引发受众进行深层次思考。

图 1-83　富有幽默感的图形创意

年会纪念徽章设计采用了比喻、象征、幽默等手法来进行抽象概念的图形化表现。

（1）徽章造型形态设计

徽章最核心造型是"ABC mouse"的老鼠 IP 形态，徽章本体运用了老鼠的头部形状，通过把"ABC mouse"的老鼠 IP 形态进一步进行提炼和简化，针对年会受众群体把 IP 形象中的低龄化、卡通化元素及影响造型简洁性的学士帽形态图形去除，仅保留彰显老鼠特征的形态元素。徽章整体形态运用了比喻手法，把老鼠形态比喻为最简约的 3 个圆形组合而成，如图 1-84 所示，整体气质更符合了年会来宾的喜好及预期，简洁的几何图形更到位地配合了年会的活力感和潮流感。

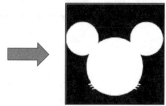

图 1-84　徽章本体的老鼠 IP 形态调整　　本页彩图

（2）徽章主体细节设计

运用比拟中的拟人手法对老鼠进行拟人化图形表达，同时对老鼠脸部进行结构调整及去光感处理，把五官变得更紧凑、表情变得更炫酷、元素变得更简约；另外，运用幽默的手法巧妙地添加了墨镜配件，在最大限度维持原品牌形态的基础上合理地遮挡了原 IP 形象中卡通化的眼睛，同时也丰富了徽章设计的图形细节及增添了徽章成品的结构层次，巧妙的设计能进一步延长年会纪念徽章在来宾手上的留存率，如图 1-85 所示。

（3）徽章系列化设计

采取系列化设计思路把徽章设计为一套徽章 3 种形态。运用象征手法把年会纪念徽章的外观造型设计为几何基本形：圆形及方形，象征手法的作用体现在通过简洁图形或简易事物来表达抽象或难以描述的概念，因此圆形及方形在徽章造型的延展应用也象征了年会主视觉"一生二，二生三，三生万物"的创意理念，如图 1-86 所示。

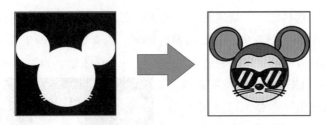

图 1-85 徽章主体细节设计

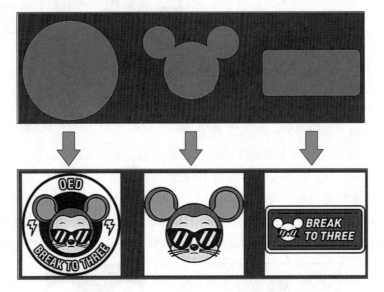

图 1-86 象征手法在徽章上的应用

本页彩图

2. 通过图形创意的表现形式与手法完成徽章的图形创意表达

为使 3 种形态的年会徽章能实现既和谐统一又独具个性的效果，可灵活运用图形创意的表现形式与手法有效完成图形创意表达。

在图形创意设计中，常运用独特的图形创意表现形式与手法创造出富含趣味性和冲击力的图形形态，在营造新颖的视觉效果的同时打破事物固有的造型设计，从而让图形更具创造力和吸引力。常见的图形创意表现形式与手法有正负图形法、双关图形法、异影图形法、减缺图形法、多维图形法、共生图形法、悖论图形法、聚集图形法、同构图形法和文字图形法等。灵活合理地运用这些方法可以增强图形设计的视觉感染力，突破单一图形创意设计的平淡乏味，使视觉形象能引发受众共鸣。图形创意表现形式与手法见表 1-23。

表 1-23 图形创意表现形式与手法

形式与手法	概 念
正负图形法	通过彼此结合产生相互衬托的作用，运用受众的视点不同产生两种观感
双关图形法	同一图形能同时解读出两种含义，除了表面的寓意之外还包含另一层含义

续表

形式与手法	概　　念
异影图形法	光使物体产生影，将影进行具有创意的处理，产生具有深刻寓意并凸显主题的图形
减缺图形法	对图形进行减缺处理，并引导受众利用惯性思维在心理上补全图形，图形缺少的部分往往能给予受众更丰富的想象空间
多维图形法	使图形在二维与三维之间的转换，从视觉上突破空间的限制
共生图形法	两个或两个以上的图形元素相互依存，图形的结合能产生新的创意元素
悖论图形法	利用视觉上的错觉在二维空间中通过图形的结合使画面形成矛盾的空间效果
聚集图形法	将同一或相似的图形反复应用，通过反复强调图形从而强化含义
同构图形法	通过把有关联的两个或多个元素相互结合，创造出具有创新含义的图形形态
文字图形法	把文字作为图形看待，或对文字进行创意排列，使画面产生新的创造力和感染力

年会徽章设计分别应用了正负图形法、同构图形法和文字图形法。

（1）运用正负图形法构建徽章的结构

正负图形法是正形与负形相互借用，形成在大图形结构中隐含着小图形的效果。正负图形具备主体图形和衬托图形两部分，属于图形的部分称为"图"，背景的部分称为"底"。"图"具有明确的视觉形象和较强的视觉张力，"底"则给人以虚幻、模糊之感，从视觉关系上来说，"图"在前而"底"在后。如图 1-87 所示，设计大师尼古拉斯·卓思乐的爵士音乐海报作品通过运用正负图形法呈现了庞大的音乐演奏场面，他把正负形和谐共融地组织起来，找不到无谓的空间，所有的视觉形态都是有形且都有必要。

图 1-87　卓思乐作品

年会徽章设计把正负图形法应用在徽章正反面的对比设计中，如图 1-88 所示。如果把徽章正面形态视作正形，则徽章背面为负形。正形是徽章的图形主体内容，背面则大面积留白仅呈现 OED 的标志，也预留了徽章功能性部件的位置。运用正负图形法使徽章在设计上呈现了松紧、疏密对比的形式美感，进一步提升了徽章的设计内涵。

图 1-88　年会徽章设计的正负图形法应用

（2）运用同构图形法完善徽章的细节设计

同构图形法通过图形强调独创性完成图形形态的连接与转化。以生活中的元素为例，同构图形法对来自生活中的创意元素加以创造性地改造并非追求真实性，而是关注创意上的艺术性和内在联系，体现艺术美学的整体感，追求哲理性的创意理念，合理地解决物与物、形与形之间的对立、矛盾关系，使之协调、统一在同一空间中表达各自的信息内涵。同构图形法强调"创造"的观念，如图 1-89 所示的斯坦贝克的插画作品《人和摇椅》《舞伴》展示了同构图形法的艺术魅力。他把不同的但相互间有联系的元素，可能是矛盾的对立面或对应相似的物体巧妙进行结合，这种结合不再是物的再现或并举，而是相互展示个性，将共性物合二为一，产生明了、简洁的创意效果。

(a) 舞伴　　　　　　　　　　(b) 摇椅

图 1-89　斯坦贝克作品

年会纪念徽章的圆形方案运用同构图形法进行分层设计，如图 1-90 所示，把重新设计过的 IP 形象与 OED 标志、年会主题"BREAK TO THREE"以及闪电形态辅助图形进行同构组合，将老鼠的耳朵部分突破黑色块的局限连接起 3 个层级。而在徽章成品效果上，黑色线描部分采用凸印效果营造层次纹理，共同营造同构合一的视觉效果，如图 1-91 所示。

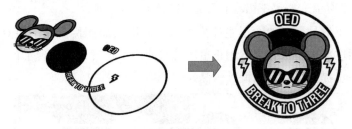

图 1-90　徽章分层设计

（3）运用文字图形法完成徽章的系列化设计

文字图形法是通过对文字结构的分解重构，重新进行形态的重组与变化，使其与所要表达的字意协调一致。在进行文字笔画的空间或部首结构的设计安排中，要充分考虑视觉美感，无论采用写实或抽象的表现手法，变化的准确性都是至关重要的。优秀的文字图形在传播过程中能起到事半功倍的作用，能有效地增强视觉冲击力和传播力度。

图 1-91　徽章实物效果

如图 1-92 所示，海报运用文字图形法通过吃面条的行为方式表达中华传统饮食文化，把英文跟面条的形态进行有机结合，面条既是图形亦是文字，一语双关地传达创意构思。

年会徽章的系列化设计也运用了文字图形法，系列徽章的其中两个以"BREAK TO THREE""OED"等英文结合点、线、面与辅助图形完成，如图 1-93 所示。文字在这两个徽章中同时产生"图"与"文"的作用，其中圆形徽章的文字做了弧形路径编排以吻合徽章的形态结构，方形徽章的文字作了倾斜角度编排，营造动感并与 IP 图形风格气质相吻合，实现了系列化徽章的风格延展。

图 1-92　文字图形法海报设计

图 1-93　理调整图形与版面关系实现徽章与包装的整体设计

图形是视觉设计的关键元素，图形在版面中与其他元素产生相应关系会对整体视觉效果产生决定性影响。年会徽章分别采取 3 款独立包装设计，假如把徽章本身视作核心图形，徽章会跟包装产生图形与版面的位置、比例等关系，其版面效果受到图形与版面的组合方式影响。

图形与版面的组合方式见表 1-24。

表 1-24 图形与版面的组合方式

标准型	圆图型	切入型
标题型	图片型	交叉型
中轴型	重复型	对角型
斜置型	指示型	分割型
放射型	散点型	
网格型	文字型	

年会徽章包装设计分别采用了标准型、标题型、网格型、重复型、对角型及斜置型等几种图形与版面的组合方式,如图 1-94 所示。

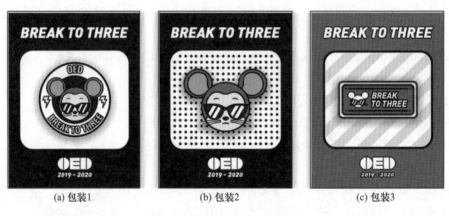

(a) 包装1   (b) 包装2   (c) 包装3

图 1-94 年会徽章系列化包装设计

包装 1 运用了标准型及标题型组合方式。标准型是简约而规则的图形与版面组合,这种组合具有良好的安定感,主要通过图形吸引观众的注意力和兴趣,然后再运用文字的内容来补充信息,符合受众的认知思维和视觉流程;标题型是将宣传的主题标语放置于画面的醒目位置,然后通过搭配图形来强化受众的形象认知,激发兴趣。圆形款徽章本身已经有丰富的图文组合形态,如图 1-95 所示,因此在图形与版面组合中尽量降低包装内容元素的数量以免对徽章主体内容产生过分干扰。

包装 2 的主体是 IP 形象徽章,徽章的形态为非绝对对称图形,为平衡徽章造型形态的过分跳跃,采用网格型及重复型的组合方式。网格型是将画面分为若个网格形态,用网格来规范图形和文字等,结合了纵向和横向的特点,能保持条理性,适合各种复杂的版面和图形;重复型则是在画面编排的时用相似或者相同的视觉要素做多次重复排列,重复的内容可以是图形,也可以是文

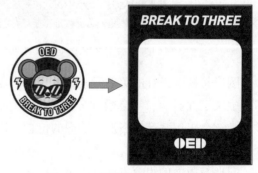

图 1-95 圆形款徽章包装示意图

字。重复构图是有利于着重强调，通过反复强调引起视觉兴趣。包装 2 中运用了规则的点状图形重复并规则排列形成网格效果作为徽章的底图，IP 形象徽章作为主体加强了画面的趣味性，也有效突破了网格型和重复型组合方式容易产生的视觉单调，如图 1-96 所示。

　　包装 3 的主体是圆角矩形形态的徽章。在 3 个徽章中，其视觉效果是最平稳的，需要通过运用对角型及斜置型组合方式去打破视觉呆板。对角型是利用画面四角的对称线来安排视觉元素，对角线是画面中最长的直线，有足够的长度和位置来安排图形，这样的排版支配了画面的空间，增加了动感，打破了静止产生的枯燥感；斜置型是强而有力的动感构成模式，这种图文组合方式会使人感到轻松、愉快。包装 3 充分结合了这两种组合形式的优势，运用与徽章同色调但不同纯度的色块倾斜处理作为徽章底图，使受众视觉随着倾斜的透视暗示而产生流动，有效突破了包装形态与徽章主体形状相同造成的乏味感，如图 1-97 所示。

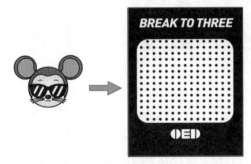

图 1-96　IP 形象款徽章包装示意图

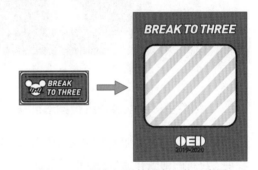

图 1-97　圆角矩形款徽章包装示意图

3. 拓展年会纪念徽章的实际应用效能

　　为延长年会纪念徽章在来宾手上的留存率，拓宽其应用渠道并进一步使 OED 品牌扩大知名度及影响力，在徽章设计时亦全面考虑了纪念徽章的应用载体。以企业员工工卡带为例，结合以上因素重新设计的工卡带上印有 OED 标志和 2020 等视觉元素，运用活泼跳跃的视觉构成方式彰显年轻活力，同时延续年会主色系玫红色及黑色，使工卡带能符合不同性别、喜好来宾的应用要求，也可把 3 款纪念徽章随机系在工卡带上产生多种富有创意的搭配效果。

　　基于整体化系统化的设计思路，年会纪念徽章有了更具特色的视觉效果及更广阔的应用渠道延展，较好地满足了 OED 2020 年年会的设计需求，如图 1-98 所示。

【知识拓展】

　　图形创意是视觉设计的重要表现形式，能使设计作品具有强烈且瞩目的视觉中心。图形能够直观、具体、清晰、准确地向受众传达设计主题，通过图形元素简洁有效地展现出具有感染力和渗透力的视觉效果，并能使受众对内涵与主题清晰明了。除了在本任务中完成 OED 2020 年年会纪念徽章设计所用到的图形创意相关手段外，图形创意还具有其他创意设计切入方式，具体包括：

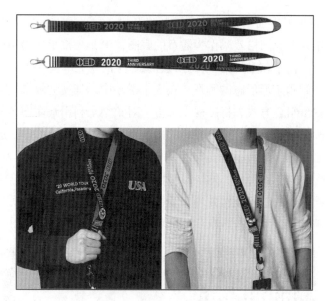

图 1-98　年会纪念徽章应用效果

1. 结合色彩搭配技巧进行图形创意

色彩是具有感情倾向并能让人产生联想的视觉因素，能使受众感受到视觉的冷暖、元素的轻重、位置的前后和空间的远近等信息。在图形创意设计中，将色彩与图形元素相互搭配，可以烘托、渲染出整体的气氛，使视觉效果去更具吸引力从而给受众留下更深刻的印象。

2. 充分运用创新思维拓宽图形创意的视野

创意是图形设计的灵魂所在，好的创意可以给受众留下深刻的印象，通过巧妙的构思能展现出想要表达的主题与思想。本任务中基于预算的限制未能对徽章形态做较大突破，可以考虑结合图形创意创新思维进一步去拓展徽章的造型、材质、结构及应用形式，使徽章设计能更大限度地实现创新效果。

3. 结合图形创意手段突破造型形态的限制

图形创意中视觉语言是形象表的达主要载体，是通过图形的展现和色彩的搭配向受众展现出具有感情色彩的设计效果。纪念徽章的设计可进一步突破几何形态外形的限制，追求更新锐的视觉语言去表达主题诉求。

4. 结合图形细节和工艺因素突破视觉局限

细节是决定图形设计是否具有吸引力的重要元素，细节的展现可以增强画面的宣传力度，通过细致的视觉语言能展现出具有特点和深刻内涵的视觉效果。在年会徽章设计中可考虑运用多种制造工艺的搭配呈现更多的图形细节，并通过触感的营造突破受众在视觉体验上的局限。

5. 运用图形创意手段巧妙地突出设计中的层次感

层次感能使图形设计更具生动形象、立体逼真的效果，合理增加图形的层次，通过图形元素的展现和色彩的融合能塑造出更强烈的视觉冲击。

6. 问题思考

（1）年会纪念徽章的包装视觉设计还可以采用哪些表达方式？
（2）年会徽章主体图形还可以用哪些图形创意表达手法？
（3）如何结合图形创意表达为徽章形态设计带来新的创意切入点？
（4）纪念徽章的应用还有哪些渠道可拓展？
（5）如何把图形创意的色彩情感因素结合设计需求进行色彩创意？

任务 1-5　主舞台视觉设计

【任务描述】

本任务需要完成 OED 2020 年年会的主舞台视觉设计，要求以"三生万物"为视觉核心，在结合品牌视觉设计并充分考虑线下品牌延展的基础上完成本任务。通过完成本任务，能了解字体的分类、熟知字体的情感特性、了解字体的自然属性，掌握字体基本概念；能根据不同的设计主题选择合适的字体；能掌握文字的常用编排方式；能掌握字体色彩的相关应用技巧，如图 1-99 所示。

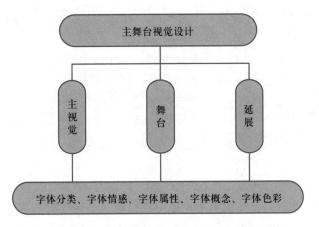

图 1-99　主舞台视觉设计的任务架构图

【问题引导】

1. 年会主舞台的设计要点是什么？
2. 年会主舞台视觉设计的创意切入方式有哪种？
3. 主舞台视觉的字体设计有哪些需求？
4. 主舞台视觉的字体类型可运用哪几种？
5. 怎样强化主舞台标题的字体视觉效果？

【知识准备】

在本任务中，主要运用字体设计相关知识及技能完成 OED 2020 年年会主舞台的视觉设计，与字体设计相关的准备知识包括以下 3 项。

1. 字体的分类

字体是视觉传达设计的关键元素之一，从视觉形态的角度可把字体分为中文字体和英文字体两大类，中文字体主要包括宋体系、黑体系、圆体系、书法系；英文字体包括旧式体系、现代体系、粗衬线系、无衬线系、手写体系，具体见表 1-25 和表 1-26。

表 1-25　中文字体的分类

中文类别	视觉特征	应用场景	字例
宋体系	笔画横细竖粗，横线尾和直线头呈三角状，点、撇、捺、钩等有尖端，有衬线	具有古典、文艺、清新的气质，字形端正、刚劲有力，常用于标题及正文	方正标宋、仿宋、中宋、思源宋体
黑体系	笔画横竖粗细一致，横平竖直，无衬线	具有醒目、强调、中性的效果、可用于标题及正文	思源黑体、微软雅黑
圆体系	由黑体系演变而来，拐角处、笔画末端为圆弧状，无衬线	既有黑体的严肃和规矩，也有灵动和活泼，更明确地表达柔美和爽滑，可用于标题及字量较少的正文	幼圆、方正细圆、方正准圆
书法系	由书法艺术转化而来，每种字体均具有鲜明的个性化特征	在视觉传达设计中主要用于标题或其他装饰形态的表现	篆体、隶体、楷体、行体、草体

2. 字体的情感特性

从视觉传达的角度看，字体的笔画可以分别对应为点线面的构成结果，这些构成元素的组合能呈现出不同的情感特性，可以根据设计需求及主题的不同选择不同情感的字体搭配应用。一般而言，笔画较粗的字体表现稳重、阳刚、硬朗的情感特性，笔画较细则会有文艺、秀气、高雅的情感表现，如图 1-100 所示。

表 1-26　英文字体的分类

英文类别	视觉特征	应用场景	字　例
旧式体系	小写字母的衬线有角度，和主干连接处会有一条线。所有曲线笔画都有从粗到细的变化，有衬线	没有特别强烈的对比，不易分散阅读注意力，常运用在字量比较多的正文	Garamond、Caslon
现代体系	结构严谨，笔画中有强烈的粗细过渡，强调线完全垂直，衬线水平且较细	醒目、冷静、高雅且具有强烈视觉冲击力，常用于标题	Didot、Futura
粗衬线系	笔画只有细微的粗细过渡，小写字母上衬线较粗且为水平	常用于标题，尤其是海报和广告的主题	Humanis、Geometric
无衬线系	笔画末端无衬线且粗细几乎一致，没有粗细过渡	简洁大方、美观、易读性强，广泛应用于正文，也可用于标题，可塑性极强	Arial、Helvetica
手写体系	模仿运用传统英文书写工具的书写字体效果	文艺细腻，常运用于邀请函或书信，识别性较弱，不适宜用于正文	Allura、Petit Formal Script

图 1-100　字体的情感特性

典型字体呈现的情感特性见表 1-27，如图 1-101 所示。

表 1-27　字体的情感特性及应用范例

类　别	情感特性	应用举例	字　例
宋体系	秀气、质感、纤细、随性、细腻、高雅	腾讯新文创	方正博雅刊宋体、思源宋体
黑体系	硬朗、阳光、粗犷、稳重、大气	腾讯云	方正正黑体、微软雅黑
圆体系	可爱、童趣、稚气、活泼	腾讯游戏、ABC mouse	造字工房悦圆体、雅圆体
书法系	奔放、狂野、力量	《王者荣耀》职业联赛	篆体、隶体、楷体、行体、草体

　　需要特别说明的是，字体的情感属性并非一成不变，需要与设计需求、主题等进行有机结合，在不同的场景及应用中会产生不同的效果，具体问题具体分析。

图 1-101   视觉设计中所用字体的情感特性

3. 字体的自然属性

字体的自然属性是字体在视觉设计中的相关参数表达，在设计软件中以数据方式呈现，方便设计者进行调整和对照。字体的自然属性决定了字体在视觉设计中的呈现效果，也与字体设计的重要影响因素，了解并掌握字体自然属性的各项基本概念有助于设计师进行字体设计及运用文字进行信息传达。字体的自然属性包括字体名称、字体单位、字间距、行间距、字体样式、字体粗细、文字对齐和文字缩进等，见表 1-28。

表 1-28   字体的自然属性

类　　别	概　　念	应 用 举 例
字体名称	不同字体的名称区分，一般能直接体现字体的特点	微软雅黑、思源宋体
字体单位	一般用点、像素或毫米来表示字体大小，不同的设计软件略有不同	1 毫米 = 11.81 像素 = 2.83 点
字间距	字与字之间的距离，一般以字体大小的百分比来表示	以 0 为基准上下浮动正负百分比
行间距	段落文字中行与行之间的间距，用点、像素、毫米或百分比来表示	3.53 毫米 = 41.67 像素 = 10 点
字体样式	字体在特定视觉需求下产生的倾斜变化，软件默认一般包括偏斜体、斜体、正常 3 种状态	—
字体粗细	字体的笔画粗细，也叫作字重，完整的字库包括多种字体粗细以适应不同场景应用。软件也可对字重进行更改，默认一般包括正常体、粗体、细体 3 种状态	思源黑体字体粗细包括 Light、Normal、Regular、Medium 和 Bold 5 种
文字对齐	指段落文字的对齐方式，包括左、右对齐、居中对齐、两端对齐、强制对齐等	—
文字缩进	指段落文字中提前预设的偏离距离	—

【任务实施】

OED 2020 年年会的整体视觉采用赛博朋克风格，主题为"三生万物"，并由这两大关键要素的结合产生了相应视觉元素，如图 1-102 所示。主舞台是年会最核心的位置，也是全场视觉及注意力聚焦之处，其整体设计思路是采用墙贴、胶布、水等视觉元素进行有机组合，突出"三生万物"4 个关键主题字，并以这 4 个重新设计的书法体主题字作为视觉焦点，以玫红渐变主题色实现具有极强视觉冲击力的红黑搭配，以此打造炫酷、潮流的感觉。完成本任务需要运用相关的字体设计知识及技能。

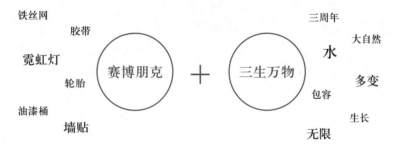

图 1-102　视觉形态载体头脑风暴图

1. 设计主题字字体形态并合理运用字体颜色完成信息传达

为配合年会炫酷、潮流的主题，在主标题的字体设计上采用重新设计的个性化字体强化视觉冲击，并对文字做倾斜设计营造动感效果引导视觉流程，再通过色彩的合理搭配调整信息表达和整体效果，具体步骤如下：

（1）以字库字体搭建主题字架构

主题字"三生万物"选择了腾讯体作为基本参考架构。腾讯体字库全部为斜体，是一套完整支持 GB 2312—1980 简体中文编码字符标准的斜体中文字。一般而言，把汉字字体做倾斜处理，其结构会变得松散导致在视觉上容易坍塌，腾讯体在设计上较好地规避了这个问题，设计师把字体的倾斜度设计为 8°，并辅以一定的视觉修正，内白设计成平衡均匀，中宫以平均为主，有效确保了腾讯体在视觉完美的同时也能达到其他常用中文字体的信息表达效果。腾讯体本身具有的视觉动感与本任务主题字的设计需求较吻合，因此以其为架构进行倾斜、分割、打散、重构处理，具体如图 1-103 所示。

图 1-103　字体的处理

为进一步强化动感效果，营造视觉冲击力，字体在更改倾斜度及字间距后需要对字体的体量作调整，分别把"三"和"物"的整体大小作处理，并将文字间的穿插关系作了前后层次的整合。

（2）调整笔画形态营造动感

主题字的阅读流程是从左往右，为进一步强化动感方向引导视觉，也为了配合主题字体手写书法体的风格和气势，对笔画形态进行了细节调整，如图 1-104 所示。

图 1-104　调整笔画形态

笔画调整的思路为同一笔画中左侧较大右侧较细且尖锐，充分强化动感效果并突出视觉流动方向。

（3）强化笔画细节风格突现行书书写效果

主题字"三生万物"以行书风格呈现。行书是介于楷书与草书间的书体，在书写过程中，笔毫的使转在点画的各种形态上都表现得较为明显，这种笔毫的运动往往在点画之间、字与字之间留下了相互牵连、细若游丝的痕迹。行书可以理解为是楷书的快写，因此笔画细节调整应结合行书"收放结合""疏密得体""中宫紧结"及"浓淡相融"的特点展开。收放结合指线条短的为收，线条长的为放，回锋为收，侧锋为放；疏密得体是上密下疏，左密右疏，内密外疏；中宫紧结指凡是框进去的留白越小越好，画圈的笔画留白也是越小越好，布局上字距紧压、行距拉开、跌扑纵跃、苍劲多姿；浓淡相融指笔画线条长细短粗，轻重适宜，浓淡相间。具体呈现为每个字大小不同，字与字之间的笔画连带既有实连也有意连，即有断有连、顾盼呼应，如图 1-105 所示。

（4）设计字体色彩完成信息传达

根据年会整体色彩基调进行主题字字体色彩搭配调整。主舞台的色彩由主色、辅助色、点缀色组成，主题字的色彩设计也应合理地协调色彩的搭配关系。主色是字体设计中色调的主基调，起着主导的作用，能够让设计的整体色彩调性更明确，在整体色彩设计中起关键作用；辅助色是字体设计中起补充或辅助作用的陪衬色彩，一般是主色的邻近色或互补色，不同类型的辅助色会使设计的色彩基调产生变化；点缀色在字体设计中占据面积最小，既能增加跳跃元素打破平淡呆板，也能够烘托设计整体风格，常起到画龙点睛的作用。

图 1-105　调整笔画细节

如图 1-106 所示的主题字"三生万物"主色采用色彩渐变的搭配效果，分别采用色相环内相隔 45°的两种邻近色实施渐变效果，这两种颜色既能从视觉上产生变化也能呈现统一协调的效果，较好地配合了主题字字体设计上的动感。辅助色体现在主舞台背景上，色彩呈现如图 1-107 所示，整体基调为黑与灰，并通过结合胶带、撕口、贴纸、塑料等造型和质感呈现，实现了辅助色对主题字风格的烘托作用，也配合了赛博朋克的炫酷调性。点缀色主要通过在线教育部标志"OED"的线性图形+三周年的视觉符号"3th"体现，其色彩搭配采用了对比色渐变，如图 1-108 所示，在整体视觉效果中占据的面积最小但却能有效地平衡了整体版面，合理地呼应了主题字风格，提升了整体视觉活泼度，如图 1-109 所示。

C:0　　M:88　Y:34　K:34　　　　　　　　C:31　M:68　Y:0　　K:0
R:255　G:72　　B:114　　　　　　　　　　R:243　G:85　　B:255

图 1-106　主色示意图

C:73　M:65　Y:62　K:17　　C:37　M:29　Y:28　K:0　　C:82　M:78　Y:76　K:58
R:51　　G:44　　B:43　　　　R:175　G:175　B:175　　R:117　G:116　B:117

图 1-107　辅助色示意图

C:92　M:74　Y:0　　K:0　　　　　　　　　C:31　M:68　Y:0　　K:0
R:9　　G:33　　B:234　　　　　　　　　　R:243　G:85　　B:255

图 1-108　点缀色示意图

图 1-109　点缀色应用效果图

本页彩图

2. 选择合适字体完成主舞台辅助文字的搭配

主舞台除了核心主题字外，其他的信息内容需要通过小面积的辅助文字完成表达。这些文字也是构成整体视觉的重要元素之一，需要根据需求对字体进行合理选择。字体选择的依据包括字体情感、字体形态以及布局需求。主舞台及核心标题字均具有灵动、跳跃、炫酷的视觉效果，因此辅助文字的字体情感因素应充分考虑与其匹配；字体形态则应考虑为突出主题体字服务，避免出现辅助文字过分跳跃而分散受众对主标题的注意力。另外，在布局需求方面需要充分顾及主舞台整体编排设计效果，主舞台整体编排的视觉焦点以核心标题字的设计来营造，整体视觉体量需要搭配其他辅助文字实现视觉扩张，如图 1-110 所示。

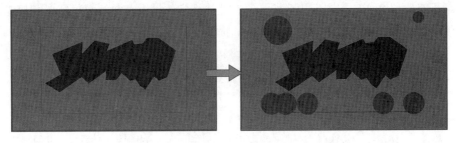

图 1-110   主舞台文字搭配风格及位置示意

基于以上依据考量，辅助文字的字体选择 DINNextLTPro，字重则运用 Light 及 Bold 进行粗细对比营造视觉层次，如图 1-111 所示。DINNextLTPro 字体是无衬线英文字体，线条笔直、曲率统一，字体结构简洁干净，具有强烈的现代感，如图 1-112 所示，能较好地与主标题搭配且不会喧宾夺主，有效地共同传达设计主题思想。

图 1-111   辅助文字应用示意图

图 1-112   辅助文字视觉效果呈现

3. 合理运用文字编排方式传递信息

在主舞台视觉设计中，可将文字进行合理的编排使其充分发挥视觉要素的作用，以更符合主题表达的需求。常用的文字编排形式包括横向、竖向排列，左、中、右对齐排列，线性排列，以及面化排列等。

文字横排是最常用的文字编排方法，也是最符合现代阅读习惯的文字排列方法；竖排文字是古代用竹简记录文字传承下来的文字阅读方式。当文字字数较多时适宜采用横排，字数少则可以用竖排，如诗歌、书名等，因为竖排文字能有效增强古韵，彰显文化品位。在文字编排设计时需要特别注意，横排文字阅读方式从左往右，而竖排文字则为从右往左。

左、中、右对齐排列常见于段落文字的编排，左或右对齐的排列方式有松有紧、有虚有实，飘逸而有节奏感。左或右对齐其行首或行尾能产生出一条清晰的垂直线，在与图形的配合上易协调和取得同一视点。与文字横排类似，左对齐最符合人们阅读时视线移动的习惯；而右对齐则不太符合阅读的习惯及心理预期，但右对齐方式的编排文字容易显得新颖有创意，常能有效营造视觉焦点。中对齐是把文字以中心为轴线，两端字距相等，其优点是容易集中视线，更能突出中心，整体性更强。用中对齐排列的方式进行图文搭配时，文字的中轴线常与图片中轴线对齐以取得版面视线统一。

线性及面化排列的文字排列是指把文字排列成为线或面或群化为图形，强化文字作为图应用的视觉因素，达成图文的相互融合。文字的线性、面化排列能使版面增强趣味性，是获得良好视觉吸引力的有效方式，能实现形式与内容相统一。

主舞台的文字编排主体运用了中对齐的编排方式，以标题字"三生万物"为中轴线向两边扩展，两侧呈对称但不是镜像效果，在舞台实际应用中两侧的文字元素充分结合了声光电手段，运用霓虹灯实现有节奏和韵律的层次化呈现，有效实现了主题表达、场地需求和设计原则的完美结合，如图 1-113 所示。

图 1-113　主舞台文字应用效果图　　　　　　　　　　本页彩图

辅助说明文字则应用了左对齐的编排方式配合主体标题左起右收的视觉张力，两段左对齐文字结合应用在左下角能较好地平衡整体画面，如图 1-114 所示。

图 1-114　辅助说明文字搭配示意图

主舞台视觉右下方运用标签+数字的创意设计有效实现了图文面化结合排列的效果，如图 1-115 所示，其中数字"2020"采用渐变节奏的视觉呈现，既有效打破视觉单调营造视觉冲击，也能提升视觉分量，使整体画面进一步产生有层次的均衡效果。

主舞台的整体视觉设计效果如图 1-116 所示。

图 1-115　文字的渐变节奏视觉呈现

图 1-116　主舞台视觉设计效果图　　　　　　　　　　　　本页彩图

【知识拓展】

文字是视觉传达设计中不可规避的视觉元素，了解字体设计知识并合理运用字体设计技巧能有效提升视觉冲击力。在 OED 2020 年年会的主舞台视觉设计中，还可从以下方面切入字体设计相关知识技能进行拓展设计。

1. 运用视觉特效拓展字体的创意表达

字体设计是从平面出发的视觉创意，亦可充分考虑突破平面表达手段的局限。字体设计中的创新立意可以从这一点出发，在文字中添加水、火、雷、电等特效来增强字体质感，使文字设计不受平面视觉的局限；也可以运用夸张、梦幻等手法来进行更具张力的字体设计。

2. 巧妙运用图形穿插编排组合强化字体设计效果

巧妙地将文字与图形穿插一起，整体达到图文并茂的版面效果。在这种技巧中，往往文字已经成为图形的一部分，既能提升画面的趣味性，也能同时传达图与文等两种信息。需要特别注意的是，这种设计技巧的运用需要建立在充分理解设计需求的基础上并把图文关系理清，确保能把图文共融的优势充分发挥。

3. 统一图文构图精准呈现信息表达

在构图上把握好文字字体设计的手法，精准运用和谐、对比、平衡、重心等设计方式打造合理的视觉流程，引导受众精准地获取信息。

4. 运用文字错位编排组合提升视觉层次感

除了正常的横竖、左右对齐编排外，运用文字的错位组合也是有效提升视觉设计层次感的编排手段，可通过错位编排产生的独特创意表现出文字间的节奏感和韵律感。

5. 问题思考

（1）年会主舞台视觉设计能否进一步结合声光电手段突破平面的表现形式？
（2）主舞台的标题设计是否可延展至年会纪念礼品的应用？
（3）如何结合字体设计法则为主舞台视觉设计带来其他创新点？
（4）年会主舞台标题字体设计还可应用哪种视觉风格？

项目实训

（一）实训目的

1. 掌握平面构成的方法与技巧。
2. 掌握色彩设计的技巧及应用规律。
3. 掌握版式设计的法则及协同应用的技巧。
4. 掌握图形设计的创意方法及应用技巧。
5. 掌握字体的选择技巧及编排法则。

（二）实训内容

根据完成本项目所涉及的设计基础相关知识、技能、方法与技巧，对"2019腾讯设计周"品牌视觉及平面物料进行再设计，并形成实训报告。

（三）问题引导

1. 如何运用平面构成方法技巧进行"设计周"核心视觉图形构建？
2. 如何结合色彩设计的技巧完成"设计周"辅助图形的色彩搭配？
3. 怎样把版式设计的法则贯穿于平面物料设计？
4. 如何在马口铁徽章设计中运用图形设计的创意技巧？
5. 怎样用字体选择技巧进行"设计周"的数字符号设计？

（四）实训步骤

1. 解读任务书明确本实训任务内容、流程及要求。
2. 结合实训项目需求制定设计分工。

3. 确定主视觉核心图形设计方案。

4. 确定核心图形延展方案。

5. 根据平面物料类型应用核心图形及延展图形。

6. 综合运用设计基础知识及技巧完善视觉设计。

（五）实训报告要求

记录应用设计基础知识点及技能点完成本项目的心得体会，并结合图形、物料、纪念品等类别设计进行总结分析，形成文字报告。

项目总结

本项目以 OED 2020 年年会创意设计为案例，在完成本项目过程中，涉及平面构成、色彩构成、版式设计、图形创意及字体设计等相关知识及技能，这是界面设计师必备的基础知识与技能。

知识重点包括平面构成的基本概念，平面构成的基本形式法则，色彩构成的基本原理和一般规律，色彩的对比构成规律，版式设计的定义，版式设计基本法则，视觉流程的概念，图形语言的分类及属性，图形的功能与意义，字体的分类，字体的自然属性，文字的常用编排方式；知识难点包括空间意识与图底关系，色彩混合的概念与类型，图形与文字的转换方式与编排关系，图形创意的表现形式与手法，字体的情感特性。知识点主要涉及相关概念及原理，是完成项目任务方式方法的基础，尤其是知识难点，需要结合任务要求在任务场景中去理解。

技能重点包括分割与群化构成手法，运用色彩语言表达设计思想，采集、重构色彩，合理转换图形与文字，建立不同类型的视觉流程版式，运用图形表现抽象概念，合理设计字体颜色；技能难点包括运用色彩表现情感，提炼和挖掘图形意义，运用色彩区分和传递文字信息。技能点涉及如何去解决项目任务的实际问题，需要在完成任务过程中反复操练并总结相关经验体会，触类旁通地掌握解决同类型项目的技巧手段。

课后练习

1. 单选题

（1）平面构成的特征不包括（　　　）。

A. 客观性　　　　　　B. 规律性　　　　　　C. 数学美　　　　　　D. 延展性

（2）（　　　）不是平面构成的视觉构成元素。

A. 有机形　　　　　　B. 偶然形　　　　　　C. 自然形　　　　　　D. 创意图形

（3）以下关于点的特征描述中，错误的是（　　　　）。

A. 点是一个视觉形象，有大有小，真实存在

B. 在限定范围内，点的大小是有限度的，超过限度点就成为了面

C. 有位置、方向、长度，形状、宽度的表征因素

D. 形成点在于它与空间面积的对比大小

（4）色彩构成的一般规律不包括（　　　　）。

A. 色彩混合　　　　　B. 色彩比例　　　　　C. 色彩关联　　　　　D. 色彩均衡

（5）下列中属于色立体名称的是（　　　　）。

A. 奥斯特瓦德　　　　B. CCID　　　　　　　C. 梦迪　　　　　　　D. HVC

（6）色彩对比构成规律不包括（　　　　）。

A. 明度对比规律　　　B. 形状对比规律　　　C. 肌理对比规律　　　D. 面积对比规律

（7）下列中不是印刷的原始纸张常规规格的是（　　　　）。

A. 787 mm×1 092 mm　　　　　　　　　B. 850 mm×1 168 mm

C. 1 024 mm×768 mm　　　　　　　　　D. 880 mm×1 230 mm

（8）版式设计法则不包括（　　　　）。

A. 统一、节奏　　　　B. 对齐、平衡　　　　C. 留白、聚拢　　　　D. 肌理、结构

（9）以下是提炼和挖掘图形意义的手段的是（　　　　）。

A. 数据分析　　　　　B. 象征比拟　　　　　C. 调查问卷　　　　　D. 案例分析

（10）常见的图形创意表现形式与手法不包括（　　　　）。

A. 双关图形法　　　　B. 异影图形法　　　　C. 多维图形法　　　　D. 结构图形法

（11）字体的自然属性不包括（　　　　）。

A. 字体单位　　　　　B. 字间距　　　　　　C. 字体结构　　　　　D. 字体样式

（12）下列中不属于文字编排方式的是（　　　　）。

A. 线性排列　　　　　B. 点状排列　　　　　C. 面化排列　　　　　D. 左对齐排列

2. 问答题

（1）平面构成的基本法则有哪些？

（2）最具代表性的色立体是哪3个？请选择其中一个说明其原理。

（3）请结合实例简要分析视觉流程的概念。

（4）图形与文字的转换在视觉设计中有什么作用？请举例说明。

（5）请举例说明怎样挖掘图形意义。

（6）请列举文字的6种常用编排方式。

（7）选择一种宋体系字体为例简要说明字体的情感属性。

（8）常用的文字编排方式有哪几项？试选其中一项举例说明其特点。

项目2 TDW腾讯设计周平面设计

学习目标

（一）知识目标

1. 了解 UI 设计行业对软件工具的普遍要求。
2. 掌握界面设计项目基础图形设计流程与规范。
3. 明确平面设计软件操作能力在界面设计项目流程中的基础地位与价值。

（二）技能目标

1. 掌握平面设计软件的基础操作方法与技巧。
2. 能够借助软件实现 UI 设计的图形素材处理与基础视觉设计。
3. 掌握图形运算法则绘制精致图形、图标。
4. 掌握常用滤镜与特效丰富视觉效果。

（三）素质目标

1. 熟练运用软件技巧辅助设计表现。
2. 显著提升产品开发效率与设计美感。
3. 了解平面设计的不同风格表现与流行趋势。

项目描述

（一）项目背景及需求

近年来，国内 UI 设计行业日益发展壮大，对从业设计师的能力要求也从基础的技术规范、视觉美观上升到了产品的交互设计、用户体验层面。围绕"TDW 腾讯设计周"这个腾讯集团旗下设计活动品牌的平面设计部分任务，本项目着力解决 UI 设计师在平面设计范畴内图像处理与图形制作等不可或缺的基础技能。

如图 2-1 所示，"TDW 腾讯设计周"项目基于"design for good"理念，将 TDW 打造成设计行业一年一度的践行向善理念的盛会，延续科技向善的新愿景与使命，并将设计向善作为 TDW 的永恒理念与活动的品牌精神。TDW 2019 腾讯设计周的主题是"设计向善"，依据"从衡量设计的结果出发，进行反向推演"的创意逻辑确定了核心图形与字标，并在此基础上拓展延伸至整个设计周的视觉形象。

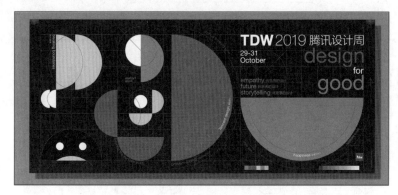

图 2-1　TDW 2019 腾讯设计周宽幅海报　　　　　本页彩图

完成整套设计周的视觉项目，包括从核心图形、字标到辅助图形，从主视觉形象到故事演绎，从线上形象推广到线下活动展示，都需要设计师从基本的图形创作和图像处理逐步展开。因此，必须强化平面设计基础软件的操作能力，综合运用设计思维丰富项目的视觉表现效果。

（二）项目结构

TDW 顺应公司战略转型和升级的背景，设计定义的内涵和外延不仅仅局限在产品、美术、交互设计，而是一切有关体验优化的思考与执行，都是设计的题中之意。但无论如何，设计师的创意想法还是必须通过软件来呈现。结合软件的专业性、市场的认可度及用户的使用量等因素，建议先掌握 Photoshop（简称 PS，如图 2-2 所示）和 Illustrator（简称 AI，如图 2-3 所示）这两款基础性设计软件。它们构成了本项目的两大任务：Photoshop 基础使用与 Illustrator 基础使用。前者主要用于制作 UI 设计中界面和图标设计，也可以对 UI 中的一些广告页进行设计；后者主要用于制作 UI 设计中的图标设计，也可以对 UI 中的一些引导页的插画图进行设计，如图 2-4 所示。

（三）项目工作

1. 界面设计任务分析与设计定位。
2. 精确抠图与基础图像处理。

图 2-2 Photoshop 图标

图 2-3 Illustrator 图标

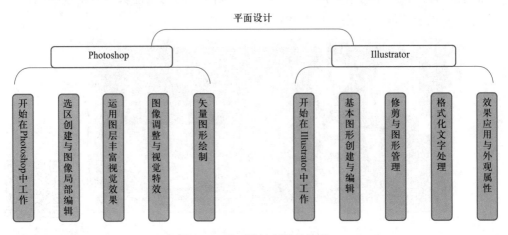

图 2-4 平面设计项目结构图

3. 图标与插画绘制。

4. 文字编排与信息设计。

5. 矢量图形绘制。

6. 图形变换与编辑。

7. 滤镜特效与图形样式处理。

任务 2-1 Photoshop 基础使用

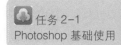
任务 2-1
Photoshop 基础使用

【任务描述】

本任务通过 Photoshop 的学习，结合"TDW 2019 腾讯设计周"的实际案例分解练习，帮助学习者掌握软件基本操作技能，具备一般图像处理和图标设计能力。

【问题引导】

1. UI 设计师的岗位职责包括哪些？

2. UI 设计常用工具软件有哪些？

3. 平面设计在整个 UI 设计流程中处于什么位置？

4. 为什么 Photoshop 是 UI 设计师使用最多的软件？

5. Photoshop 图像处理的优势体现在哪些方面？

【知识准备】

1. UI 设计的相关概念

UI 是 User Interface（用户界面）的简称，包括用户研究、交互设计和界面设计这 3 个主要方向。其中，界面设计主要分为 WUI（Web User Interface，网页用户界面）和 GUI（Graphical User Interface，图形用户界面）两大块。WUI 主要是计算机终端的网页界面设计，其应用场景现在也延伸到了移动端；GUI 主要是指手机移动端 App 等包含大量图形用户界面的设计。

2. Photoshop 简介

Adobe Photoshop，简称 PS，是由 Adobe Systems 开发并发行的图像处理软件。它主要处理以像素所构成的数字图像，利用其在桌面上的强大功能，从照片编辑和合成到数字绘画、动画和图形设计均可轻松驾驭，是一流的图像处理和图形设计应用程序。本书使用的版本为 Adobe Photoshop CC 2018，支持 Windows、MacOS 与 Android 等操作系统。

3. Photoshop 在 UI 设计领域的基础地位

在 UI 设计领域，平面设计主要是根据产品开发团队提供的交互稿，绘制出界面所需的图标、按钮、文字、图片、色彩等界面元素，并标注好尺寸信息，方便前端开发团队重构界面。这一环节的输出内容主要是设计稿件和切图标注，以 Photoshop 在图形设计和图像处理方面的强大处理能力，都可以胜任。

【任务实施】

1. 开始在 Photoshop 中工作

（1）打开程序

首先在桌面上双击 Adobe Photoshop 图标以启动程序。如果桌面上找不到该图标，可选择菜单"开始"→"所有程序"→"Adobe Photoshop CC 2018"命令（Windows）或者在文件夹 Application 或 Dock 中查找（MacOS）。

启动 Photoshop 后会显示"开始"工作区，它包含"新建"与"打开"两个具体命令，如图 2-5 所示。同时，以图标或列表方式显示最近打开的文档，并可以自定义显示的最近打开的文件数。如果要使用旧版"新建文档"界面开启程序，可以在"编辑"→"首选项"菜单命令中设定。

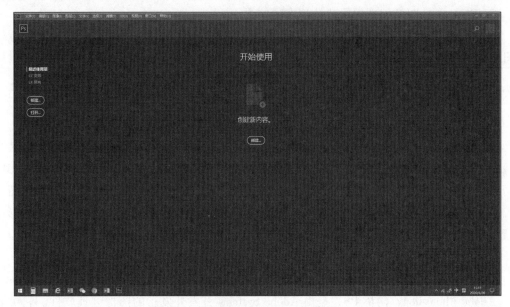

图 2-5　Photoshop 的"开始"工作区

（2）熟悉界面布局

程序启动后，顶部的菜单栏中包括"文件""编辑""图像""文字""选择""3D""视图""窗口"和"帮助"等菜单命令，Photoshop 中所有的操作命令、调节及功能面板开关都可以在对应的菜单命令中找到。工具栏将显示在屏幕左侧，面板中的某些工具在使用过程中可以通过属性栏提供一些选项调节。右侧浮动面板中常用的颜色、属性、图层等用于调节图像的功能面板可根据需要开启或关闭，在菜单栏中窗口下拉菜单中可以查看它们的完整列表，通过勾选显示相应的功能面板，如图 2-6 所示。

在"开始"工作区单击"打开"按钮，或选择菜单"文件"→"打开"命令，找到图片文件存储位置并选中，单击"打开"按钮；使用快捷键 Ctrl+O 或者在界面空白处双击左键也可以打开文档所在位置。打开后的文档会以其文件名作为选项卡名称创建图像窗口，一次打开多个文件则创建多个图像窗口。

以访问"新建文档"对话框方式创建文档，执行下列操作之一：

① 单击"开始"工作区的"新建"按钮。

② 使用键盘快捷键：Ctrl+N（Windows）或 Cmd+N（MacOS）。

③ 选择菜单"文件"→"新建"命令。

④ 右击某个已打开文档的选项卡，然后在弹出的快捷菜单中选择"新建文档"命令。

（3）新建文档设置

在打开的如图 2-7 所示对话框中可进行如下设置。

图 2-6　Photoshop 基本界面

1—应用程序标签　2—菜单栏　3—属性栏　4—工具栏　5—基本功能菜单　6—浮动面板

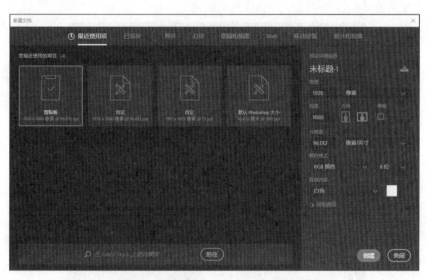

图 2-7　Photoshop "新建文档" 对话框

① 使用从 Adobe Stock 中选择的模板创建多种类别的文档，如照片、打印、图稿和插图、Web、移动以及胶片和视频。

② 快速打开最近访问的文件、模板和项目（近期选项卡）。

③ 存储自定预设，以便重复使用或者后期快速访问（已存储选项卡）。

④ 使用空白文档预设，针对多个类别和设备外形规格创建文档。打开预设之前，可以在右侧窗格中修改其设置，如调整宽度、高度等数值。

● 宽度和高度：指定文档的大小。从弹出的快捷菜单中选择单位。

● 方向：指定文档的页面方向为横向或纵向。

● 画板：如果希望文档中包含画板，则选择此选项。Photoshop 会在创建文档时添加一个画板。

● 颜色模式：指定文档的颜色模式。通过更改颜色模式，可以将选定的新文档配置文件的默认内容转换为一种新颜色。

● 分辨率：指定位图图像中细节的精细度，以像素/英寸或像素/厘米为单位。

● 背景内容：指定文档的背景颜色。

（4）存储文档格式

选择菜单"文件"→"存储"（Ctrl+S）或"存储为"（Shift+Ctrl+S）命令，如图 2-8 所示，确定存储文件地址。对将要保存的文件进行命名并选择保存类型，如 JPEG、PSD 等，根据需要设定相关质量参数。在界面设计领域常用的图片格式如下：

Photoshop 支持多种文件格式存储或导出，各种图形文件格式的不同之处在于表示图像数据的方式（作为像素还是矢量），并且它们支持不同的压缩方法和 Photoshop 功能。要保留所有 Photoshop 功能（图层、效果、蒙版等）以方便对该文档继续编辑，应以 Photoshop 格式（PSD）存储图像或备份。如果已经完成图像文档的编辑，可以用其他标准图形文件格式存储或导出，如 JPEG、PNG 或 GIF 等。

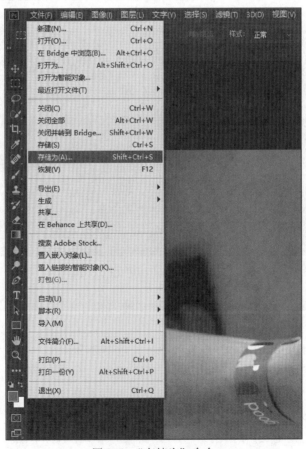

图 2-8　"存储为"命令

JPG：联合图像专家组格式，最常用的图片格式之一，通常用于显示 HTML 文档中的照片和其他连续色调图像。JPEG 格式支持 CMYK、RGB 和灰度颜色模式，但不支持透明度。与 GIF 格式不同，JPEG 保留 RGB 图像中的所有颜色信息，但通过有选择地扔掉数据来压缩文件大小，在打开时自动解压缩。压缩级别越高，得到的图像品质越低；压缩级别越低，得到的图像品质越高。在大多数情况下，"最佳"品质选项产生的结果与原图像几乎无分别。

GIF：图形交换格式，是指通常用于显示 HTML 文档中的索引颜色图形和图像的文件格式。GIF 是一种用 LZW 压缩的格式，目的在于最小化文件大小和电子传输时间。GIF 格式保留索引颜色图像中的透明度，但不支持 Alpha 通道。

PNG：便携网络图形格式，是作为 GIF 的无专利替代品开发的，用于无损压缩和在 Web 上显示图像。与 GIF 不同，PNG 支持 24 位图像并产生无锯齿状边缘的背景透明度；但是，某些 Web 浏览器不支持 PNG 图像。PNG 格式支持无 Alpha 通道的 RGB、索引颜色、灰度和位图模式的图像。PNG 保留灰度和 RGB 图像中的透明度。

2. 选区创建与图像局部编辑

（1）Photoshop 工具栏

将指针悬置在工具栏中的图标上，工具的名称和快捷键将显示在指针下面的"工具提示"中，还可以查看有关该工具使用介绍等信息。Photoshop 中的工具包括选取工具、绘画工具、导航工具等，它们的分组可以根据使用习惯自定义，完整列表如图 2-9 所示。

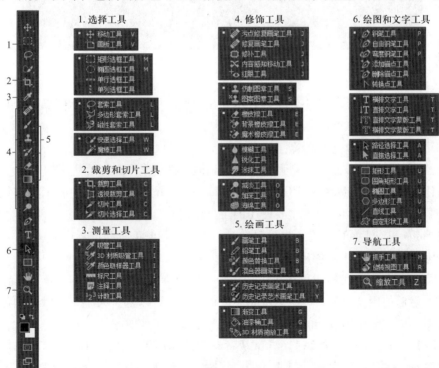

图 2-9 工具栏概览

可以自定义 Photoshop 工具栏，以将多个工具归为一组并实现更多操作。

选择菜单"编辑"→"工具栏"命令或单击位于工具栏底部的"编辑工具栏"按钮（■■■），然后在弹出的列表中选择"编辑工具栏"命令，打开如图 2-10 所示的对话框。

图 2-10　自定义工具栏

工具栏中的图标右下角有小三角形表示存在隐藏工具，长按该图标可以展开某些工具以查看它们后面的隐藏工具。

使用下列方法之一来选择隐藏工具：

● 以鼠标左键长按该图标直到弹出隐藏工具框，移动鼠标选择要使用的工具。

● 按住 Alt 键（Windows）或 Option 键（Mac OS）并单击工具箱中的工具按钮，这将在隐藏工具间进行逐一切换，直至要使用的工具出现。

● 按 Shift+相应工具快捷键，也可以在显示工具和隐藏工具间进行逐一切换。

（2）使用基本选取工具创建选区

在 Photoshop 中，对图像中的区域进行编辑修改要首先使用选取工具来选择要修改的图像区域，然后使用其他工具、滤镜或功能进行修改。可以基于大小、形状和颜色来创建选区，针对不同对象使用最佳的选取工具将有利于提高工作效率。

［例 2-1］打开文档案例 2-1，尝试从背景中选择矩形卡片。因为目标区域是矩形卡片，所以选择工具栏中的"矩形选框工具"（■■），在画面中按住鼠标左键拖曳绘制一个矩形，如图 2-11 所示。虚线表示其内部的区域已处于选中状态，该区域将是图像中唯一

可编辑的区域，选区外的区域将受到保护。

将鼠标放置于虚线范围内会变成带矩形的箭头符号，拖曳鼠标可以移动选区，但并不会改变图像内容。然后，将选区调整为卡片大小，可在已有选区的基础上选择菜单"选择"→"变换选区"命令，调节选区的大小和旋转角度与卡片的边缘重合，在属性栏中单击 ◎ ✓ 按钮以放弃或确定变换选区。

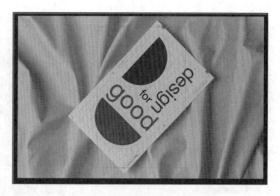

图 2-11 用矩形框选工具做选区

在变化选区的过程中，可以放大图像以精确观察选区边缘等局部细节。对已打开的文档可选择工具栏中的放大镜（Z）单击进行缩放，或者使用快捷键 Ctrl++/ Ctrl+-（Windows）或 Cmd++/ Cmd+-（Mac OS）放大缩小。配合手形工具（H）或在操作的同时按住空格键 Space，可移动放大后图像窗口中所显示的区域。

矩形框选工具进行选取操作的时候，属性栏中会显示当前使用工具的相关属性及参数设定，合理设置这些选项，可以提高工具使用的便捷性和精确性。例如，上一步中矩形选区在放大后发现没有完全与卡片轮廓精准重合，可在属性栏中单击"新选区""添加到选区""从选区减去"和"与选区交叉"这 4 个按钮中的一个，通过增加或减少选择范围的方式反复调整选区范围，如图 2-12 所示。

| ⬚ ∨ | ■ ⬚ ⬚ ⬚ | 羽化: 0 像素 | 消除锯齿 | 样式: 正常 | ∨ | 宽度 | ↔ | 高度 | 选择并遮住… |

图 2-12 调整选区范围的 4 种模式

建立选区后，任何修改都只应用于选区内的像素，如移动选区内的卡片或改变卡片形状。

① 将工具切换为移动工具（V），或者按住 Ctrl 键（Windows）或 Cmd 键（Mac OS），鼠标指针将变为带剪刀符号的黑色三角形，按住鼠标左键拖曳就可以移动卡片的位置，如图 2-13 所示。如果在拖曳的同时再按住 Alt 键（Windows）或 Option 键（Mac OS），可在移动过程中进行复制。

② 选择菜单"编辑"→"变换"命令，或者按快捷键 Ctrl+T（Windows）或 Cmd+T（Mac OS），在其级联菜单中根据需要选择相应命令进行自由变换，如图 2-14 所示。

图 2-13 剪切移动选区内容

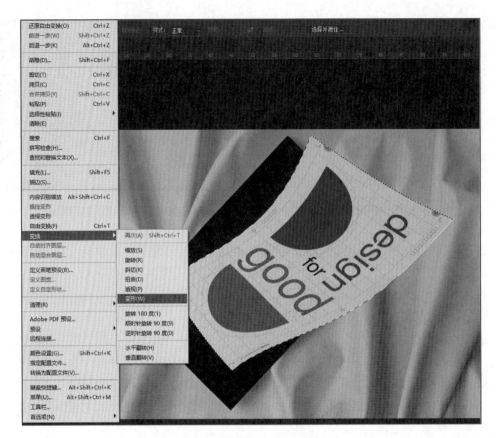

图 2-14　变换选区内容

要放弃最近一次操作或返回上一步，可以使用还原键 Ctrl+Z（Windows）或 Cmd+Z（Mac OS），或者选择菜单"编辑"→"还原"命令。如果要还原到多步操作前的状态，可以到"历史记录"功能面板中选择相应步骤。

（3）使用魔棒工具和套索工具创建选区

魔棒工具适用于选择特定颜色或颜色范围，尤其是选择被完全不同的颜色所包围的颜色相似的区域。和其他选取工具一样，创建初始选区后，用户可向选区中添加区域或将区域从选区中减去。

决定魔棒工具灵敏度的参数是属性栏中的"容差"，如图 2-15 所示。它指定了选取的像素的类似程度，默认容差值为 32，这将选择与指定值相差不超过 32 的颜色范围。用户在使用魔棒工具的过程中，可根据图像的颜色范围和变化程度调整容差值。

图 2-15　魔棒工具的属性栏参数选择

[例 2-2] 使用魔棒工具创建选区。

① 打开文档案例 2-1，尝试用魔棒工具选择卡片中的红色半圆和红色单词"good"。

首先以容差值为默认容差值 32 的魔棒工具单击红色半圆，半圆中的白色线条等细节并没有被包含在选区内。

② 将容差值扩大至 100 以上，红色半圆及内部的白色线条则一并处于选区之内。

③ 在属性栏中单击"添加到选区"按钮，默认的魔棒工具下方多了一个"+"号，将容差值设为默认值 32，逐次单击红色单个字母，最终完成红色选区的建立，如图 2-16 所示。

④ 选择菜单"图像"→"调整"→"反相"命令，红色区域将变成原图像的负片，如图 2-17 所示。

图 2-16　选择卡片中的红色区域

图 2-17　将选区内的图像进行变换

套索工具包括套索工具、多边形套索工具和磁性套索工具，可根据需要通过手绘和直线选取图像区域，并使用键盘快捷键在套索工具和多边形套索工具之间来回切换。

[例 2-3]　使用套索工具创建选区。

① 打开文档案例 2-2，选择缩放工具（Z）按住鼠标拖曳以放大图像，确保能看清楚整个手部。

② 选择套索工具（　），从左上方手腕开始沿着手的边缘拖曳鼠标，拖曳时尽可能靠近手的边缘，不要松开鼠标。

③ 按下 Alt 键（Windows）或 Option 键（Mac OS），然后松开鼠标，鼠标将变成多边形套索工具（　），不要松开 Alt 或 Option 键。

④ 沿手部轮廓单击以放置锚点。在此过程中不要松开 Alt 或 Option 键。到拇指细节处后，松开 Alt 键或 Option 键，但不要松开鼠标，鼠标将恢复为套索工具。

⑤ 在手指细节周围拖曳，一直按住鼠标按钮。到手臂时再按住 Alt 或 Option 键，然后松开鼠标，使用多边形套索工具沿着手臂边缘不断单击，直到回到手手臂的左上方起点为止。

⑥ 单击选区的起点，然后松开 Alt 或 Option 键。现在手部完全处于被选中状态，如图 2-18 所示。

[例 2-4]　在 [例 2-3] 的图中，另一只手与背景边缘反差强烈，可以使用磁性套索工具绘制选区。

① 按住 Shift+L 键切换至磁性套索工具（），单击属性栏中"添加到选区"按钮（），在右边手的边缘单击一次，然后沿轮廓开始移动鼠标，偶尔可以单击鼠标，在选区边界上设置锚点路径。

② 在边缘轮廓反差较大的时候，即使没有按下鼠标，磁性套索工具也会使选区边界与手的边缘对齐并自动添加固定点，如图 2-19 所示。

图 2-18　用套索工具和多边形套索工具创建选区

③ 沿着手部轮廓走完一圈，让磁性套索工具回到起点，当鼠标指针旁出现圆形符号时单击鼠标形成封闭选区。

④ 双击抓手工具（）使图像缩放适合图像窗口。

⑤ 在工具栏中选择橡皮擦工具（），并在属性栏中选择画笔预设尺寸、类型、透明度等数值，然后确保工具栏中前景色和背景色为默认颜色，即前景色为黑色，背景色为白色。

⑥ 在要删除的区域拖曳鼠标，橡皮擦工具仅对选区内的像素产生作用，可以将手部形状擦除，如图 2-20 所示。

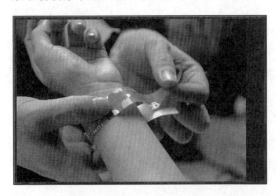

图 2-19　用磁性套索工具创建选区

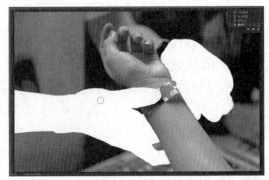

图 2-20　用橡皮擦工具擦除选区内图像

要加入到选区，可在使用选取工具单击或拖曳时按住 Shift 键；要从选区中减去，可在单击或拖曳时按住 Alt 或 Option 键。

要以前景色直接填充选区，可以按快捷键 Alt+BackSpace（退格键）（Windows）或 Option+BackSpace（Mac OS）；按 Ctrl+BackSpace（Windows）或 Cmd+BackSpace（Mac OS）将以背景色填充选区。

（4）选区的处理与边缘调整

创建选区时可以调整变换选区框，也可以反向选择和存储选区等。

① 保持当前使用工具为选取工具，右击选区，在弹出的快捷菜单"选择并遮住"命令，可打开用于选区"属性"调整面板，可对选区透明度、平滑、羽化、对比度等参数进行设置，如图 2-21 所示。调整满意后单击"确定"按钮，如果要保存该选区，选择菜单

"选择"→"存储选区"命令。

　　要取消当前选区，可以在选取工具状态下单击任意选区边缘以外的区域，或者按快捷键 Ctrl+D（Windows）或 Cmd+D（Mac OS）。

　　② 选择菜单"编辑"→"拷贝"命令，再选择菜单"编辑"→"粘贴"命令，其快捷键分别为 Ctrl+C、Ctrl+V（Windows）或 Cmd+C、Cmd+V（Mac OS），将选区内手的图像粘贴到一个新的图层中。

　　③ 在"图层"面板中，双击该新图层的名称，并将其重命名为 Hands2，如图 2-22 所示。

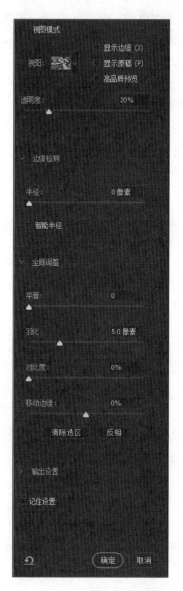

图 2-21　选区"属性"调整面板　　　　　　图 2-22　粘贴选区内容到新的图层

3. 运用图层丰富视觉效果

（1）图层的基本概念

1）图层是 Photoshop 的核心功能。图层不仅承载了图像内容，包括图层样式、混合模式、蒙版、滤镜、文字、3D 和调色命令等都要依托图层而存在。直观来说，它就如同堆叠在一起的透明胶片，用户可以透过图层的透明区域看到下面的图层，也可以改变图层的不透明度。每个 Photoshop 文件包括一个或多个图层，操作图层类似于排列多张透明胶片上的图像、文本或组成图层文件的其他对象，可对每张透明胶片进行编辑、删除和调整其位置，而不会影响到其他的透明胶片。当这些透明胶片堆叠在一起后，整个合成图像就显示出来了，这种基于图层逻辑的合成方式是 Adobe 公司软件的一大特色，如 Illustrator、InDesign、After Effects 等设计软件都离不开图层功能。

Photoshop 中各个图层中的图像内容都可以单独处理，而不会影响到其他图层中的内容。除"背景"图层外，其他图层都可以通过调整透明度或修改混合模式，让上下图层之间的图像产生各种变化的视觉效果。而且，这些调节都是可以反复调节而不会损伤图像。

在编辑图层前，首先要在图层面板中单击某个具体图层，使其处于被选中状态。这个被选中的图层通常被称为"当前图层"，绘画、颜色和色调调整等都只能在该选中的图层中进行，而移动、对齐、变换或应用"样式"面板中的样式等，则不受"当前图层"限制，可以一次选取多个图层进行处理。

2）图层的类型。Photoshop 中可以创建多种类型的图层，其功能和用途以及在图层面板中的显示状态也有所不同。常见的图层类型如下。

● 背景图层：新建文档时创建的图层，它始终位于面板的最下层，名称为"背景"。

● 中性色图层：填充中性色并预设混合模式的特殊图层，可用于承载滤镜或在上面绘画。

● 链接图层：保持链接状态的多个图层。

● 智能对象：包含有智能对象的图层。

● 调整图层：可以调整图像的亮度、色彩平衡等，但不会改变像素值，而且可以重复编辑。

● 填充图层：填充了纯色、渐变或图案的特殊图层。

● 图层蒙版图层：添加了图层蒙版的图层，蒙版可以控制图像的显示范围。

● 矢量蒙版图层：添加了矢量形状的蒙版图层。

● 图层样式：添加了图层样式的图层，通过图层样式可以快速创建特效，如投影、发光和浮雕效果等。

● 图层组：用来组织和管理图层，以便于查找和编辑图层，类似于文件夹功能。

● 文字图层：使用文字工具输入文字时创建的图层。

● 视频图层：包含视频文件帧的图层。

3）创建图层。在 Photoshop 中创建图层的方式很多，包括在"图层"面板中创建、在编辑图像的过程中创建、使用命令创建等。

选择菜单"窗口"→"图层"命令，打开"图层"面板。单击面板底部的"新建图层"按钮（▣），即可在当前图层上新建一个图层，新建的图层会自动成为当前图层。如果要在当前图层的下面新建图层，可以按住 Ctrl 键并单击"新建图层"按钮。如果要在创建图层的同时设置其属性，如名称、颜色、混合模式和不透明度等，可选择菜单"图层"→"新建"→"图层"命令，或按住 Alt 键并单击"新建图层"按钮，打开"新建图层"对话框进行设置。

在"图层"面板中，每个图层都会以包括名称和缩略图的条目形式显示，单击左侧的眼睛图标可以隐藏或开启图层显示，这是查看特定图层内容的有效方式；如果图层条目中出现了锁定图标，表示图层受到保护将不能编辑，如图 2-23 所示。

以"新建文档"方式创建图像时，无论选择什么颜色，"图层"面板中最底端的图层名为"背景"。每个图像只能有一个背景，且默认为锁定状态。

图 2-23　图层条目

如果要对背景图层进行编辑，须将其转换为常规图层，方法是双击"图层"面板中"背景"图层或选择菜单"图层"→"新建"→"背景图层"命令，在打开的"新建图层"对话框中将图层重命名并设置其他图层选项，然后单击"确定"按钮。

如果要将常规图层转换为背景图层，可在选中要转换的图层后，选择菜单"图层"→"新建"→"图层背景"命令。

在图像编辑过程中，如果创建了选区，按下快捷键 Ctrl+C、Ctrl+V（Windows）或 Cmd+C、Cmd+V（Mac OS）可以复制选中的图像创建一个新的图层；如果打开了多个文档，则使用移动工具将一个图层拖至另外的图像中，可将其复制到目标图像中，同时创建一个新的图层。需要注意的是，以上方法都是以复制的方式来创建新的图层，如果这种复制是在两个打印尺寸和分辨率不同的文档之间进行，图像在复制前后的视觉显示大小会有变化。例如，在相同打印尺寸的情况下，源图像的分辨率小于目标图像的分辨率，则图像复制到目标图像后会显得比原来小。

（2）图层编辑与调整

1）常规图层编辑操作。在图层编辑中，常用的复制图层方式是将需要复制的图层拖曳到"新建图层"按钮（▣），也可以 Ctrl+J（Windows）或 Cmd+J（Mac OS）快捷键来复制。

在多图层文档中，如果要同时处理多个图层中的图像，如同时移动、应用变换或者创建剪贴蒙版，则可将这些图层链接在一起再进行操作。在"图层"面板中选中要建立链接的图层，单击"链接图层"按钮（⇔），或者选择菜单"图层"→"链接图层"命令；如果要取消链接，可以选择其中要取消链接的图层，单击⇔按钮。

如果要使用绘画工具和滤镜工具编辑文字图层、形状图层、矢量蒙版或智能对象等包含矢量数据的图层，需要先将其栅格化，让图层中的内容转化为光栅图像，然后才能进行相应的编辑。具体操作方法是，选择中要栅格化的图层，选择菜单"图层"→"栅格化"命令。

2）排列与分布图层。在"图层"面板中，图层是以创建的先后顺序堆叠排列的。按住鼠标左键拖动可以调整图层的堆叠顺序，从而改变图层显示的前后关系，总体显示效果也会相应改变。也可以选择某个图层，选择菜单"图层"→"排列"命令，从子菜单中选择"置为顶层""前移一层""后移一层""置为底层"或"反向"命令来调节该图层的排列顺序。

在包含多图层的文档中进行图层对齐与分布调整，可在"图层"面板中选中它们，然后在菜单栏"图层"→"对齐"和"分布"的子菜单中选择要对齐与分布的方式。如果所选图层与其他图层链接，则可以对齐与之链接的所有图层。

在对齐图层过程中，如果当前使用工具是移动工具（▸），可以直接通过属性栏中的 ▌▬▐▐▬▬▐ 按钮快速对齐或分布选中的图层。

3）图层合并与编组。图层、图层组和图层样式都需要占用一定的计算机内存，如果将相同属性的图层合并，或者将没有用处的图层删除，就可以减小文件的大小，释放内存空间。而且，对于多图层文件管理来说，图层数量变少后既方便管理，又可以快速找到需要的图层。

当文档中的两个或多个图层不再需要单独编辑，要将它们合并为一个图层时，可在"图层"面板中选中它们，然后选择菜单"图层"→"合并图层"命令。合并后的图层将使用最上面一层的名称。"向下合并图层"与"合并可见图层"的操作方式类似，只是"拼合图像"会将所有图层都拼合到"背景"图层中，如果其中有某个图层是隐藏的图层，则会弹出提示询问是否删除隐藏的图层。

一般合并图层都是减少图层数量，但还有一种图层合并的形式却会增加图层数量，这就是"盖印图层"。它是一种比较特殊的图层合并方法，可以将多个图层中的图像内容合并到一个新的图层中，同时保持其他图层完好无损，其快捷键是 Ctrl+Alt+E（Windows）或 Cmd+Opt+E（Mac OS）。

在复杂的图像文件中，图层的数量往往很多且不能直接合并，这个时候就有必要采用图层组来组织和管理图层。它的作用类似于文件夹，将图层按照类别放在不同的组中后，当收起图层组时，在"图层"面板中就只显示图层组的名称。图层组可以像普通图层一样移动、复制、链接、对齐和分布，甚至可以合并以减小文件的大小。

创建图层组可直接单击"图层"面板中的"创建新组"按钮（▢），这样将创建一个空的图层组。如果想要在创建图层组时设置组的名称、颜色、混合模式和不透明度等属性，可选择菜单"图层"→"新建"→"组"命令，在打开的"新建组"对话框中设置。

创建图层组后就可以在"图层"面板中将选中图层拖入其中，也可以展开图层组将其中某个图层移除图层组。当然，也可以直接选中要编组的几个图层，选择菜单"图层"→"图层编组"命令，或者按快捷键 Ctrl+G（Windows）或 Cmd+G（Mac OS）。对编组不满意要取消图层编组，但保留图层，可以选择菜单"图层"→"取消图层编组"命令。如果在删除图层组的同时不必保留组中的图层，可以将图层组拖曳到"图层"面板中的"删除图层"按钮（🗑）上。

4）调整图层样式。图层样式也叫作图层效果，它可以为图层中的图像添加投影、发光、浮雕和描边等效果，创建具有真实质感的水晶、玻璃、金属和纹理特效。各种样式可以随时修改、隐藏或删除，使用方便灵活且不会对图层中的图像造成任何破坏。

为图层添加样式可选择菜单"图层"→"图层样式"命令，从下拉菜单中选取并进入到相应效果的设置面板进行详细参数调整。或者，在"图层"面板底部单击"添加图层样式"图标（🗗），在弹出的下拉菜单中选择，也可以直接在"图层"面板中双击要添加样式的图层，打开"图层样式"对话框，如图 2-24 所示。

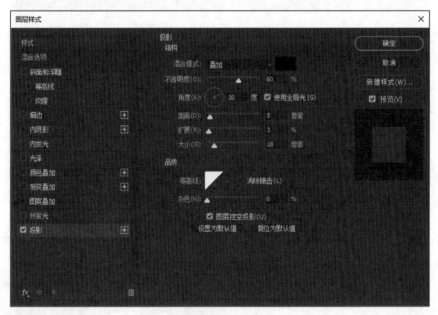

图 2-24　"图层样式"对话框

添加图层样式后会在图层下方显示相应样式名称，它与普通图层一样可通过单击"眼睛"图标来控制效果的可见性。如果要删除一种效果，可以把它拖曳到"图层"面板中的"删除图层"按钮（🗑）上，将效果图标（🗗）直接拖到"删除图层"按钮上。

在"图层"面板中，按住 Alt（Windows）或 Option（Mac OS）键，将添加过图层样式的图层下的具体"效果"拖至其他图层名称上，可以将前者的样式效果复制给后者。

5）运用图层功能置换图像

［例 2-5］打开文档案例 2-2 和文档案例 2-3，对两个文件进行图层编辑练习。

① 选择菜单"窗口"→"排列"→"双联垂直"命令，此时两个打开的文档窗口同时并排显示。然后选择移动工具（🗗），将案例 2.1.2.jpg 图像拖曳到案例 2.1.3.jpg 所在图像窗口，如图 2-25 所示。

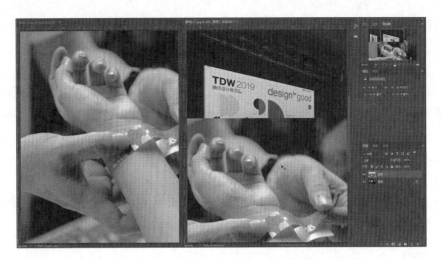

图 2-25 以拖曳方式产生新图层

② 当前案例 2.1.3.jpg 所在窗口处于选中状态，右下方"图层"面板中新增加了"图层 1"，为刚才拖曳过来的案例 2.1.2.jpg 的图像内容。双击"图层 1"，重命名为"现场大屏"。

③ 单击"图层"面板中"现场大屏"以保证该图层处于选中状态，选择菜单"编辑"→"自由变换"命令，或者按快捷键 Ctrl+T（Windows）或 Cmd+T（Mac OS）；在手形图层周围将出现一个变换边框，按住 Shift 键拖动任何边角，可以保证图像比例不变的情况下调整图层大小。鼠标在变换边框内部拖动调整内容位置，在变换边框外部拖动旋转内容。

④ 在窗口中"现场大屏"内容显示的任意区域右击，在弹出的快捷菜单中选择该图层名称以保证图层处于选中状态。选择菜单"编辑"→"变换"→"变形"命令，仔细调整图层内容与目标区域的边缘重合，将原有的屏幕显示内容以 2.1.2.jpg 内容替代，如图 2-26 所示。

对新建图层应用各种混合模式，这将影响图像中一个图层的颜色像素与它下面图层中的像素的混合方式。混合模式是

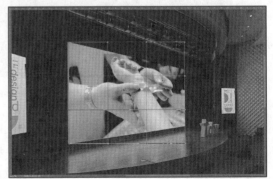

图 2-26 调整图层边缘位置

Photoshop 的核心功能之一，可以用于合成图像、制作选区和特殊效果而且不会对图像造成任何实质性的破坏。

⑤ 选择"现场大屏"图层，在"图层"面板的"混合模式"下拉列表中选择其中的任意模式，默认为"正常"。例如选择"正片叠底"模式，将上面的图层与下面的背景图层颜色相乘，如图 2-27 所示。

图 2-27　调整图层混合模式

在混合模式之外，创建蒙版图层也起到调整图像内容的作用。在 Photoshop 中可以创建快速蒙版，也可以创建永久性蒙版以保存耗费大量时间创建的选区，供以后使用。在蒙版技术中，一个重要概念是"黑色隐藏，白色显示"。

⑥ 向多图层图像中添加更多图像。选择"文件"→"置入嵌入对象"命令，在打开的对话框中找到文档案例 2-4，然后单击"置入"按钮。

⑦ 单击"图层"面板下方"添加图层蒙版"按钮（■），该图层条目栏就增加了蒙版图标，如图 2-28 所示。

⑧ 将前景色设为默认黑色，背景色为默认白色（■）。从工具栏中选择画笔工具（■），在属性栏打开下拉式"画笔"面板，调节大小、硬度等参数，并确保画笔当前为"正常"模式。从图像左上方开始拖曳鼠标，以逐渐显现出下方图层内容；当"现场大屏"图层内容已经完全出现后，调节画笔的流量参数改为 70%，继续拖曳鼠标至画面右下方向，如图 2-29 所示。

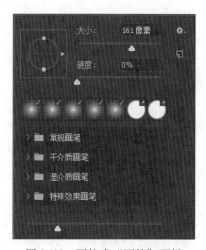

图 2-28　添加图层蒙版　　　　　　　图 2-29　下拉式"画笔"面板

对多图层文档进行编辑过程中，为避免图层过多造成混乱，可将关系紧密图层进行链接和编组管理。按住 Ctrl（Windows）或 Cmd（Mac OS）键选择要编组的图层，完成选择后单击"图层"面板下方的"链接图层"按钮和"创建新组"按钮。最终，以图层置换内容的效果如图 2-30 所示。

图 2-30　利用图层置换内容

（3）编辑文字图层

在 Photoshop 中将文字加入到图像中时，字符由像素组成，其分辨率与图像文件相同，因此放大字符时将出现锯齿形边缘。为此，Photoshop 保留基于矢量的文字轮廓，让用户可以创建边缘犀利的、独立于分辨率的文字，将效果和样式应用于文字，以及对其形状和大小进行变换。

［例 2-6］为腾讯设计周的现场屏幕设计文字信息以替代原有的内容，并在图像其他区域创建文字信息。

① 打开文档案例 2-3，添加参考线以方便放置文字。选择菜单"视图"→"标尺"命令，在图像窗口顶端和左侧显示参考标尺。分别从顶端和左侧标尺处拖曳出参考线，初步规划文字内容的布局，如图 2-31 所示。

② 添加点文字。在工具栏中选择"横排文字工具"，并在属性栏中设定字体、字体类型及字号、色彩等参数。输入文本内容"品牌创意背后的故事"，可通过修改属性栏参数修改文字相关信息，确定调整后按 Enter 键或在属性栏中单击✓按钮。

③"图层"面板中将生成以文字内容为显示条目的文字图层，可以像其他图层那样编辑和管理文字图层。可以添加或修改文本，改变文字的朝向、应用消除锯齿、应用图层样式和变换，也可以像其他图层一样移动和复制文字图层，调整其排列顺序及编辑其图层选项，如图 2-32 和图 2-33 所示。

图 2-31　利用标尺添加辅助线

图 2-32　创建点文字

图 2-33　文字调整属性及"图层"面板

④ 输入段落文字。将要输入的文本内容复制到剪贴板，回到 Photoshop 中选择菜单"选择"→"取消"命令取消选择图层，确保没有选中任何图层。选择横排文字工具，根据参考线布局拖曳出段落文字的大致框架，按 Ctrl+V（Windows）或 Cmd+V（Mac OS）快捷键，剪贴板里的文字内容将粘贴在文字框内。在"文字图层属性"面板中可对文字的相关参数，包括段落的字间距、行间距等格式进行调整，如图 2-34 和图 2-35 所示。

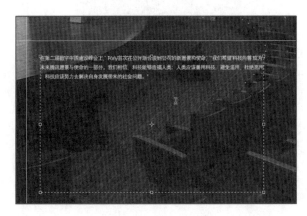

图 2-34　输入段落文字

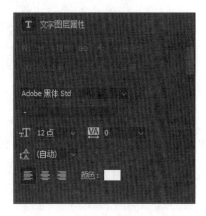

图 2-35　"文字图层属性"面板

在"图层"面板中双击文字图层，可以全选当前文字图层中的所有文字。在图层条目上单击右键，在弹出的快捷菜单中选择"转换为智能对象"命令后双击该图层，文字内容将在独立窗口打开。关闭智能对象的图像窗口后，修改结果保存在原窗口文档中。

⑤ 文字蒙版工具创建选区。在工具栏中选择横排文字蒙版工具（），将属性栏中字

号大小调整为 64 点，在图像上单击，此时窗口将以红色覆盖。输入文字内容并按 Enter
键，文字笔画将直接转换为选区，如图 2-36 所示。

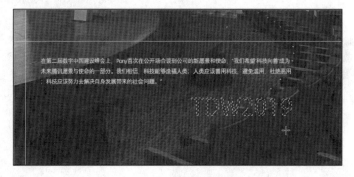

图 2-36 文字蒙版工具

⑥ 路径文字。在上一步选区上单击鼠标右键，在弹出的快捷菜单中选择"建立工作
路径"命令，选区将转换为路径，在"路径"面板中生成路径条目，如图 2-37 所示。

在工具栏中选择直接选择工具（ ），可对工作路径进行编辑，调整文字轮廓，如
图 2-38 所示。

图 2-37 "路径"面板显示条目

图 2-38 编辑工作路径

"路径"面板中可对新建路径重命名，也可以拖动路径至面板下方编辑图标处左数第
3 个的"将路径作为选区载入"按钮，如此实现路径与选区的相互转换。

4. 图像调整与视觉特效

（1）调整命令的使用方法

在 Photoshop 中对图像进行调整有两种方式，一种是选择菜单"图像"→"调整"命
令来直接处理图像；另一种是使用调整层来应用这些命令。这两种方式都可以达到相同的
调整结果，但"图像"菜单中的命令会修改图像的像素数据，关闭文档后就不能恢复了；
而使用调整层不但可以将颜色和色调调整等命令应用于图像，还可以在不修改像素的情况
下通过隐藏或删除，甚至是调整图层顺序的方法来调整图像。

[例 2-7] 打开文档案例 2-5，对腾讯设计周现场嘉宾发言的照片进行优化调整。

① 选择"图层"→"新建调整图层"下拉菜单中的命令，或者单击"调整"面板中的按钮，即可在"图层"面板中创建调整图层，同时"属性"面板中会显示相应的参数设置选项，如图 2-39~图 2-41 所示。

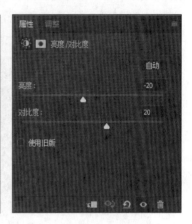

图 2-39　"调整"面板　　　　　　图 2-40　调整层　　　　　　图 2-41　调整参数

② 通过曲线调整图像明暗对比度。在"调整"面板中单击"创建新的曲线调整图层"图标（🔳），在"属性"面板中调整曲线参数。曲线调整提供预设模式，如默认值、彩色负片、增强对比度、较亮、线性对比度等，曲线会自动进行调整，如图 2-42 和图 2-43 所示。

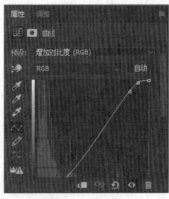

图 2-42　曲线调整效果　　　　　　图 2-43　参数设定　　　　本页彩图

图像的曲线最初表现为一条直的对角线，左下角区域代表暗部，右上角区域代表亮部。手动调整曲线形状可以用鼠标拖动曲线。在曲线上直接单击可以增加控制点，要移去控制点，以左键拖动它任意方向从图形中拖出即可。也可以选择"属性"面板中的"铅笔"图标，并在现有曲线上绘制新曲线，完成后单击"铅笔"图标下方的"平滑曲线值"图标处理新曲线，多次单击该图标可进一步平滑曲线。

③ 通过色阶校正图像色调范围和色彩平衡。单击"调整"面板中的"色阶"图标（📊），或单击"图层"面板底部"创建新的填充或调整图层"按钮后在弹出的列表中选

择"色阶"命令。

　　在"属性"面板中，可使用吸管工具分别设置图像黑场、灰场和白场，在直方图下方可以调整阴影、中间调和高光的输入色阶的数值，或拖动其对应滑块的位置。例如将阴影输入色阶值设为 50，输入色阶滑块将整体向高光端移动，图像中暗部区域的细节过渡将会减少，即黑场至灰场比例相应减少而提高了整体的明暗对比度，如图 2-44 和图 2-45 所示。

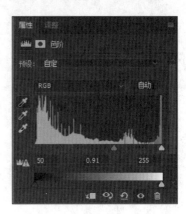

　　图 2-44　色阶调整效果　　　　　　　　　　图 2-45　色阶参数设定

　　④ 使用色相/饱和度调整图像中特定颜色或所有颜色。单击"调整"面板中的"色相/饱和度"图标（），或选择菜单"图层"→"新建调整图层"→"色相/饱和度"命令，在"新建图层"对话框中单击"确定"按钮。

　　在"属性"面板中选择"全图"可一次调节所有颜色，单击后可在其下拉菜单中选择单独对特定颜色进行调整。色相、饱和度和明度的调整可拖动滑块，也可以直接输入数值，调节范围都是正负 100。例如将饱和度的数值降为 0，图像将失去色彩变为纯黑白效果，如图 2-46 和图 2-47 所示。也可以选择对特定颜色进行调整，如将红色的饱和度调整为 10，其他所有颜色的饱和度均降为 0，画面将只留下红色区域，其他区域都将失去颜色，如图 2-48 和图 2-49 所示。

　　图 2-46　色相/饱和度调整效果　　　图 2-47　色相/饱和度参数设定　　　本页彩图

图 2-48　色相/饱和度调整效果（红色饱和度为 10）　　图 2-49　参数设定（红色饱和度为 10）

　　为了让图像颜色接近最大饱和度时最大限度地减少修剪，使用"自然饱和度"命令更加方便，特别是用于人像调整可以防止肤色过度饱和。在"调整"面板中单击▽图标，或选择菜单"图层"→"新建调整图层"→"自然饱和度"命令。

　　关闭除"背景"和"自然饱和度"调整图层外其他调整图层左侧的图层可见开关（◉）。在"属性"面板中，将"饱和度"数值设为 30，"自然饱和度"设定为 50，可以看到人像皮肤没有因为饱和度的大幅度提高而失真，如图 2-50 和图 2-51 所示。

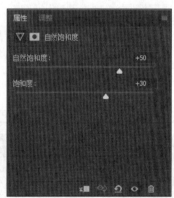

图 2-50　自然饱和度调整效果　　　　图 2-51　自然饱和度参数设定　　本页彩图

　　调整特定区域的饱和度，可以在"属性"面板中单击定向调整工具（✋），在图像中选择一种颜色，按住鼠标左键在图像中向右拖动可以增加图像中与所选择的颜色相似的所有色域的饱和度，向左拖动则降低。最后，在"属性"面板中再次单击定向调整工具关闭该工具。

　　⑤ 应用色彩平衡调整。单击"调整"面板中的"色彩平衡"图标（⚖），或选择菜单"图层"→"新建调整图层"→"色彩平衡"命令，在打开的"新建图层"对话框中单击"确定"按钮。

　　在"属性"面板中分别调整"阴影""中间调"和"高光"3 个色调选项对应的色彩

平衡度数值。例如拉大明暗部分的色温差异，让暗部色彩偏冷，而亮部偏暖，可以将"阴影"部分调整为"-10/+20/+10"，"中间调"部分调整为"+10/-10/0"，"高光"部分调整为"+5/0/-5"，如图 2-52 和图 2-53 所示。

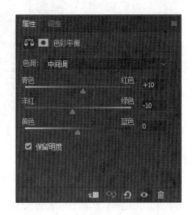

图 2-52　色彩平衡调整效果　　　　　图 2-53　色彩平衡的参数设定

（2）利用滤镜功能丰富画面效果

Photoshop 提供了很多用于创建特殊效果的滤镜，它作用于活动的可视图层，某些特定滤镜只能对 RGB 色彩模式的图像产生作用。在菜单栏中选择"滤镜"命令，在其下拉菜单中可以为选定图层添加各种滤镜效果。

[例 2-8] 打开文档案例 2-2 和文档案例 2-6，使用滤镜处理方式来增加特殊效果。

① 滤镜库的使用。单击选项卡"文档案例 2-2"，选择菜单"滤镜"→"滤镜库"命令，在打开的窗口中包括预览窗口、可用的滤镜列表和选定滤镜的设置。在决定使用什么样的设置前，在该对话框中测试和预览滤镜效果，如图 2-54 所示。

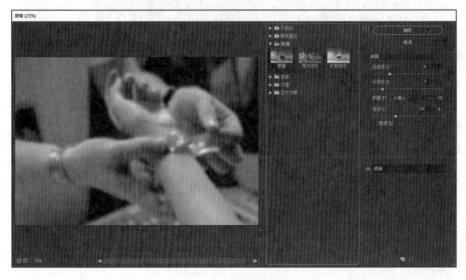

图 2-54　滤镜库窗口　　　　　　　　　　　　　　　　本页彩图

在可用滤镜列表中尝试各种效果，然后在设置部分进行参数调整，预览窗口中的图像将发生相应变化。如果要在"滤镜库"中应用多个滤镜，单击滤镜设置底部的"新建效果图层"按钮，将在原有滤镜效果基础上增加新选滤镜，如图 2-55 和图 2-56 所示。反之，要删除某个滤镜效果，可选中该图层，单击右边的"删除效果图层"按钮。

图 2-55　两种滤镜效果叠加　　　　图 2-56　新建效果图层 本页彩图

应用滤镜的顺序不同将影响效果，可通过调整效果图层顺序来改变。还可以单击效果图层旁边的眼睛图标来隐藏效果。

② 运用 Camera Raw 功能进行图像增效处理。在 Photoshop 的滤镜功能中，Camera Raw 是一款常用的增效工具。其强大之处在于它能快速处理不同数码相机所生成的各种 Raw 文件，轻松进行调整曝光、校正颜色、修复镜头畸变等。

在打开的文档案例 2-2 中，单击"历史记录"面板中的"打开"按钮。在"图层"面板中单击背景图层，再右击，从弹出的快捷菜单中选择"复制图层"命令，或者使用快捷键 Ctrl+J（Windows）或 Cmd+J（Mac OS），得到一个新图层。

单击"图层 1"，选择菜单"滤镜"→"Camera Raw 滤镜"命令，在打开的窗口中调整清晰度为 -100。单击预览窗口下方的"在'原图/效果图'视图之间切换"按钮（ ），可将调整预览与原图并置比较，如图 2-57 所示。

保持"图层 1"的激活状态，单击"图层"面板下方的"添加图层蒙版"按钮（ ），为其添加一个图层蒙版。选择工具箱中画笔工具（ ），设置前景色为默认黑色，在属性栏中调整画笔大小及强度，对画面中非皮肤区域进行擦除。在手部皮肤的擦除过程中随时调整属性栏中透明度、流量等参数，尽量在细节关键部位的清晰度和皮肤质感之间保持最佳平衡。

单击"调整"面板中的"创建新的曲线调整图层"图标，适度调整曲线效果，完成对图像的皮肤美化效果，如图 2-58 所示。

③ 运用液化等滤镜功能细节调整或整体性改变。单击文档案例 2-6 选项卡，选择菜单"滤镜"→"转换为智能滤镜"命令。再次选择菜单"滤镜"→"液化"命令，在打开的"液化"窗口中使用左侧工具栏中各种工具对图像进行修改，让左侧手提袋从平展状

态变为凸起。在调整过程中，可随时调整预览窗口右侧的画笔工具参数，选中"视图选项"中的"显示图像"与"显示网格"复选项，可以实时观察液化修改的直观效果。训练中，对左侧手提袋进行整体调整，右侧手提袋只对中央红色半圆进行液化处理，如图 2-59 所示。

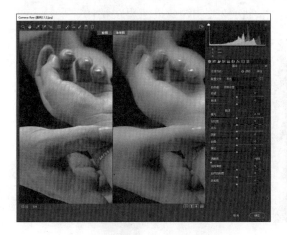

图 2-57　Camera Raw 滤镜窗口　　　　　　　图 2-58　Camera Raw 滤镜美肌效果

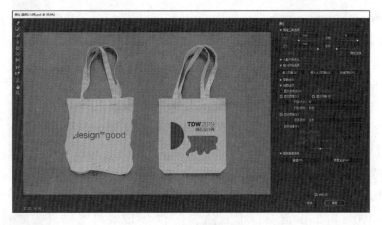

图 2-59　液化滤镜库窗口

本页彩图

单击"确定"按钮后，将关闭滤镜窗口。如果对液化细节不够满意，可以直接单击"图层"面板中"智能滤镜"图标，再次进入"液化"滤镜窗口编辑。

选择工具栏中的快速选择工具（　），为左侧手提袋创建选区。继续选择画笔工具并单击，此时将会弹出对话框提示进行下一步处理前必须栅格化此智能对象，单击"确定"按钮。调整前景色为浅灰色，并在属性栏中调整画笔大小、硬度、模式和透明度等参数，在选区内为手提袋绘制明暗细节以增强凹凸感，如图 2-60 所示。

继续选择菜单"滤镜"→"渲染"→"光照效果"命令，可以选择"预设"下拉列表中的光照类型，也可以自定。例如选择"聚光灯"，调整光照方向、范围和强度，让手提袋产生光照效果，如图 2-61 所示。在"属性"面板中调整灯光颜色，适度调整强度避免损失画面细节，在"纹理"中选择与灯光对应的颜色，"高度"为 2，如图 2-62 所示。

图 2-60　绘制明暗细节

图 2-61　聚光灯范围

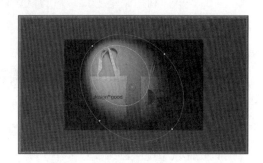

图 2-62　聚光灯颜色及强度

在上一步基础上，单击属性栏中"添加新的无限光"按钮（■），在"属性"面板中调整新增"无限光"的相关参数，为图像增加环境光效果，并且强化手提袋的立体感，参数及最终效果如图 2-63 和图 2-64 所示。

本页彩图

图 2-63　"属性"面板中调整"无限光"的相关参数

图 2-64　光照最终效果

　　注意，"光照效果""镜头光晕"和"胶片颗粒"等滤镜不能应用于没有像素的图层，但它们可以应用于中性色图层。

　　5. 矢量图形绘制

　　（1）Photoshop 绘画工具的使用

　　Photoshop 的绘画工具包括画笔、铅笔、颜色替换和混合器画笔等，利用它们可以绘制图画和修改像素。其中，画笔工具最重要，它不仅可以绘制线条，还常用来编辑蒙版和通道。在 Photoshop 中，绘画与绘图是两个截然不同的概念，绘画是绘制和编辑基于像素的位图图像，而绘图则是使用矢量工具创建和编辑矢量图形。

　　[例 2-9] 利用画笔工具，对腾讯设计周的物料效果进行绘画效果处理。

　　① 打开文档案例 2-7，新建"图层 1"，以此为当前图层进行绘制。在工具栏中选择画笔工具（▨），此时属性栏会显示画笔工具的相关调整选项，如图 2-65 所示。

图 2-65　画笔工具选项

　　② 调节画笔大小，选择▨图标，打开"画笔"下拉面板，如图 2-66 所示。在这个面板中可以快速调节笔尖的圆度、大小、硬度，也提供了"常规画笔""干介质画笔""湿介质画笔"和"特殊效果画笔"等多种类型的预设画笔类型。同时，单击该面板中的"从此画笔创建新的预设"按钮，使用者还可以将习惯设置保存为新的预设，方便多次调取。

　　选择菜单"窗口"→"画笔设置"命令，或单击属性栏中"切换'画笔设置'面板"按钮（▨），打开更加详细的"画笔设置"面板，任何对画笔参数的调整都可以在面板下部的预览窗口中显示笔画效果，如图 2-67 所示。

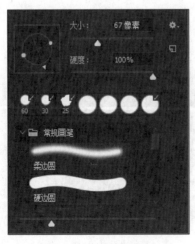

图 2-66　"画笔"面板

图 2-67　"画笔设置"面板

③ 确定画笔基本设置后，还可以在“模式”“不透明度”“流量”“平滑”等几个参数上进行精细设置，以保证画笔效果。此外，在使用画笔工具绘画的过程中，随时可以单击“设置前景色”图标调整色彩。

为了在使用画笔绘画过程中更便捷修改画笔参数，按下［键可将画笔调小，按下］键则调大；对于实边圆、柔边圆和书法画笔，按下 Shift+［快捷键可减小画笔的硬度，按下 Shift+］快捷键则增加硬度。按下键盘中的数字键可调整画笔工具的不透明度，例如按下 1，画笔不透明度为 10%；按下 75，不透明度为 75%；按下 0，不透明度会恢复为 100%。如果要绘制直线，可以在画面中单击，然后按住 Shift 键单击画面中任意一点，两点之间会以直线连接；同时，按住 Shift 键还可以绘制水平、垂直或以 45°角为增量的直线。

尽管在 Photoshop 中绘画已经有丰富的画笔设置来帮助用户做出精致细腻的绘画效果，但鼠标不能像画笔一样得心应手。对于专业的数码艺术创作来说，最好配备一款数位板，配合一支无线的压感笔，就像是画家的画笔和画笔一样。使用压感笔在数位板上作画时，随着笔尖在画板上着力的轻重、速度及角度的改变，绘制出的线条就会产生粗细和浓淡等变化，最大限度达到在纸上绘画的感觉。可以使用各种画笔功能，对腾讯设计周宣传用马口铁图片进行卡通化处理，如图 2-68 所示。

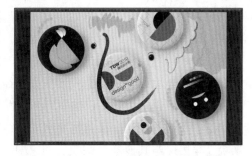

图 2-68 画笔绘画效果

（2）使用钢笔工具绘制矢量路径

钢笔工具是 Photoshop 操作中经常用到的工具之一，它可以非常方便地绘制基于贝塞尔线原理的矢量图形或是路径用于制作选区。因为它可以勾画平滑的曲线，还能调整锚点进行重复编辑，因此常用于制作精细而复杂的图像。借助钢笔工具，Photoshop 具备了精细制作矢量图形的能力，在制作 UI 图标方面特别实用。

1）钢笔工具的基本操作。新建文档，选择工具栏中钢笔工具（ ）绘制不规则的形状或曲线。此时，在属性栏中可以查看当前钢笔工具的绘制结果，有 3 种类型，其中“路径”和“形状”可以直接选择，而“像素”默认是不可选状态，要在封闭的“形状工具”状态下才可以选择，如图 2-69 所示。

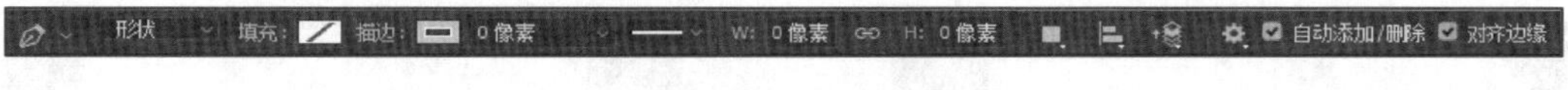

形状
填充:
描边:
0 像素
W: 0 像素
H: 0 像素
自动添加/删除
对齐边缘

图 2-69 钢笔工具属性栏

当钢笔工具绘制类型为“路径”时，创建任意形状，可以是封闭图形，也可以不封闭。

钢笔工具包括 3 种绘制操作和 3 种调节操作，如图 2-70 所示。按快捷键 Shift+P 能够在钢笔工具、自由钢笔工具和弯度钢笔工具之间切换。

钢笔工具 P
自由钢笔工具 P
弯度钢笔工具 P
添加锚点工具
删除锚点工具
转换点工具

图 2-70 “钢笔工具”下拉菜单

选择钢笔工具，鼠标指针显示为右下角带星号的创建

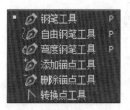

新路径起始点状态。在画布上单击确定路径的起点，移动鼠标到另一位置单击左键，将形成与起点间的直线路径；如果在松开左键前适当拖曳鼠标，将会形成曲线路径，并且在锚点的两端会出现控制杆，方便后续调整曲线弧度。要结束钢笔工具的绘制，可回到路径起点处，鼠标指针显示为钢笔右下角带圆圈时单击，得到一个封闭的路径；如果在绘制过程中选择其他工具，将在切换当前使用工具的同时结束路径绘制，得到一个非封闭路径。

选择自由钢笔工具在画布中直接拖动生成路径，就像铅笔在纸上绘画一样。绘制过程中，系统会自动在曲线上添加锚点。如果要对锚点的产生频率等参数做调整，可单击属性栏中"设置其他钢笔和路径选项"按钮（ ），从弹出的面板中可以对路径的粗细、颜色及曲线闭合像素进行调整，如图 2-71 所示。选中"磁性的"复选项会在绘制过程中自动识别像素边缘轮廓，通过调整识别宽度、锚点频率和像素对比这 3 个参数，对于快速创建选区非常方便。对于使用数位板的用户还可以选中"钢笔压力"复选项，系统会根据笔尖压力改变锚点生成频率和路径曲线的弧度。

图 2-71 "路径选项"对话框

使用弯度钢笔工具可以绘制圆弧形路径。单击决定起点后，移动鼠标到下一个锚点处再单击，此时会在两个锚点间显示为直线，再次单击任意位置并拖动以调节上一段圆弧的半径及角度。与其他两个钢笔工具一样，在绘制之前可以单击"设置其他钢笔和路径选项"按钮，在弹出的面板中进行设置，其中选中"像皮带"复选项，会在当前调整锚点相邻前后多个锚点之间产生联动效果，提升路径的平滑度。

完成创建的路径，在"路径面板"中可以查看到相应的新创建"工作路径"。同时，在属性栏中可以在路径基础上直接建立"选区""蒙版"或"形状"。所以，钢笔工具在绘制路径的时候只是作为辅助工具，它是独立于图层存在的，并不会在画面上产生任何像素内容，如图 2-72～图 2-74所示。

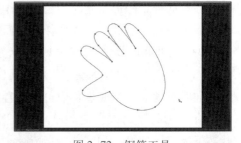

图 2-72 钢笔工具

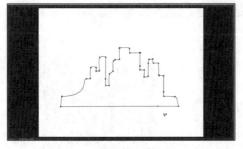

图 2-73 自由钢笔工具

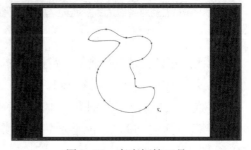

图 2-74 弯度钢笔工具

　　2）钢笔锚点调节及路径编辑。运用钢笔工具的 3 种调节工具可以在路径绘制过程中随时调整路径方向与弧度。其中添加锚点工具（![添加锚点]）和删除锚点工具（![删除锚点]）除了从工具栏中直接选择外，在路径绘制过程中或完成后可以在钢笔工具状态下移动鼠标到路径或锚点上，分别对应添加与删除锚点功能，通过增减锚点来调节路径。例如，当鼠标移动到路径上任意位置，此时鼠标指针会变成添加锚点工具；而移动到已有锚点上方，鼠标指针则会变成删除锚点工具。

　　第 3 个调节工具是转换点工具（![转换点]），可以通过转换平滑和拐角锚点来控制路径。如果当前工具为钢笔工具，按住 Alt 键（Windows）或 Opt 键（Mac OS）将鼠标移动到锚点上，鼠标指针也会变成转换点工具。使用它在平滑路径的锚点上单击，路径将以该锚点为尖角，两端的控制柄也可以分别控制；而对于原本尖角的锚点，使用转换点工具按住左键拖曳，在锚点两端会出现控制柄，调节柄将路径变为平滑，如图 2-75 所示。

　　对于已经绘制完成的路径进行编辑，还可以使用工具栏中的路径选择工具（![路径选择]）和直接选择工具（![直接选择]）。路径选择工具只针对路径和形状进行操作，用它单击路径轮廓线或框选时会出现实心的锚点，这就表明这个路径被整体选中了，可以对它进行整体的移动，如图 2-76 所示。

图 2-75　使用转换点工具调节锚点

图 2-76　路径选择工具

　　用直接选择工具选择同样的形状路径，则会出现空心的白色锚点，表明当前路径处于可编辑状态。单击一个具体的空心锚点，它会在变为实心的同时在两端还出现控制柄，方便用户对形状路径进行微调，如图 2-77 所示。

　　使用路径选择工具和直接选择工具时，要注意在属性栏中选择"现用图层"和"所有图层"以区分选择形状路径的图层范围。另外，按住 Ctrl 键（Windows）或 Cmd 键（Mac OS）时，单击对应锚点，可以在两个工具之间自由切换。

　　3）使用钢笔工具绘制形状。将钢笔工具模式由"路径"转为"形状"，在画布上绘制一个封闭的"逗号"形状。此时，在图层面板中将产生一个新的形状图层。使用直接选择工具对形状边缘轮廓进行调整，如图 2-78 所示。

　　调整好形状路径后，到属性栏中调整新建形状的填充方式，包括纯色填充、渐变填充、图案填充和无填充几种模式。描边可以设定形状轮廓的色彩，以像素为单位的轮廓粗细，以及描边线条类型。在"描边选项"面板中可以对边线的对齐、端点、角点及虚线间隙等做精细化设定，如图 2-79 和图 2-80 所示。

图 2-77　直接选择工具

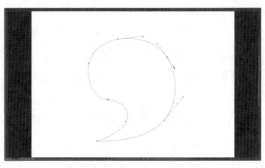

图 2-78　直接选择工具

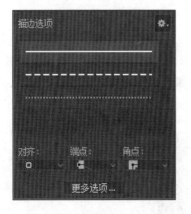

图 2-79　"描边选项"面板

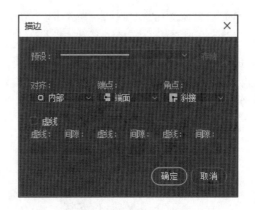

图 2-80　描边详细设置

在已有形状图层基础上，再次选择钢笔工具绘制一个三角形，系统会自动生成新的"形状图层2"，并分别对已有各图层填充颜色，如图 2-81 所示。如果要在同一形状图层中继续用钢笔工具绘制形状，需要到属性栏中单击"路径操作"按钮（■），从下拉菜单中选择新形状与既有形状图层中路径的关系，将默认的"新建图层"改为其他方式，如图 2-82 所示。

图 2-81　形状图层

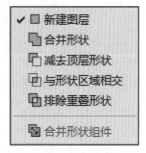

图 2-82　路径操作下拉菜单

保持在"形状图层2"的基础上选择"合并形状"，继续用钢笔工具绘制三角形。新增加的三角形虽然与原有三角形是合并关系，但使用路径选择工具或直接选择工具还可以分别进行整体移动或锚点编辑。而且，再次单击"路径操作"按钮，可以将"合并形状"方式调整为"减去顶层形状"或"与形状区域相交"等其他方式，"排除重叠形状"如图 2-83 所示。

图 2-83 排除重叠形状效果

（3）形状工具与布尔运算

Photoshop 提供了矩形工具、圆角矩形工具、椭圆工具、多边形工具、直线工具和自定形状工具 6 种形状工具。它们与钢笔工具一样，可以创建形状和路径，也能直接生成像素图形。而且，形状工具预设还提供了多款预设形状，方便使用者在此基础上进行自由创建图形的工作。

1）形状工具的基本操作。新建文档，选择工具栏中的矩形工具，将属性栏中绘制类型选为"形状"。

在画布任意空白处单击，在弹出的"创建矩形"对话框中设置宽、高尺寸，选中"从中心"复选框将以刚才单击处为中心新建矩形，如图 2-84 所示。也可以直接在画布上单击，并按住鼠标向任意方向拖动创建矩形，如果同时按住 Shift 键将按比例创建正方形。

完成绘制的矩形，可以在属性栏中对其填充、描边等进行设置，修改宽、高尺寸。可以选择菜单"窗口"→"属性"命令，在打开的"实时形状属性"面板中对新建形状细节参数进行调整，如图 2-85 所示。

图 2-84 "创建矩形"对话框

图 2-85 "实时形状属性"面板

圆角矩形工具的操作与矩形工具类似，可在绘制完成前后通过设置圆角半径来调整。椭圆工具和多边形工具也一样，具体参数调整可以在状态或"属性"面板中进行，也都会在"图层"面板中增加一个形状图层，双击该图层的图标，会弹出"拾色器"对话框，方便对形状颜色随时调整。

使用直线工具可以方便绘制各种线段，绘制过程中按住 Shift 键可以保证直线保持水平，也可以按 45° 为基准进行旋转。自定义形状工具中预制了很多图形，方便用户在此基础上生成新形状。在绘制前单击属性栏中"形状"，从其下拉菜单中选择，也可以单击面板中右侧的"预设管理"按钮（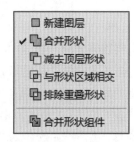），展开更多的预设图形，如图 2-86 所示。

　　2）形状编辑与运算。对形状层的编辑实际上就是对路径的编辑。使用路径选择工具选中一条或者整个形状路径，然后选择菜单"编辑"→"自由变换路径"命令或"变换路径"命令中子菜单命令，对一个形状或者整个形状层进行变换和自由变换。

　　Photoshop 中形状运算通常也称为"布尔运算"，主要是对两个形状之间进行加、减、相交的操作。进行运算有一个前提，就是两个对象要在同一图层上。

　　新建文档，绘制一个尺寸为 1 000×1 000 像素、圆角半径为 10 像素的正方形，并填充为豆绿色，描边为 5 像素的暖褐色，"图层"面板中会在背景层上出现新增一个形状图层。如果此时选择相撞工具再次绘制形状，将会继续新增形状图层，两次绘制的形状就不在同一图层了。要解决这个问题，需要在绘制圆角正方形之前，先将属性栏中"路径操作"按钮（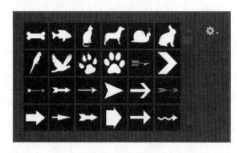）下拉选项由默认的"新建图层"改为"合并图层"，如图 2-87 所示。

图 2-86　"预设图形"面板　　　　　　　图 2-87　路径操作命令

　　如果在绘制圆角正方形之前没有修改属性栏"路径操作"中的设置，可以用路径选择工具选中已经绘制好的形状，然后按住 Shift 键再去绘制新的形状，表示在原有形状上加上新建形状，这样两次绘制的结果都会在同一图层上；按住 Alt 键（Windows）或 Opt 键（Mac OS）绘制新的形状，表示在原有形状上减去新建的形状；按住组合键 Shift+Alt（Windows）或 Shift+Opt（Mac OS），则表示保留原有的形状和新建形状重合的部分。

　　如果是分别绘制的多个形状图层要合并到同一图层，可以选中相应图层，右击从弹出的快捷菜单中选择"合并形状"命令，或按快捷键 Ctrl+E（Windows）或 Cmd+E（Mac OS）合并形状。合并后的形状层内容属性将由合并前处于最上层的形状属性来决定，包括填充和描边等。

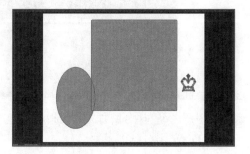

　　按照上述方法，在同一形状图层中再添加一个椭圆形和一个形状预设中选取的自定义图形。此时，该形状图层中 3 个形状都是同样填充颜色和描边属性，但使用路径选择工具和直接选择工具可以单独对它们的位置、路径进行调整，如图 2-88 所示。

图 2-88　可单独调整的形状

　　框选 3 个形状，单击属性栏中的"路径对齐方式"按钮（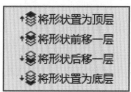），从其下拉菜单中选择不同的对齐方式与分布方式，如图 2-89 所示。选择"水平居中"，系统提示"此操作会将实时形状转变为常规路径"，单击"确定"按钮继续，得到 3 个形状的水平居中对齐效果，如图 2-90 所示。

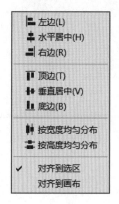

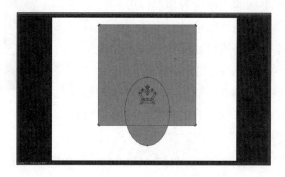

图 2-89　路径对齐方式　　　　　　　　图 2-90　水平居中对齐效果

　　虽然 3 个形状都处于同一图层，但它们之间仍然存在上下层关系，以此决定显示顺序，对于后续形状运算也有影响。要调整某个形状的层次顺序，可先选中该形状，然后单击属性栏中"路径排列方式"按钮（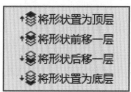），从弹出的快捷菜单中选择合适命令，如图 2-91 所示。将 3 个形状的顺序调整为正方形在底层，自定义形状在顶层，椭圆形居中。

图 2-91　形状排列顺序

　　接下来通过形状布尔运算来对形状造型。在进行运算前，要注意两个形状之间一定要有接触，包括部分重叠或全部重叠，而且要注意其上下关系。例如，要执行在正方形中挖去椭圆形，就应当将椭圆形状放置在正方形的上层。选中椭圆形状，在属性栏中单击"路径操作"按钮（■），从其下拉菜单中选择"减去顶层形状"命令，结果如图 2-92 所示。当前运算结果只是即时显示，也就是说并非最终结果，各个形状仍然还可以继续改变自己的路径，其调整结果也将同步影响到运算的结果，如图 2-93 所示。

图 2-92　图形相减效果　　　　　　　　图 2-93　图形路径调整效果

在同一形状图层中再增加一个三角形，默认新绘制的形状已经在顶层。将"路径操作"选项设定为"排除重叠形状"，编辑路径后效果如图 2-94 所示。三角形与原本挖去的椭圆形重叠部分不受影响，而与底层的正方形重叠部分则显示为排除。如果三角形与椭圆重叠部分在画面中感觉有些突兀，只须将椭圆形状的顺序设为顶层即可。

搭配使用钢笔工具和直接选择工具持续调整细节，完成后的形状路径仍然为单独可编辑状态。选择"路径操作"中的"合并形状组件"命令，该图层中被选中的形状将合并为单一形状，并不再保留各自路径可编辑功能。

图 2-94　排除重叠形状效果

3）形状视觉效果调整。选中上一步骤完成的形状，单击属性栏中"填充"后面的色块会弹出一个填充色彩窗口，方便对图形填色进行精细调整，如图 2-95 所示。顶层以色块形象指示了"无颜色""纯色""渐变""图案"和"拾色器"，选定填充类型后，下方会出现相应的次级选项及调整参数。如选择"渐变"，下方会提供一些系统预设的渐变方案，直接选择就可以应用到填充对象上。用户还可以单击预设下方的渐变色条，系统会弹出"渐变编辑器"窗口，可以进一步细化色彩的相关设置，如图 2-96 所示。

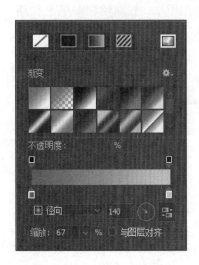

图 2-95　"色彩填充"窗口

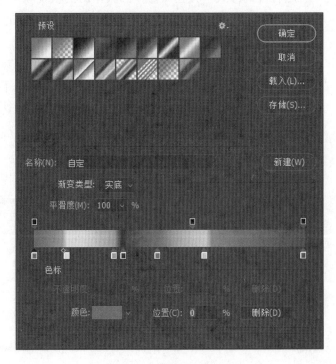

图 2-96　"渐变编辑器"窗口

滑动色条上方的"不透明色标"可以调节色彩在渐变融合过程中的不透明度及色彩范围的起始位置；单击下方的"色标"，再单击窗口底部"颜色"处，从弹出的"拾色器窗口"中选择颜色。色标的多少根据渐变颜色多少决定，无论是在色条上方的"不透明色标"，还是下方的"色标"都可以随时增添。只需要将鼠标移动靠近色条边缘，当指针由常规箭头符号变成了手指形状时，单击就可以生成新的色标。若是要删除已有色标，须单击选中该色标，再单击"删除"按钮即可。两个色标之间的距离决定色彩混合的程度，要细致调整色彩变化还可以滑动两个色标之间的菱形的"颜色中点"。完成设置的渐变效果，可以存储起来以备下一次直接载入使用在其他图形上，单击"渐变编辑器"窗口中"存储"按钮，当前填充效果就出现在预设渐变窗口中了。

回到色彩填充窗口，打开色条下方的渐变类型菜单，从弹出的"线性""径向""角度""对称的""菱形"等选项中选择。此外，在选定某种渐变类型后，还可以对其角度、缩放等参数进行调整，效果如图 2-97 所示。

4）形状图层效果调整。为形状填充为渐变效果后，描边效果显得搭配不合理，可将其像素设为 0，取消描边效果。将背景图层填充为黑色，以凸显形状图层作为图标的效果。

给图标增加一层底色。选择圆角矩形工具，将圆角半径设为 50 个像素，宽度和高度都设为 500 个像素，并将其填充为白色，置于此前已完成的形状图层下方。

选择上方形状图层"圆角矩形 1"，按快捷键 Ctrl+T（Windows）或 Cmd+E（Mac OS）缩小形状大小以适应新建形状"圆角矩形 2"。到"图层"面板中同时选中两个形状图层，选择菜单"图层"→"对齐"→"垂直居中"和"水平居中"命令，保证两个图层精确居中对齐，如图 2-98 所示。

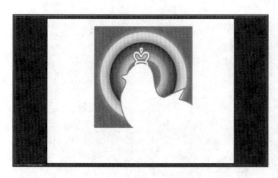

图 2-97　渐变填充效果　　　　　　　图 2-98　拟物图标效果

为了提升图标的演示效果，可以借助图层样式。选中两个形状图层，右击，从弹出选项的菜单中选择"转换为智能对象"命令，两个图层将合成为一个。双击该图层，打开"图层样式"对话框，如图 2-99 和图 2-100 所示，进行"斜面和浮雕"和"外发光"效果设置。

通过图层样式设置，图标已经具备一定的立体感，如图 2-101 所示。

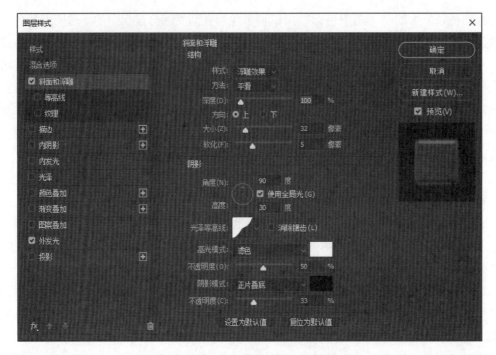

图 2-99 "图层样式"对话框中浮雕效果设置

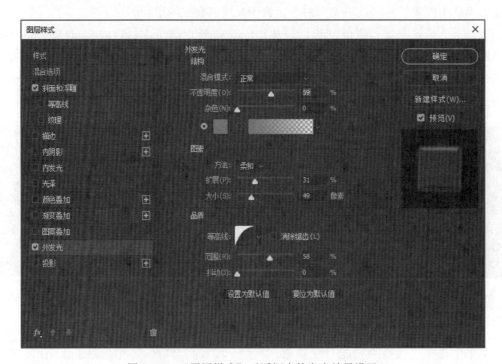

图 2-100 "图层样式"对话框中外发光效果设置

　　为了增加图标的表现力，可以为它增加倒影效果。将"图层"面板中的智能对象图层拖曳到"新建图层"图标上，为它复制一个对象。按快捷键 Ctrl+E（Windows）或 Cmd+E

（Mac OS），将复制结果拖曳为镜像放置效果。然后选择菜单"编辑"→"透视变形"命令，通过控制图标 4 个角的位置改变制造透视变形效果，如图 2-102 所示。

图 2-101　添加图层样式效果后的图标

　　将复制图层的不透明度降低为 10%，以避免镜像效果的生硬感。此外，为了强化空间感，还可以给画面制作立面与平面的差别，使图标有立于空间中的感觉。新建图层命名为"立面"，在该图层上建立选区，以图标与倒影之间的交界为选区边缘，包括整个立面范围。填充为黑色，然后选择菜单"滤镜"→"渲染"→"光照效果"命令，为图层增加光照预设中的"五处下射光"效果，根据画面需要可重复添加，如图 2-103 所示。

图 2-102　镜像及透视变形效果

图 2-103　增加背景灯光效果

任务 2-2　Illustrator 基础使用

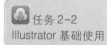

任务 2-2
Illustrator 基础使用

【任务描述】

　　本任务通过 Illustrator 的学习，结合"TDW 2019 腾讯设计周"的实际案例分解练习，帮助学习者掌握软件基本操作技能，具备一般矢量图形绘制、界面图像和数字出版的设计能力。

【问题引导】

　　1. 数字插画与图形设计有何异同？

　　2. 矢量图与位图如何取舍，如何相互转换？

　　3. 如何配合使用 Photoshop 与 Illustrator 提升工作效率？

　　4. Illustrator 在处理矢量图方面的实力与优势体何在？

【知识准备】

1. 图形设计的基本概念

图形设计有别于一般的标记、标志与图案。它既不是一种单纯的标识、记录，也不是单纯的符号，更不是只以审美为目的的一种装饰插画，而是在特定思想意识支配下的对某一个或多个元素组合的一种蓄意刻画和表达形式。设计师根据表现主题的要求，经过精心的策划与思考，恰当运用点、线、面等基本造型语言和艺术手段，创造一个独特的、创造性的构思的全部过程。

2. Illustrator 简介

Adobe Illustrator，简称"AI"，是由 Adobe Systems 开发和发行的重量级绘图软件。它是集出版、数字媒体和图形图像工业标准的矢量图形软件，其运用领域从酷炫的 Web 和移动网络图形，到徽标、图标、书籍插画、产品包装和广告牌，可以说无所不包。本书使用的版本为 Adobe Illustrator CC 2018，支持 Windows、Mac OS 与 Android 等操作系统。

3. 优秀图形设计提升界面品质

在界面设计中，图形的运用方式千变万化，但如果仅仅是将图形作为为了设计而设计的枯燥装饰，或者是替换到任何界面都通用，那这样的图形就失去了设计的意义。优秀的图形设计不仅要提升用户视觉感官体验，还要在突出产品个性的同时传递品牌理念，就是在增强界面细节精致程度的同时，提升界面整体设计品质。因此，熟练掌握图形设计软件 Illustrator，即使是最基本的图形元素也能展现出强有力的视觉冲击力，并且最大程度激发设计师原创的激情。

【任务实施】

1. 开始在 Illustrator 中工作

为了充分利用 Adobe Illustrator CC 2018 丰富的绘图、上色和编辑功能，学习如何在工作界面中开展工作至关重要。由菜单栏、属性栏、工具栏、控制面板、文档窗口和一组默认面板组成的工作界面，是进行创建、编辑、处理图形和图像的操作平台，是熟悉掌握这款软件的起点。

（1）打开程序

首先在桌面上双击 Adobe Illustrator 图标以启动程序。如果桌面上找不到 Illustrator 图标，可选择菜单"开始"→"所有程序"→"Adobe Illustrator CC 2018"命令（Windows）

或者在文件夹 Application 或 Dock 中查找（Mac OS）。

　　启动程序后会显示"开始"工作区，它包含"新建"与"打开"两个具体命令。同时，以图标或列表方式显示最近打开的文档，并可以自定义显示的最近打开的文件数，如图 2-104 所示。如果要更改程序开启后的工作界面场景，如 Web、上色、传统基本功能等，可以在"窗口"→"工作区"选项卡中选择。

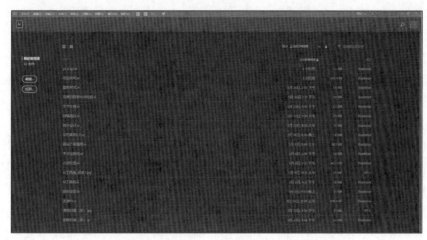

图 2-104　Illustrator"开始"工作区

（2）熟悉工作界面布局

　　开启程序也可以通过双击 Illustrator 专属 AI 格式文件来打开，如打开文档案例 2-8。此时窗口中将出现菜单栏、工具栏、控制面板和面板组等。很多默认面板选项都放在位于菜单栏下方右侧的浮动控制面板中，这减少了用户工作时需要打开的面板数，从而提供更大的工作区。将工作界面设定为"传统基本功能"，如图 2-105 所示。

图 2-105　Illustrator 传统基本工作界面

1—菜单栏　2—属性栏　3—工具栏　4—状态栏　5—画板　6—浮动面板

Illustrator 工作界面的组成部分简述如下：

● 菜单栏位于工作区顶部，包括用于切换工作区的下拉列表、各种菜单和其他应用程序控件。

● 属性栏位于菜单栏下方，显示当前选定工具的选项。

● 工具栏位于工作区左侧，包含用于创建和编辑图像、图稿、页面元素等的工具，相关的工具放在一组中。

● 画板位于文档窗口中，显示当前处理的文件。

● 状态栏位于文档窗口的左下角，包括诸如导航控件等信息。

● 浮动面板能够监控和修改图稿。有些面板默认处于显示状态，更多的则可通过"窗口"菜单选择以显示。很多面板都有面板菜单，其中包括针对该面板的菜单项。可将面板编组、堆叠和停放。

从工作界面分布来看，Illustrator 与 Photoshop 的界面风格基本一致，明显的区别之一就是在"画板"上。画板表示可以包含可打印图稿的区域，可以将画板作为裁剪区域以满足打印或置入的需要，而画板之外的区域是可以被用作草稿区域的空白画布，放在画布上的内容在屏幕上可见，但不会打印出来。在同一个文档中可以创建多个画板来创建不同内容，如多页 PDF、大小元素不同的打印页面、网站的独立元素、视频故事板、组成 After Effects 动画的素材等。

根据画板大小不同，每个文档最多可以有 100 个画板，可在创建文档时指定文档的画板数，并在处理文档的过中随时添加和删除画板。调整画板的大小和位置可以使用画板工具，还可以让画板之间相互重叠。

1) 使用工具栏。Illustrator 的工具栏中包括选择工具、绘图与上色工具、编辑工具、视图工具以及填色和描边框等，可以进行选择、绘画、取样、编辑、移动、注释和度量等操作，还可以更改前景色、背景色、使用不同的视图模式等，如图 2-106 所示。它默认处于窗口左侧，也可以根据用户习惯拖动到窗口中其他地方停放或漂浮在工作区中，单栏或双栏显示均可。

与 Photoshop 一样，将鼠标指针悬置在工具栏中的图标上，工具的名称和快捷键将显示在指针下方。在右下角有小三角的工具都隐藏了其他工具，长按该图标可以展开选择它们后面的隐藏工具；或者，按住 Alt 键（Windows）或 Option 键（Mac OS）并单击工具栏中的工具按钮，这将在隐藏工具间进行逐一切换，直至要使用的工具出现。Illustrator 的工具栏还有一个便利化设计，当单击某一工具展开其隐藏工具后，继续单击展开栏右侧小三角，可以将这一组工具临时展开显示，方便频繁在该组工具中进行选择的工作。临时展开的工具栏横置或纵置通过单击其上方的双箭头符号来切换，也可以随时将其关闭，如图 2-107 所示。

在工具栏的下方还有几组按钮，包括设置填充的前景色及描边色彩，纯色填充、渐变填充和无填充，绘图模式和屏幕模式。其中绘图模式默认为"正常绘图"，"背面绘图"模式下新绘制的对象将自动位于最底层；而"内部绘图"模式是在选定对象后，新绘制内容只出现在选定对象的轮廓范围内部，相当于做了一个剪切蒙版效果，如图 2-108 所示。

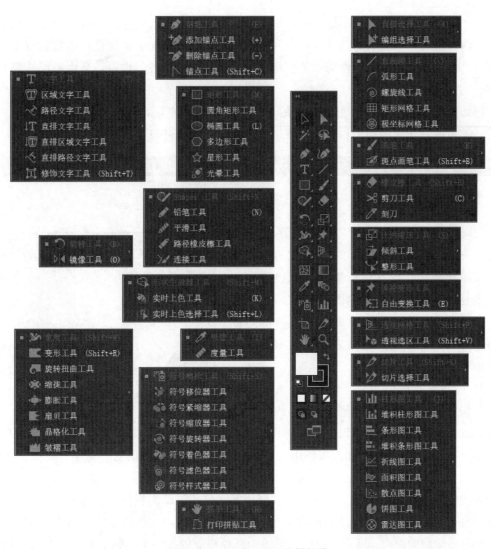

图 2-106　Illustrator 工具栏概览

在插画创作过程中，按快捷键 Shift+D 可以在 3 种绘图模式之间切换，能够极大地提高工作效率。

图 2-107　工具展开栏　　　　　图 2-108　在蓝色块内部绘制三角形

2）使用属性栏。属性栏除了显示当前使用工具的相关选项外，还可以让用户快速访问与当前选定对象相关联的选项、命令和其他面板。默认情况下，属性栏的位置位于菜单栏下方，但用户可以根据个性需要将它拖动到工作区任何位置，也可以自由悬浮或是将其隐藏。

例如使用选择工具选中图 2-108 的色块时，属性栏左端出现了"剪切组"字样，同时还显示了该剪切组的描边、样式、不透明度等，如图 2-109 所示。

图 2-109　属性栏局部

此时，单击属性栏中"编辑内容"按钮（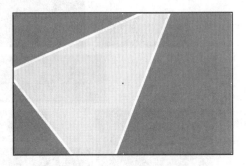），原本以内部绘图模式绘制的三角形就处于可编辑状态了。对它进行填充、描边等操作后会恢复到剪切组状态，如图 2-110 所示，即无法单独选中，在属性栏中的其他设置都是针对整个剪切组生效的，包括之前单独编辑的填色等也将与整体保持一致。

图 2-110　编辑后的内部绘图

3）浮动面板的使用。浮动面板在大多数软件中都很常见，它能够控制各种工具的参数设定，完成颜色选择、图像编辑、图层操作、信息导航等各种操作，给用户带来极大方便。Illustrator 提供了 30 多种浮动面板供用户选择，其中常用的包括信息、动作、变换、图层、图形样式、外观、对齐、导航器、属性、描边、字符、段落、渐变、画笔、符号、色板、路径查找器、透明度、链接、颜色参考和魔棒等。这些浮动面板都可以通过"窗口"菜单打开，默认情况下，只有部分面板停放在工作区右边，或显示为折叠后的图标。

要显示隐藏的面板，可在"窗口"菜单中选择相应的面板名。如果面板名左边有钩号，则表明该面板已打开，并在其所属的面板组中显示在最前面；如果在"窗口"菜单中选择其左边有钩号的面板名，将折叠该面板及其所属的面板组。如果要将浮动面板折叠为图标，可单击其标签或图标，也可以单击面板标题栏中的双箭头，如图 2-111~图 2-113 所示。

浮动面板的分组可以根据使用习惯来设定。左键按住一个独立面板的标题栏拖动到另一个面板或图标上，当另一个面板或图标周围出现蓝色的边框时释放鼠标，即可将面板组合在一起。反之，要脱离一个面板组，亦可拖动其离开原位置到其他面板组或自由悬浮。如果已经对各个浮动面板进行了分离或重组等操作，希望将它们恢复成默认状态，可以选择"窗口"→"工作区"→"重置"菜单命令。

（3）文件的基本操作

在这一部分内容中，将详细介绍有关 Illustrator 文件的一些基本操作，包括新建、打开、保存、置入、导出及常见文件格式等，为以后深入学习打下一个良好的基础。

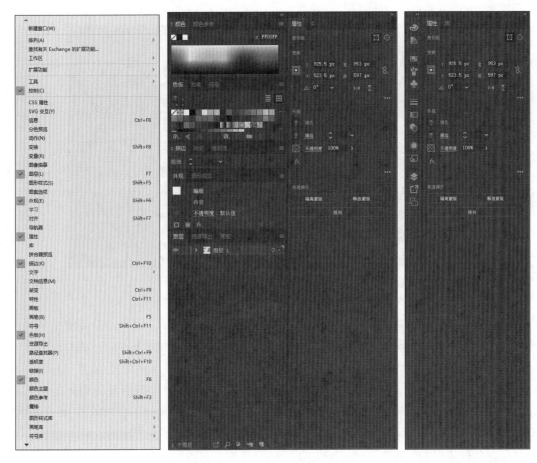

图 2-111　"窗口"菜单　　　　图 2-112　浮动面板　　　　图 2-113　折叠图标

1）建立新文档。要进行绘图，首先就需要创建一个新的文档，然后在文档中进行绘图。选择菜单"文件"→"新建"命令，或者使用快捷键 Ctrl+N（Windows）或 Cmd+N（Mac OS），将打开"新建文档"对话框，在其中可以对所要建立的文档进行各种设定，如图 2-114 所示。

在对话框中首先提供了"最近使用项""已保存""移动设备""Web""打印""胶片和视频""图稿和插图"等默认配置文件供用户选择。例如在"Web"配置下就提供了12 种不同尺寸的空白文档预设，几乎涵盖了最常用的网页设计标准尺寸。

如果系统默认配置文件不能满足要求，可以直接在对话框右侧自定义部分进行参数设置，包括文档名称、宽和高尺度、方向、画板数量、出血设置及颜色模式等。针对不同用途的文件，其设置上会有不同，例如用于 Web 网页设计的度量单位是 px（像素），而用于印刷的度量单位是 mm（毫米）；又如颜色模式，如果是用于移动设备、网页设计等就选RGB，而用于印刷的平面设计就要选 CMYK。设置完相关参数后，单击"创建"按钮即可生成新的文档。

2）文档存储与图像格式。当完成一件作品或者处理完一幅打开的图像时，将完成的

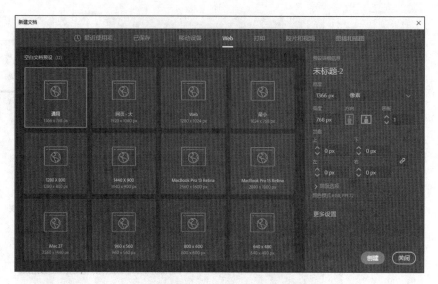

图 2-114　Illustrator "新建文档" 对话框

图像进行存储就需要选择菜单 "文件" → "存储" 或 "存储为" 命令，前者使用快捷键为 Ctrl+S（Windows）或 Cmd+S（Mac OS），后者为 Ctrl+Shift+S（Windows）或 Cmd+Shift+S（Mac OS）。对于新建的文档进行保存，"存储" 和 "存储为" 命令的性质是一样的，都将打开 "存储为" 对话框，在这个对话框中可以对文件名、保存类型及使用画板进行设定。当对一个新建的文档进行过存储后，或打开一个图像进行编辑后，再次应用 "存储" 命令时，就不会打开 "存储为" 对话框，而是直接将原文档覆盖。如果不想覆盖原有文档，就必须使用 "存储为" 命令，将编辑后的图像重命名进行存储。

Illustrator 默认的文档保存类型有 AI、PDF、EPS、AIT（Illustrator Template）、SVG、SVGZ（SVG 压缩）这几种。如果要保存为其他格式就要选择菜单 "文件" → "导出" → "导出为" 命令，这样可以保存为 DWG、DXF（AutoCAD 交换）、BMP、CSS、SWF（Flash）、JPG、PSD（Photoshop）、PNG、SVG、TIF 等常见图像文件格式。

在 "导出" 命令中还有一个子命令 "导出为多种屏幕所用格式"，用于将制作好的图像以画板或资源为标准进行输出，其快捷键为 Ctrl + Alt + E（Windows）或 Cmd + Opt + E（Mac OS）。以导出图标为例，在该对话框中首先要选择要输出的画板（如果文档中有多个画板），选择输出路径（文件的存放位置）；选择格式可以直接选择 "iOS" 或 "Android" 选项，也可以单击 "添加缩放" 按钮手动添加，PGN、SVG、PDF 等格式都可以选择；设置完成后，单击 "导出画板" 按钮即可，如图 2-115 所示。

2. 基本图形创建与编辑

在腾讯设计周的形象推广设计中有很多基本的设计元素——半圆，通过这些灵活多样的半圆组合搭配，形成了一套规范且寓意丰富的视觉系统。一般的任务也要从绘制基本图形开始，借助 Illustrator 提供的丰富的图形创建工具能够从简单图形中生成复杂形状。

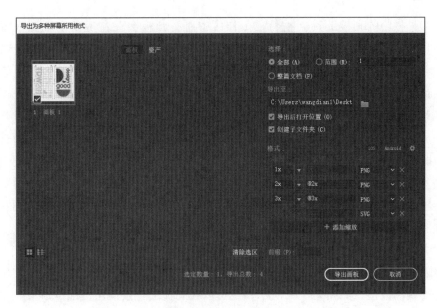

图 2-115　"导出为多种屏幕所用格式"对话框

（1）熟悉 Illustrator 图形创建方法

在图形绘制之前首先要理解路径和锚点概念，这是在 Photoshop 中绘制矢量图形部分已经涉及的内容，在 Illustrator 中更是如此。事实上，任何一种矢量绘图软件的绘图基础都是建立在对路径和锚点的操作之上的，Illustrator 最吸引人之处就在于它能够把非常简单的、常用的几何图形组合起来并做色彩处理，生成各种生动有趣的造型。下面从最常用的钢笔工具、直线工具、形状工具等入手，创建基本图形。

1）创建多个画板的新建文档。新建文档，选择 800 px×600 px 的网页尺寸，画板数量设置为 4 以创建 4 个画板。单击"更多设置"打开对话框，如图 2-116 和图 2-117 所示，可以设置画板的尺寸、数量、间距和排列方式。

图 2-116　"更多设置"对话框

图 2-117　新建文档画板排列效果

选择工具栏中的画板工具（），工作区中所有画板会在左上角出现画板编号与名称。单击其中任意画板，在右侧"属性"面板中可以对该画板进行重命名及尺寸等参数单独设置。在画板工具状态下，还可以新建和删除画板。将当前工具切换为其他任意工具后，将保存画板编辑结果并结束画板编辑状态。

选择菜单"视图"→"画板适合窗口大小"命令，会将一个画板放大至适合窗口大小显示，可到工作区右侧"属性"面板中选择具体要显示的画板。同时，在没有选择任何对象的情况下，"属性"面板中会显示"文档设置"和"首选项"选项卡，方便对新建文档的一些基本参数做调整，也可以根据用户习惯进行操作设置。例如，在"属性"面板中就有关于辅助绘图工具的设置，包括标尺与网格、参考线和对齐选项，熟练应用它们可以提高处理图像的效率，如图 2-118 所示。

2) 用形状工具绘制图形。选择工具栏中的矩形工具，在画板 2 中绘制一个 300 px× 200 px 的圆角矩形。创建方法可以直接以矩形工具在画板上任意位置单击，在弹出的对话框中输入准确的数值，如图 2-119 所示；也可以在画板上直接按左键拖曳形成一个任意矩形，然后到右侧"属性"面板或属性栏中都可以更改数值，或单击属性栏中带虚画线的"形状属性"按钮，在弹出的对话框中调整矩形尺寸及圆角数值，如图 2-120 所示。

图 2-119 "矩形"对话框

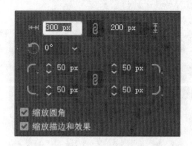

图 2-118 "属性"面板设置选项　　　　图 2-120 "形状属性"对话框

选择工具栏中的选择工具（），单击或框选刚刚创建的圆角矩形，在矩形内会出现中心点及 4 个圆角调节点。将鼠标悬置在这些调节点上，鼠标指针右下角会显示一小段弧线，此时拖动该调节点会在 0~100% 之间自由变换矩形的圆角度数。

如果要对圆角矩形的路径进行编辑调整，改用直接选择工具（ ） 单击路径锚点就可以对矩形轮廓进行调整，也可以直接拖动其中一段路径，如图 2-121 所示。

与矩形工具类似，工具栏中还有椭圆工具、多边形工具、星形工具和光晕工具等，通过它们都可以绘制出基本的图形，然后通过路径调整来形成更加复杂多变的图像。

3）用钢笔工具绘制图形。上一步绘制的圆角矩形在调节路径的时候受限于锚点，要增减锚点最方便的还是使用钢笔工具（ ）。将鼠标移动到已有路径上，其右下角会出现一个 "+"，单击即新增产生一个锚点；而移动到已有锚点位置时，其右下角会出现一个 "–"，单击即删除原有锚点。增加合适的锚点后再切换至直接选择工具调节锚点位置，也可以单击某个锚点，待旁边出现圆角调节点后，调整路径的曲度，如图 2-122 所示。

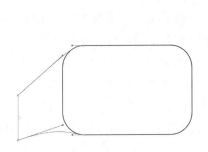

图 2-121   矩形路径调整

图 2-122   路径锚点调整

当然，钢笔工具的使用远不止增删节点调节路径，它完全可以独立绘制任何复杂的图形，其操作方式在 Photoshop 部分已经有所提及。这里还要强调的是，钢笔工具所绘制的路径与其他工具生成的路径一样，是由一条或多条直线或曲线组成，每条线段的起点和终点由锚点标记。这些锚点可以分为两类：角点和平滑点。在角点处，路径突然改变方向；而在平滑点处，路径是连续曲线，如图 2-123 所示。这两种锚点在绘图过程中可以任意组合来绘制路径，如果要改变锚点类型，可以选中后单击属性栏中转换锚点工具（ ）。

在 Illustrator 中，由起点和终点相互连接着的图形对象，如矩形、椭圆、多边形等都被称为封闭路径，这样的路径就可以对它进行填充处理。默认情况下，诸如直线等路径只有描边颜色，而没有填色。如果要对其应用描边和填色，可将描边轮廓化，这将把直线转换为闭合形状（或复合路径）。选择菜单 "对象" → "路径" → "轮廓化描边" 命令，可对路径进行填充。当然，对非封闭路径进行填充也可以，系统会以路径的起始点与终点之间最短直线作为填充边缘，如图 2-124 所示。

此外，钢笔工具还可以继续此前已经完成的路径线段的绘制。首先选中钢笔工具，然后将鼠标移动到要重绘的路径锚点处，当鼠标指针由带星号的钢笔变为带减号时，单击鼠标，此时可以看到该路径变成选中状态，然后就可以继续绘制路径了。如果对原有的路径进行过填充，填充效果也会随新的路径变化而改变。同理，对于两条独立的开放路径，钢笔工具也可以将它们连接成一条路径，连接时系统会根据两个锚点最近的距离生成一条连接线。

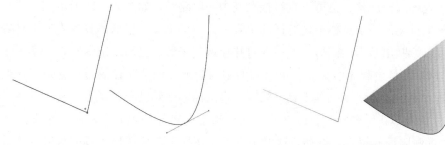

图 2-123　角点与平滑点　　　　　　　图 2-124　路径轮廓化描边与填充

　　4）用徒手绘图工具绘制图形。除了前面的钢笔绘制和几何图形绘制，还可以选择以徒手形式来绘制图形。使用的工具包括画笔工具、铅笔工具、平滑工具、橡皮擦工具、剪刀工具和刻刀工具等，配合使用这些工具可以绘制带有手绘风格的图形。

　　使用画笔工具（ ✐ ）能够绘制自由宽度和形状的曲线，创建开放路径和封闭路径，如同在纸上绘画一样，完成绘制路径后还可以随时对其进行修改。它虽然不如钢笔工具精准，但能绘制的形状更为多样，使用方法更为灵活，容易掌握，如图 2-125 所示。对绘制好的图形进行填充，会发现这个由开放路径组成的图形的填充还是保持各路径独立的填充，如图 2-126 所示。

图 2-125　画笔工具手绘效果　　　　图 2-126　开放路径的填充

　　此时，可以继续以画笔工具连接路径，实现封闭路径的填充效果。其他的徒手绘图工具也可以配合来使用，如平滑工具（ ✐ ）可以将原有锐利的曲线路径变得更平滑，反复操作可以最大程度弥补徒手绘图在线条上的顿挫感；又如橡皮擦工具（ ◆ ）可以对矢量图形进行擦除，与现实生活中橡皮擦的使用一样方便；而刻刀工具（ ✐ ）和剪刀工具（ ✂ ）都是用来分割路径的，只是刻刀工具可以将一个封闭路径分割为两个独立的封闭路径，而剪刀工具可以将一条路径分割为两条或多条路径，对封闭路径剪切后则变为开放路径。

　　5）用形状生成器工具创建形状。Illustrator 工具栏中的形状生成器工具可以方便、快捷地将多个简单图形合并为一个复杂图形，还可以分离、删除重叠的形状，快速生成新的图形。

　　首先选择多边形工具绘制一个三角形，在拖动鼠标创建形状的过程中按键盘的上箭头或下箭头来增减多边形的边数，系统默认是最近一次使用该工具的边数。按住 Shift 键可以让三角形保持垂直状态。同样，使用上下箭头也能调节星形工具角的数量，拖动鼠标在三角形内再绘制一个星形。最后，绘制一个矩形，并将以上 3 个独立的图形安排位置，如图 2-127 所示。

　　选中 3 个图形对象，在工具栏中选择形状生成器工具（），将鼠标移动到星形上方，该区域都会以点状显示。此时，单击该区域并按住鼠标左键拖动到矩形上，可将这两个部分合并为一个形状，这也相当于将矩形与星形重叠的部分加入到星形中，而原来的矩形则失去这个区域，如图 2-128 所示。

图 2-127   3 个相互独立的基本形状   图 2-128   使用形状生成器工具合并形状

　　选择形状生成器工具并按住 Alt（Windows）或 Opt（Mac OS）键，将鼠标移动到图形上时也会以点状显示该区域，但鼠标右下角会的符号会由 "+" 变为 "-"。同时，按住鼠标左键在两个图形之间拖动鼠标，会删除掉鼠标滑动过的区域，而剩下的各个形状仍然保持独立状态，可以分别填色或调整路径轮廓，如图 2-129 和图 2-130 所示。

图 2-129   三角形内的星形及矩形部分被删除   图 2-130   各个形状均可独立编辑或填色

以上是使用形状生成器工具对封闭路径图形的操作，开放路径图形如网状线段也可以使用它来生成复杂形状。例如，在腾讯设计周基础图形中以直线组合而成的网格图形，就能够借助它生成新的形状。首先使用选择工具选中该网状图形，再将当前工具切换为形状生成器工具，凡是网状闭合区域都会在鼠标移动至其上方时以点状显示。按住鼠标左键在不同的网格间拖动，就可以将这些网格区域结合成一个整体，如图 2-131 所示。

同样，选择形状生成器工具并按住 Alt（Windows）或 Opt（Mac OS）键，拖曳鼠标在网格中滑动也可以删除其经过的网格。但是，对于网格线条没有实现封闭的边缘区域，这种操作将不能实施。使用选择工具选中新生成的形状，可以对其进行剪辑和填充上色，如图 2-132 所示。

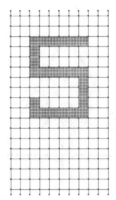 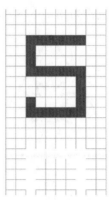

图 2-131 三角形内的星形及矩形部分被删除　　图 2-132 各个形状均可独立编辑或填色

6）使用实时描摹创建形状。Illustrator 擅长处理矢量图形，但它也可以从位图的基础上生成矢量图形。首先，选择菜单"文件"→"置入"命令，找到要进行描摹的图片案例 2.1.6，单击"置入"按钮。在画板中拖动鼠标至合适大小，释放鼠标即可将图片以"链接文件"形式在 Illustrator 文档中打开。选中该图片，在属性栏中单击"图像描摹"按钮旁的下拉按钮，在弹出的下拉列表中选择系统预设的描摹质量与方式，如图 2-133 所示。如果要对描摹过程进行自定义设置，可以选择菜单"窗口"→"图像描摹"命令，在打开的"图像描摹"面板中进行设置，如图 2-134 所示。

图 2-133 三角形内的星形及矩形部分被删除　　图 2-134 各个形状均可独立编辑或填色

完成描摹后，原本的图片已经变成了矢量图形，单击属性栏中的"扩展"按钮，描摹结果将变成一个编组图形对象。取消编组后，图形中各个组成部分就可以进行单独编辑处理了，如图 2-135 所示。

图 2-135　图像描摹后对形状进行单独编辑

（2）图形的选择

在绘图的过程中，需要不停地选择图形来编辑。因为在编辑某个对象之前必须先把它从周围的对象中区分开来，然后在对其进行移动、复制、删除、调整路径等编辑。Illustrator 提供了 5 种选择工具，包括选择工具、直接选择工具、编组选择工具、魔棒选择工具和套索选择工具，它们在使用上各有各的特定和功能。

1）选择工具。选择工具（ ▶ ）主要是用来选择和移动图形对象，也是所有工具中使用最多的一个工具。当选择对象后，图形将显示出它的路径和一个定界框，并出现 8 个空心的控制点及定界框的中心点。拖动这些控制点不仅可以移动对象的位置，而且也可以改变其轮廓。

使用选择工具选取对象可以点选，也可以框选。所谓点选就是单击选择图形，对于没有填充的单个路径需要将鼠标移动到路径上进行点选，而有填充的图形只需要单击填充位置即可将图形选中。点选一次只能选中一个对象，如果要选择更多的图形对象，可在选择时按住 Shift 键以添加更多的选择对象。

如果以框选的方式选择对象，在适当的空白位置按下鼠标左键，在拖动鼠标的同时出现一个虚拟的矩形框，不管对象是部分与矩形框接触相交，还是全部在矩形框内部都将被选中。取消图形对象的选择也很简单，只需要在任意空白区域单击鼠标即可。

选择工具对选中图形的调整包括移动、缩放、旋转和复制。其中前 3 项都是针对定界框的节点来进行，按住 Shift 键可以等比例缩放，按住 Alt（Windows）或 Opt（Mac OS）键可以从所选对象的中心点缩放，使用 Shift+Alt（Windows）或 Shift+Opt（Mac OS）快捷键可以从所选对象的中心等比例缩放；旋转对象也可以按住 Shift 键拖动，成 45°倍数进行旋转。而复制也非常简单，在拖动对象之前按住 Alt（Windows）或 Opt（Mac OS）键就可以复制对象了。

2）直接选择工具。直接选择工具（ ▷ ）与选择工具在用法上基本相同，但主要用来选择和调整图形对象的锚点、曲线控制柄和路径线段。它可以单独选中对象路径中的一个锚点，也可以通过框选或按 Shift 键同时选中多个锚点。被直接选择工具选中的锚点会由空心变成实心状态，而且锚点两端会出现控制柄，调节这些控制柄就可以改变路径了。

3）编组选择工具。编组选择工具（）主要用来选择编组的图形，特别是在对混合的图形对象和图表对象的修改中具有重要作用。它与选择工具不同，不仅可以选择整个编组的图形对象，而且还可以单独选择编组中的单个图形对象。要了解编组选择工具的使用，首先要了解什么是编组以及如何进行编组。

在 Illustrator 中，编组就是将两个或两个以上的图形对象组合在一起，以方便一次选择多个对象。以框选的方式选中多个对象，然后选择菜单"对象"→"编组"命令，也可使用快捷键 Ctrl+G（Windows）或 Cmd+G（Mac OS）。如果要取消编组，选择菜单"对象"→"取消编组"命令或快捷键 Shift+Ctrl+G（Windows）或 Shift+Cmd+G（Mac OS）。

4）魔棒工具。魔棒工具（　　）的使用需要配合"魔棒"面板，方便来选择具有相同或相似的填充颜色、描边颜色、描边粗细和不透明度的图形对象。在选择图形对象之前，双击工具栏中的魔棒工具即可打开"魔棒"面板，根据需要设定相关参数，如图 2-136 所示。要注意在该面板中选择设置的选项不同、数值不同都会影响到选择图形的结果。

图 2-136　"魔棒"面板

5）套索工具。套索工具（　　）主要用来选择图形对象的锚点、某段路径或整个图形对象。与其他选择工具最大的不同点在于，它可以方便地拖出任意形状的选框，以选择位于不同位置的图形对象，只要与拖动的选框有接触的对象都将被选中，特别适合在复杂图形中选择某些图形对象。

在使用套索工具时，按住 Shift 键在图形上拖动，可以加选更多的对象；按住 Alt（Windows）或 Opt（Mac OS）键在图形上拖动，可以将不需要的对象从当前选择中减去。

（3）路径的编辑

Illustrator 中决定图形面貌的关键要素是路径，对路径的编辑包括添加和删除锚点、转换锚点，路径的连接、平均、轮廓化和偏移路径等多项操作，让路径变得更加美观。在钢笔工具的使用部分已经接触了关于路径编辑的添加和删除锚点，平滑点与角点的转换可以通过属性栏中"转换"命令，也可以使用锚点工具（　　）。选中它，将鼠标移动到要转换为平滑点的角点上，按住左键拖动即可出现控制柄，释放鼠标即可将角点转换为平滑点；反之，要将平滑点转换为角点，只须选中锚点工具再到相应平滑点上单击鼠标，即可将平滑点转换为角点。

除了借助这些路径编辑工具以外，在 Illustrator 中还可以通过菜单"对象"→"路径"的子菜单命令来编辑路径。

1）连接。"连接"命令用来连接两个开放路径的锚点，并将它们连接成一条路径。在工具栏中选取直接选择工具，按住 Shift 键选中要连接的两个锚点。选择菜单"对象"→"路径"→"连接"命令，系统会在两个锚点之间自动生成一条线段并将原本独立的两条路径变成一条，如图 2-137 所示。在选中要连接的两个锚点后，还可以右击从弹出的快捷菜单中找到"连接"命令，按快捷键 Ctrl+J（Windows）或 Cmd+J（Mac OS）也可以快速将选择的锚点连接起来。

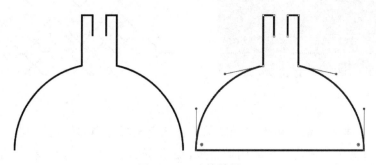

图 2-137　连接效果

2）平均。"平均"命令可以将选择的两个或多个锚点在"水平""垂直""两者兼有"3种位置来对齐。首先使用直接选择工具选择要对齐的锚点，然后选择菜单"对象"→"路径"→"平均"命令，在打开的如图 2-138 所示"平均"对话框中，选择要平均锚点的方向为"两者兼有"。系统会将选中锚点进行水平和垂直两个方向对齐，效果如图 2-139所示。

图 2-138　"平均"对话框

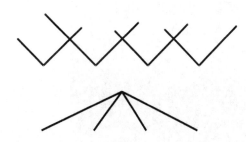

图 2-139　"两者兼有"平均效果

3）偏移路径。"偏移路径"命令可以通过设置"位移"的值，将路径向外或向内进行偏移。选择要偏移的图形对象后，选择菜单"对象"→"路径"→"偏移路径"命令，在打开的如图 2-140 所示对话框中，可以对偏移的路径进行详细设置。其中，"位移"值是设定路径位移量，输入正值路径向外偏移，输入负值路径向内偏移；"连接"是设置角点连接处的连接方式，包括"斜接""圆角"和"斜角"3 个选项；"斜接限制"是设置尖角的权限程度。选中"预览"复选框，可以在修改参数的同时查看偏移的效果，如按对话框中的参数设置将得到的偏移效果如图 2-141 所示。

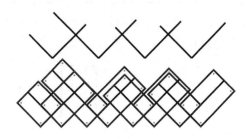

图2-140　"偏移路径"对话框　　　　　　　　图2-141　偏移路径效果

4）简化。"简化"命令可以对复杂的路径锚点进行适当的简化处理，以提高系统的显示及图形的外观。选择要简化的图形对象，然后选择菜单"对象"→"路径"→"简化"命令，打开"简化"对话框，如图2-142所示。在该对话框中，"曲线精度"用于设置曲线的精确程度，取值范围0~100%，值越大表示曲线精度越高，越接近原图；数值越小，简化效果越强烈，也越偏离原始图形。"角度阈值"设置角度的临近点，即角度变化的极限，取值范围是0°~180°，值越大图形外观变化越小。选中"直线"复选框，可以将曲线路径转换为直线路径，选中"显示原路径"复选框，可以显示原始图形的路径效果，用来与变化后的路径效果做对比，方便观察图形变化效果，但不会对图形变化产生任何影响。以"曲线精度"为50%为例，简化效果如图2-143所示。

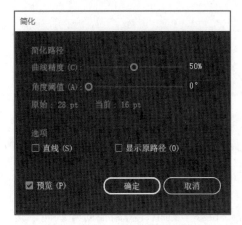

图2-142　"简化"对话框　　　　　　　　图2-143　简化效果

5）清理。在实际操作过程中，往往会在无意中产生一些对最终效果没有任何作用的对象，如游离的点、未上色的对象、空白的文本路径和空白的文本框等。这些对象可能还存在不同的图层而不易发现，不但会影响操作，还会增加文档的大小，对提升存储、打印和显示效率也有影响。然而在删除这些对象时，有些对象是无色的，根本看不到，要使用手动方式去删除有一定难度，这时使用"清理"命令就可以轻松完成操作。

"清理"命令不需要选择任何对象，直接选择菜单"对象"→"路径"→"清理"

命令，可打开"清理"对话框，如图 2-144 所示。对话框中
"游离点"表示孤立的、单独存在的锚点；"未上色对象"
表示没有任何填充和描边颜色的图形对象；"空文本路径"
表示空白的文字路径或文本框。

（4）变换对象

在制作图形画面的过程中，经常需要对图形对象进行变
换以达到最好的效果。除了通过路径编辑，Illustrator 还提供
了相当丰富而方便的图形变换工具。可以使用菜单命令进行
变换，另一种方法是使用工具栏中现有的工具对图形对象进
行直观的变换。两种方法各有优点：使用菜单命令进行变换

图 2-144　"清理"对话框

可以精确设定变换参数，多用于图形尺寸、位置精确度要求高的场合；使用变换工具进行
变换操作步骤简单，变换效果直观，操作的随意性强，在一般图形创作中很实用。

1）旋转对象。旋转工具主要用来旋转图形对象，它与前面提到过的利用定界框旋转
图形相似，但利用定界框旋转图形是按照所选图形的中心点来旋转的，中心点是固定的；
而旋转工具不但可以沿所选图形的中心点来旋转图形，还可以自行设定所选图形的旋转中
心，使旋转更加灵活。

选择菜单"对象"→"变换"→"旋转"命令，打开"旋转"对话框，可以在其中
设置旋转的相关参数，如图 2-145 所示。其中"角度"指定图形对象旋转角度，取值范
围在 -360°~360°，输入正值将按逆时针方向旋转，输入负值则按顺时针方向旋转；"选
项"中选中"变换对象"复选框表示旋转图形对象，选中"变换图案"复选框，表示旋
转图形中的填充图案；单击"复制"按钮，将按所选参数复制出一个旋转图形对象。

利用旋转工具旋转图形，可以按图形中心点进行旋转。首先选中要旋转对象，到工具
栏中选择旋转工具（ ），在画板中任意位置拖动鼠标可沿所选图形中心点旋转图形对
象；如果要自行设定选择中心点，须在选中图形对象、选择旋转工具后，先到画板中适当
位置单击鼠标，可以看到单击处出现一个中心标志，而鼠标指针也变成了选择工具的实心
箭头形状。按住鼠标拖动，图形对象将以刚才鼠标单击点为中心旋转图形对象。如
图 2-146 和图 2-147 所示，中心点不同，旋转方式也将发生改变。

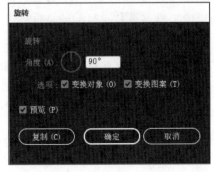

图 2-145　"旋转"对话框

图 2-146　以图形原本中心点旋转

　　在旋转图形的同时还可以复制对象。在使用旋转工具拖动对象的同时按住 Alt（Windows）或 Opt（Mac OS）键，当到达合适位置后释放鼠标就可旋转并复制出一个相同的图形对象。按 Ctrl+D（Windows）或 Cmd+D（Mac OS）组合键，可以按原旋转角度再次复制出一个相同的图形，多次按组合键，可以复制出更多的图形对象，效果如图 2-148 所示。

图 2-147　以自定中心点旋转图形　　　　　图 2-148　持续旋转图形效果

　　2）镜像对象。Illustrator 基于一条不可见的水平或垂直轴创建对象的镜像。通过在执行镜像操作时复制对象，可创建对象的镜像并保留原始对象。同旋转一样，执行镜像操作时可指定参考点，也可以使用默认的对象中心点。另外，还可以通过修改角度来调整镜像的朝向。

　　确定要做镜像操作的对象，单击工作区右侧"符号"面板中 图标，从系统预设中挑选房子状的"主页"符号拖到画板上并保持选中状态。选择菜单"对象"→"变换"→"对称"命令，打开如图 2-149 所示的"镜像"对话框。在"轴"选项组中，有"水平"和"垂直"两个单选按钮，决定镜像的方向；选中"角度"单选按钮表示图形以垂直轴线为基础进行镜像，取值范围为-360°~360°，指定镜像参考轴与水平线的夹角，以参考轴为基础进行镜像。

　　利用镜像工具反射图形也可以分为两种情况：一种是与使用"对称"命令一样沿所选图形的中心点镜像图形，只需要双击工具栏中的镜像工具（ ）；另一种是自行设置镜像中心点反射图形，操作方法与旋转工具的操作方法相同，效果如图 2-150 所示。在拖动镜像图形时，按住 Alt（Windows）或 Opt（Mac OS）键可以镜像复制图形，按住 Shift+Alt（Windows）或 Shift+Opt（Mac OS）组合键可以成 90°倍数镜像复制图形。

　　3）缩放对象。缩放对象指的是相对于指定的参考点沿水平方向和垂直方向扩大或缩小它，可以缩放整个图形对象，也可以缩放对象的填充图案。如果没有指定参考点，对象将相对于其中心点进行缩放。选择菜单"对象"→"变换"→"缩放"命令，打开"比例缩放"对话框，如图 2-151 所示。其中"等比"与"不等比"都是以输入数值的方式决定缩放大小，大于 100%时放大，小于 100%时缩小，区别在于是否约束图形宽高比例进行缩放；"选项"中的复选框默认都是选中的，如"比例缩放描边和效果"复选框如果没有选中，则缩放后的描边粗细及效果将不随整体图形的缩放而改变，效果如图 2-152所示。

图 2-149　"镜像"对话框

图 2-150　自定中心点镜像效果

图 2-151　"比例缩放"对话框

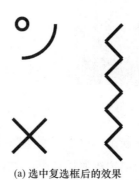

(a) 选中复选框后的效果

(b) 未选中复选框后的效果

图 2-152　是否选中"比例缩放描边和效果"复选框的效果对比

　　选择工具栏中的比例缩放工具（　），与进行旋转或镜像的操作方法类似，可以根据需要对图形进行自由变换，包括在操作的同时复制图形对象。这样的变换对象操作方法还包括倾斜工具（　）和各种特殊用途变换工具，如宽度工具、变形工具、旋转扭曲工具、缩拢工具、膨胀工具、扇贝工具、晶格化工具、褶皱工具等，可根据需要选择使用。

3. 修剪与图形管理

基本图形绘制相对简单，但在腾讯设计周的宣传推广任务中还有一些复杂的图形绘制是比较麻烦的，如一些图形的合并、分割剪切等，需要应用图形的修剪命令来创建。那些包含大量图形元素的作品还需要有序地对齐与分布，以更好地安排图形的位置，美化视觉效果。此外，对于图层的使用等，也都涉及图形的各种修剪技巧与快速管理。

（1）图形的修剪

在 Illustrator 中进行同一图层中的图形修剪主要是通过"路径查找器"面板来操作，包括使用组合、分割、相交等方式对图形进行修剪造型，可以将简单的图形修改出复杂的图形效果。熟练使用面板中各项命令的使用方法，将大大增强多元素、复杂造型的图形处理能力。选择菜单"窗口"→"路径查找器"命令，即可打开如图 2-153 所示的"路径查找器"面板。

1）形状模式。面板的上层"形状模式"命令，是通过相加、相减、相交和重叠来创建新的图形，包括"联集""减去顶层""交集"和"差集"4 个命令按钮。

在进行图形修剪之前，先绘制两个基本图形，一个填色为蓝色（R:30 G:85 B:165）的圆形和一个填色为红色（R:230 G:45 B:80）的矩形。圆形的中心点与矩形左上角位置重叠，且圆形在前面，在 Illustrator 中默认后绘制的图形在前面，如图 2-154 所示。

图 2-153　"路径查找器"面板

图 2-154　修剪图形对象

保持两个图形都处于选中状态，单击"联集"按钮（▣），则两个原本独立的图形被合并成一个对象，它的填充及描边等属性都由合并前位于前面的对象而来。

单击"减去顶层"按钮（▣）可以从选定的图形中减去一部分，通常是使用前面对象的轮廓为界线，减去下面图形与之相交的部分。得到的新图形就是原有矩形减去与圆形相交的部分，其填充与描边等属性仍然保留原矩形的设置。

单击"交集"按钮（▣）可以将选定的图形对象中相交部分保留，将不相交部分删除，如果有多个图形，则保留的是所有图形的相交部分。

单击"差集"按钮与单击"交集"（▣）所产生的效果正好相反，可以将选定图形对象不相交的部分保留，而将相交的部分删除。如果选择的图形重叠个数为偶数，那么重叠的部分将被删除；如果重叠个数为奇数，那么重叠的部分将保留。

　　以上都是在选中图形后直接单击"形状模式"中对应命令按钮后的效果，如图 2-155~图 2-158 所示。如果在单击上述命令按钮的同时按住 Alt（Windows）或 Opt（Mac OS）键，其结果将生产一个复合形状。虽然显示效果与直接单击一样，但其实只是复合形状的路径变成透明不可见，原有的圆形和矩形还可以单独进行编辑，这样就方便对修剪结果进行微调。一旦确定不再对复合形状进行调整，可以单击"路径查找器"面板中的"扩展"按钮，将修改的图形扩展后将只保留修剪后的图形，其他图形将被删除。

  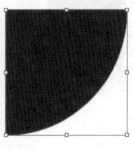 

图 2-155　联集效果　　图 2-156　减去顶层效果　　图 2-157　交集效果　　图 2-158　差集效果

　　2）路径查找器。"路径查找器"按钮组主要通过分割、裁剪和轮廓对象来创建新的对象。使用这些命令所创建的图形是一个编组，要想对它们进行单独的操作，首先要右击，在其快捷菜单中选择"取消编组"命令，或者使用快捷键 Shift+Ctrl+G（Windows）或 Shift+Cmd+G（Mac OS）。在这一按钮组中依次包括了"分割""修边""合并""裁剪""轮廓"和"减去后方对象"6 个命令按钮。

　　单击"分割"按钮（▣）可以将所有选定的对象按轮廓线重叠区域分割，从而生成多个独立的对象，并删除每个对象被其他对象所覆盖的部分。在新的图形编组中，各个部分还保持原有的对象属性，如果分割的图形原本带有描边效果，分割后的图形将按分割后的轮廓进行描边。

　　选中要进行分割的图形，一个蓝色的圆形和一个黄色带白色描边效果的鸟的图形，然后单击"分割"按钮。选中新生成的对象，右击，在其快捷菜单中选择"取消编组"命令后，选中图形中每一个部分都可以单独移动编辑，前后效果对比如图 2-159 所示。

图 2-159　分割效果

单击"修边"按钮（▣）将利用在上层对象的轮廓来剪切下层所有对象，将删除图形相交时看不到的图形部分。如果图形带有描边效果，将删除所有图形的描边。"修边"的效果与"分割"不同，它只用上层对象去修剪下层图形，修剪后的每个对象还能保持相对完整，不会因为轮廓的相交而分割为多个独立部分，结果如图 2-160 所示。

图 2-160　修边效果

单击"合并"按钮（▣）与单击"分割"按钮相似，可以利用上层的图形对象将下面的图形分割成多份。但不同的是，"合并"会将颜色相同的重叠区域合并成一个整体。如果图形带有描边效果，将删除所有的图形描边。为了直观展示"合并"效果，在上述案例的基础上加入一个与鸟同色并带两个像素描边的圆形位于中间层，其合并后效果如图 2-161 所示。

图 2-161　合并效果

单击"裁剪"按钮（▣）将利用选定对象按最上层图形对象的轮廓为基础，裁剪所有下层图形对象，与上层对象不重叠的部分填充颜色变为无，可以将与最上层对象相交部分之外的对象全部裁剪掉。如果图形带有描边效果，将删除所有图形的描边。此外，它与"减去顶层"按钮的用法也很相似，就是以"最上层"或"最下层"为裁剪的标准。

继续使用图 2-143 的素材进行"裁剪"处理，结果是以最上层的鸟的轮廓进行裁剪，与其相重叠的黄色圆形部分成保留下来成为独立图形，而鸟的头尾羽毛按照最底层蓝色圆形的轮廓被裁剪，且失去填充色，如图 2-162 所示。

单击"轮廓"按钮（▣）将所有选中图形对象的轮廓线按重叠点裁剪为多个分离的

图 2-162　裁剪效果

路径，并对这些路径按照原图形的颜色进行着色，而且不管原始图形的轮廓粗细为多少，单击"轮廓"按钮后轮廓线的粗细都将变为 0。但如果原始图形的填充为渐变或图案，单击该按钮后轮廓线将变为无色。将最上层的鸟的图形填充改为径向渐变后再单击"轮廓"按钮，鸟的头尾羽毛部分的轮廓不再着色，非选中不显示，如图 2-163 所示。

图 2-163　轮廓效果

"减去后方对象"按钮（）与前面介绍的"减去顶层"按钮用法相似，只是该按钮使用最后面的图形对象修剪前面的对象，保留最前面没有与后面图形产生重叠的部分。只选择黄色圆形与鸟后单击"减去后方对象"按钮，蓝色圆形将不参与，结果如图 2-164 所示。

图 2-164　减去后方对象效果

（2）对齐与分布

在图形处理的日常工作中经常需要将不同对象对齐，如果用此前提过的辅助线或网格的确可以实现精确对齐，但是在大量图形的对齐与分布处理中，应用起来就不是太方便。因此，Illustrator 提供了"对齐"面板，利用该面板中的相关命令，可以轻松实现图形的各种对齐与分布处理。而且，通过"路径查找器"进行图形修剪必须是处于同一图层的对象，而对齐分布则不受图层的限制，位于不同图层的对象都可以使用该命令。

选择菜单"窗口"→"对齐"命令，即可打开如图 2-165 所示的"对齐"面板，其中每一个命令按钮均用色块加水平或垂直线条组合，形象地指示了该按钮的对齐与分布功能。在选中两个及以上图形对象后，在工作区右侧"属性"面板中也有"对齐"选项，单击"更多选项"按钮（▦），将弹出包括"分布间距"在内的更为齐全的"对齐与分布"面板，如图 2-166 所示。

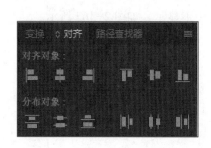

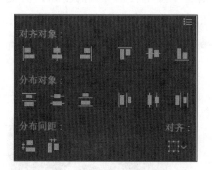

图 2-165　"对齐"面板　　　　　　图 2-166　"对齐与分布"面板

1）对齐对象。打开文档案例 2-8，从中选取带时钟刻度的蓝色半圆图形。新建画板，将蓝色半圆图形复制一份，右击，在其快捷菜单中选择"取消编组"命令。分析这个看似简单的图形，其组成方式包括了 3 个半圆，2 个线条组合及 1 个半圆路径，如图 2-167 所示。

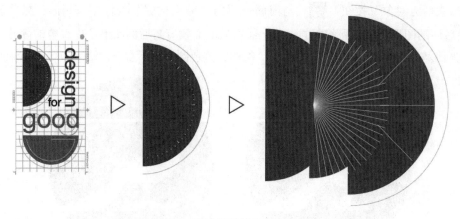

图 2-167　腾讯设计周基础图形拆解

将拆解后的分散部件重新组合还原，需要在不同对象间进行精确对齐。在"对齐"面板中就包括了水平左对齐、水平居中对齐、水平右对齐、垂直顶对齐、垂直居中对齐和垂直底对齐共 6 种对齐方式。在这 6 种对齐方式中，可以在水平方向或垂直方向这两组中挑选一种对齐方式，也可以同时在两组中各选择一种来搭配组合。选中要对齐的多个图形对象，按顺序分别进行不同对齐处理，如图 2-168 所示。

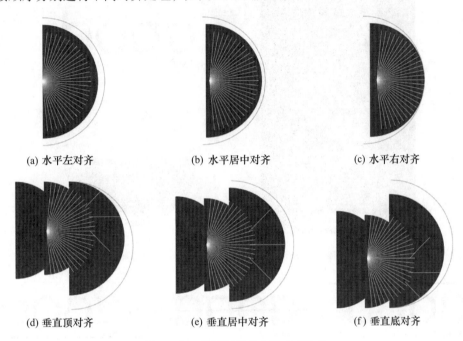

(a) 水平左对齐   (b) 水平居中对齐   (c) 水平右对齐

(d) 垂直顶对齐   (e) 垂直居中对齐   (f) 垂直底对齐

图 2-168   相同图形的 6 种对齐效果

一方面，在对齐过程中要注意对齐的基准问题。在选择好要对齐的图形后，在任意一个图形上单击鼠标，该图形的显示会适当加粗表示它将作为关键对象，成为对齐的基准。另一方面，要做到对带有描边效果的图形进行精准对齐，还要考虑对齐描边的问题。因为路径使用不同的描边对齐方式，它们可能不能准确对齐，要解决这个问题，务必使用相同的描边对齐方式。

选择菜单"窗口"→"描边"命令，或单击工作区右边的"描边"按钮（▤），打开"描边"面板，如图 2-169 所示。选中不同图形对象后，到该面板中选择适当的"对齐描边"方式，包括"使描边居中对齐""使描边内侧对齐"和"使描边外侧对齐"等多种方式。

2）分布对象。分布对象主要用来设置图形的分布，以确定图形指定的位置进行分布。包括垂直顶分布、垂直居中分布、垂直底分布、水平左分布、水平居中分布和水平右分布共 6 种分布方式，一般至少有 3 个对象才可以使用。

选择 3 组图形对象进行垂直分布处理，如图 2-170 所示。选择垂直顶分布方式，将会以每一组图形对象的垂直顶为基线进行平均分布；选择垂直居中分布方式，将以每组图形的垂直中心位置作为基线进行平均分布；选择垂直底分布方式，将以每组图形的底部最低处作为基线进行平均分布。不同的分布基准会产生不同的分布效果，分布图形的数量及垂直或水平分布方向则不会带来效果的改变，如图 2-171 所示。实际上，这样的平均分布是在两端固定的前提下，通过控制中间对象的位置分布来实现。

图 2-169　"描边"面板　　　　　　　　　图 2-170　垂直分布原始图形

图 2-171　3 种不同的垂直分布基准

如果想让图形按指定的间距分布，可以在指定分布基准对象的情况下，在"对齐"面板中输入一个间距数值，如 20 px，然后再单击"垂直间距分布"按钮（▣）。系统将以指定的图形对象为基准，以 20 px 为分布间距进行垂直间距分布。当然，这个指定的分布基准对象也和对齐一样，可以任意指定，指定后的对象会有突出显示。这样系统就会以它为基准，然后到面板中的间距文本框中输入想要设定的间距数值，单击"分布"按钮后，前后对比效果如图 2-172 所示。

(a)　　　　　　　　　　　　(b)

图 2-172　指定基准和间距的垂直分布效果

（3）图形混合

混合工具和混合命令可以在两个或多个选定图形之间创建一系列的中间对象的形状和颜色。混合可以在开放路径、封闭路径、渐变填充和图案之间进行混合，常用的混合方式形状混合与颜色混合这两种。

1）建立混合效果。在文档中使用选择工具选中要进行混合的图形对象，然后选择菜单"对象"→"混合"→"建立"命令，即可将选择的两个或两个以上的图形对象建立混合过渡效果，如图 2-173 所示。另外，使用工具栏中的混合工具（）依次单击图形对象，也可以实现图形间的混合效果。

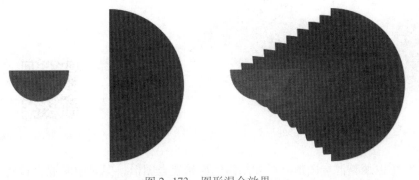

图 2-173　图形混合效果

本页彩图

在使用混合工具建立混合，特别是路径混合时，根据单击点的不同，可以创建出不同的混合效果。例如在同样两条做过路径填充的半圆路径间进行混合处理，使用混合工具单击第 1 个半圆上面路径端点，然后在第 2 个半圆上面路径端点处再次单击，创建出来的混合效果如图 2-174 所示；而同样的两个路径对象，使用混合工具先单击第 1 个半圆的上面路径端点，然后在第 2 个半圆的下面路径端点上单击，则会出现不同的混合效果，如图 2-175 所示。

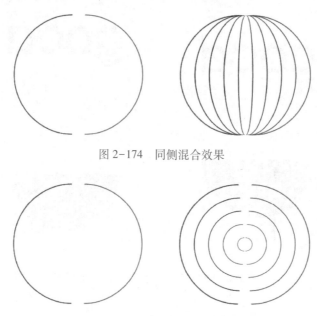

图 2-174　同侧混合效果

图 2-175　不同侧混合效果

2）编辑混合对象。混合后的图形对象是一个整体，可以像图形一样进行整体的编辑和修改。可以利用直接选择工具修改混合开始和结束的图形大小、位置、缩放和旋转等，还可以修改图形的路径、锚点或填充颜色。也就是说，对混合对象进行的修改时，混合效果也会跟着变化。如图 2-176 所示，改变原图形中右侧蓝色半圆的路径形状并将颜色改为渐变填充，整体混合效果也随即改变。

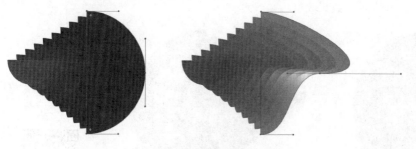

图 2-176　修改混合图形的形状

本页彩图

使用直接选择工具可以调整混合图形开始和结束的原始混合图形，但对中间混合过渡的图形是不可以编辑修改的。如果要调整混合的间距和混合取向，可以通过设置"混合选项"来实现。选择一个混合对象，选择菜单"对象"→"混合"→"混合选项"命令，打开如图 2-177 所示的"混合选项"对话框，利用该对话框对混合图形进行修改。

在"混合选项"对话框中"间距"选项的下拉菜单中可以选择不同的混合方式，包括"平滑颜色""指定步数"和"指定距离"3 个选项。

平滑颜色：可以在不同颜色填充的图形对象间自动计算一个适合的混合步数，达到最佳的颜色过渡效果。如果对象包括相同的颜色，或者包含渐变填充或图案，混合的步数根据两个对象的定界框的边之间的最长距离来设定。

指定的步数：指定混合的步数。在右侧的文本框中输入一个数值指定从混合的开始到结束的步数，即混合过渡中产生几个过渡图形，而不包含用于混合的原始图形，如输入 3，即得到中间混合过渡图形如 2-178 所示。

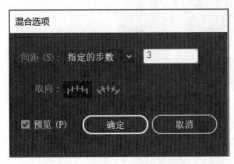
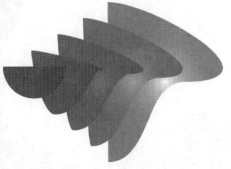

图 2-177 "混合选项"对话框   图 2-178 指定步数为 3 的混合效果   本页彩图

指定距离：指定混合图形之间的距离。在右侧的文本框中输入一个数值指定混合图形之间的间距，这个指定的间距按照一个对象的某个点到另一个对象的相应点来计算。

"混合选项"对话框中的"取向"用来控制混合图形的走向，一般应用在非直线混合效果中，包括"对齐页面"和"对齐路径"两个选项。前者指定混合过渡图形方向沿着页面的 X 轴方向混合，后者指定混合过渡图形方向沿路径方向混合。

混合图形还可以进行释放和扩展，以恢复混合图形或将混合图形分解开来，方便对单个图形细节进行编辑和修改。

选中混合对象，选择菜单"对象"→"混合"→"释放"命令即可将混合释放。中间过渡效果将消失，只保留原始的混合图形和一条混合路径，且这条路径是无色。这条混合路径默认是直线，如果要制作不同的混合路径可以使用"替换混合轴"命令来完成。在替换前，先要绘制一条新的开放或封闭路径，然后将它与混合图形一起选中，选择菜单"对象"→"混合"→"替换混合轴"命令，即可改变混合图形的走向，如图 2-179 所示。此外，通过"反向混合轴"和"反向堆叠"命令还可以将混合图形收尾对调以及修改混合对象的排列顺序。

选中混合对象，选择菜单"对象"→"混合"→"扩展"命令，将不会删除混合过渡图形，而是将它们分解出来，使它们变成单独的图形，可使用相关的工具对中间的图形进行修改。扩展后的混合图形是一个组，要对其中部分图形做修改，需要先将其取消编组，即可进行单独的调整。例如，对过渡图形中的单个图形进行改变填充或轮廓调整，如图 2-180 所示。

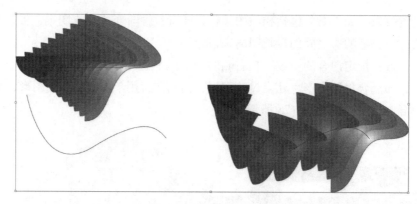

图 2-179 替换混合轴效果

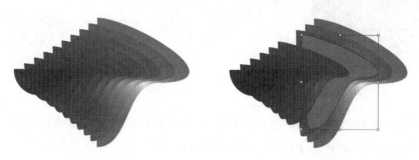

图 2-180 扩展混合图形并局部编辑

本页彩图

（4）管理图层

在处理图形的过程中，由于图形过于复杂而经常导致误操作，这时，可以选择菜单
"对象"→"锁定"命令将其锁定，避免对其误操作；而图形之间的前后关系所造成的相
互遮挡，或者颜色的干扰问题，可以通过选择菜单"对象"→"隐藏"命令来暂时隐藏
部分图形对象。不过，这些操作都不如使用图层来得方便，对于越是复杂的图形设计越能
发挥其分层管理的优势。

选择菜单"窗口"→"图层"命令或单击工作区右侧的"图层"按钮（ ），打开
如图 2-181 所示"图层"面板。默认情况下，面板中只有一个"图层 1"，可以通过面板
下方的相关命令对图层进行编辑。在同一图层内的对象不但可以进行对齐、组合和排列等
处理，还可以进行创建、删除、隐藏、锁定、合并图层等处理，其使用方法与 Photoshop
中的图层操作基本类似。

借助"图层"面板可以非常精准地选择图层中的特定对象。单击图层名称前的单箭头
按钮，展开该图层内所有对象列表，如果有一个或多个对象处于被选中状态，列表中相应
对象缩略图右侧会显示一个彩色方块。反之，在列表中选择某个图形对象，单击右侧的定
位小圆圈就可以在文档中使其处于被选中状态，这对拥有大量图形对象的文档来说可以非
常精准地选择某个特定对象，如图 2-182 所示。

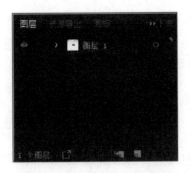 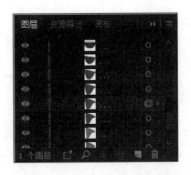

图 2-181　"图层"面板　　　　　图 2-182　通过"图层"面板选择对象

1）编辑图层。利用"图层"面板可以将一个整体对象的不同部分分置在不同图层上，方便复杂图形的管理。由于图形位于不同的图层上，有时需要在不同图层间移动或复制对象，使用常规的"剪切"或"复制"＋"粘贴"命令会将对象粘贴到目标图层的最前面，而且是当前文档的中心位置。这样有时会打乱原图形的整体效果，因此，选择菜单"编辑"→"贴在前面"或"贴在后面"命令可以避免这个问题。这个过程也可以使用如下组合键。

复制：Ctrl+C（Windows）或 Cmd+C（Mac OS）

剪切：Ctrl+X（Windows）或 Cmd+X（Mac OS）

粘贴：Ctrl+V（Windows）或 Cmd+V（Mac OS）

贴在前面：Ctrl+F（Windows）或 Cmd+F（Mac OS）

贴在后面：Ctrl+B（Windows）或 Cmd+B（Mac OS）

图形在同一图层内有层次顺序，Illustrator 默认最新产生的对象位于顶层，利用"对象"→"排列"子菜单中的命令可以改变。但如果是在不同图层的对象，就需要通过图层调整来改变其排列顺序。整体改变图层顺序的方法只需要在"图层"面板中相应图层名称位置按住鼠标左键，向上或向下拖动，图层顺序即可改变。这种拖动也可以将某一图层拖动到另一图层中，成为其子图层。

2）复制、合并与拼合图层。要设计处理图形时，不但可以在文档中复制图形对象，还可以通过图层来复制图形。复制图层可以在面板中选中某个图层，然后将其拖到面板底部"创建新图层"按钮上。如此将生成一个复制图层，不但将图层中所有对象都复制到新图层中，还将图层的所有属性与图形的所有属性全部复制到新图层对象中。

选择两个或多个图层，单击面板中右上角"打开图层菜单"按钮（▤），在下拉菜单中选择"合并所选图层"命令，可以将选择的多个图层合并成一个图层。在合并图层时，所有选中的图层中的图形都将合并到一个图层中，并保留原来图形的堆放顺序。在合并图层时，所有可见的图层都将合并到新图层中，如果原图层中有被锁定或隐藏的图层，图层将合并到没有被锁定和隐藏的选中图层中最上面的那个图层。

如果选择"拼合图稿"命令，将会把所有可见的图层合并到选中的图层中。如果选择的图层中有隐藏的图层，系统将弹出一个"询问"对话框，提示是否放弃隐藏图稿。如果单击"是"按钮，将删除隐藏的图层，并将其他图层合并；如果单击"否"按钮，将隐藏图层和其他图层同时合并成一个图层，并将隐藏的图层对象显示出来。

4. 格式化文字处理

Illustrator 的文字处理能力也是其一大特色，虽然在某些方面不如专门的文字处理软件，如 Word，但是它却能够实现图文间自由结合，十分方便灵活。在 Illustrator 中文本可以像图形那样快捷地更改尺寸、形状以及比例，精准地排入任何形状的对象，或者按照任意路径进行排列，还可以进行图案填充和文字轮廓化以创建精美的艺术文字效果。

（1）文本创建

Illustrator 提供了多种类型的文字工具，打开文字工具扩展栏，依次包括文字工具、区域文字工具、路径文字工具、直排文字工具、直排区域文字工具、直排路径文字工具以及修饰文字工具共 7 种，如图 2-183 所示。

借助以上文字工具可以创建点文字、区域文字和路径文字这 3 种文字类型。

1）点文字。主要是一行或一列文字，它从鼠标单击的位置开始，并随输入字符而不断延伸。每行文本都是独立的，编辑时它可以扩大或收缩，但不会换行。使用文字工具和直排文字工具都可以进行点文字的创建，只不过在文字的方向上有水平与垂直之分。在做标题等字数不多的文字处理时，可以采用这种方式。例如腾讯设计周的海报标题，就是由一组点文字所构成，如图 2-184 所示。

图 2-183   文字工具扩展栏

TDW 2019
腾讯设计周 29-31 October

图 2-184   腾讯设计周标题文字

当然，使用文字工具和直排文字工具也可以创建段落文字。选择这两种文字工具的任意一种，在文档中合适的位置按下鼠标左键，在不释放鼠标的情况下拖出一个矩形文字框，然后就可以输入段落文字。在文字框中输入段落文字时，文字会根据拖动的矩形文字框大小自动换行，而且改变了文字框的大小，文字会随文字框一起改变。创建的横排与直排文字效果如图 2-185 所示。

主要是一行或一列文字，它从鼠标单击的位置开始，并随输入字符而不断延伸。每行文本都是独立的，编辑时它可以扩大或收缩，但不会换行。“文字工具”和“直排文字工具”都可以进行点文字的创建，只不过在文字的方向上有水平与垂直之分。在做标题等字数不多的文字处理时，可
是非成败转头空，青山依旧在，惯看秋月春风。一壶浊酒喜相逢，古今多少事，滚滚长江东逝水，浪花淘尽英雄。几度夕阳红。白发渔樵江渚上，都付笑谈中。滚滚长江东逝水，浪花淘尽英雄。是非成败转头空，青山依旧在，几度夕阳红。白发渔樵江

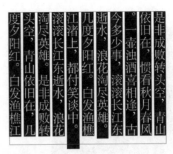

图 2-185　段落文字横排与直排

事实上，采用上述拖动矩形文字框的文本创建方式所输入的段落文字已经不再是点文字，而是区域文字。使用选择工具将段落文字选中后，它的定界框上与点文字的不同，多了两个被称为连接点的方框。如果其中一个连接点以红色显示，且内部有“+”号表示该文字框无法容纳所有文字内容。拖动定界框上的控制点，点文字可以像普通图形对象一样进行自由变换；而区域文字只是改变定界框的形状，内部文字则随定界框的改变而增减显示文字量，文字本身不发生变化，如图 2-186～图 2-188 所示。在保持段落文字被选中情况下，选择菜单“文字”→“转换为点状文字”命令，或双击定界框延伸出来的小圆圈，可以将区域文字转换为点文字。同理，点文字也可以通过上述方法转换为区域文字。

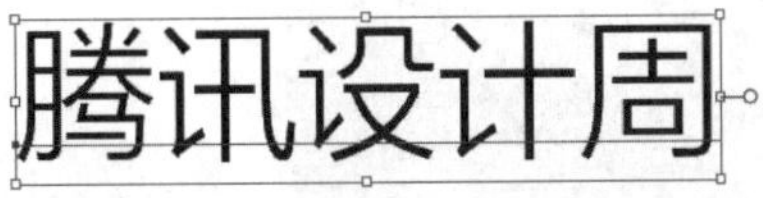

腾讯设计周

图 2-186　点文字定界框

主要是一行或一列文字，它从鼠标单击的位置开始，并随输入字符而不断延伸。每行文本都是独立的，编辑时它可以扩大或收缩，但不会换行。“文字工具”和“直排文字工具”都可以进行点文字的创建，只不过在文字的方向上有水平与垂直之分。在做标题等字数不多的文字处理时，可

图 2-187　段落文字定界框

主要是一行或一列文字，它从鼠标单击的位置开始，并随输入字符而不断延伸。每行文本都是独立的，编辑时它可以扩大或收缩，但不会换行。“文字工具”和“直排文字工具”都可以进行点文字的创建，只不过在

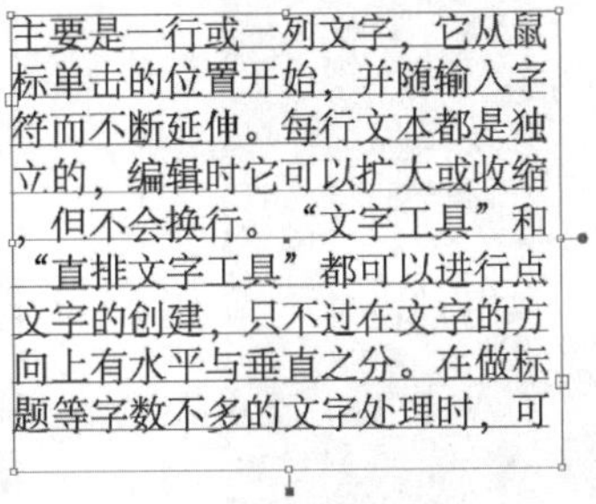

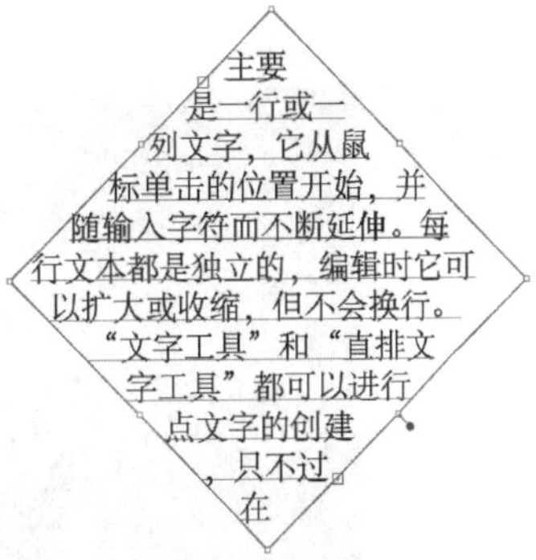

图 2-188　旋转段落文字定界框

2）区域文字。区域文字是一种特殊的文字，需要使用区域文字工具创建。使用该工具不能直接在文档空白处输入文字，需要借助一个路径区域才可以使用。路径区域的形状不受限制，可以是任何路径区域，而且在输入文字后还可以修改路径区域的形状。区域文字工具与直排区域文字工具在用法上都一样，只是输入文字的方向不同。

要使用区域文字工具，首先绘制或选取一个既有路径区域，然后选择工具栏中的区域文字工具（ ）。将鼠标移动到要输入文字的路径区域的路径上，然后在路径处单击鼠标后，此路径区域的左上角位置出现闪动光标就可以输入文字了，如图 2-189 所示。

选择菜单“文字”→“区域文字选项”命令，打开如图 2-190 所示对话框，可通过其中的参数设定设置文本的行数和列数。如上一步骤中输入的区域文字，在经过设置后，其文字的编排发生了相应改变，效果如图 2-191 所示。

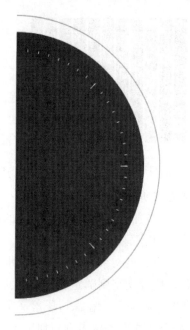

图 2-189　区域文字效果

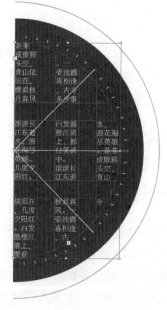

图 2-190　"区域文字选项"对话框　　　图 2-191　区域文字行列数设置效果

　　"区域文字选项"对话框的各选项中,"数量"用于指定对象包含的行数和列数;"跨距"用于指定单行高度和单列宽度;选中"固定"复选框,用于指定在调整文字区域大小时,是否随区域大小变化调整行高和列宽;"间距"用于指定行间距和列间距;"内边距"指定文本和定界框之间的距离;"首行基线"用于指定首行文本同对象上边缘的对齐方式；"文本排列"用于指定如何在行与列之间排列文本。

3）路径文字。路径文字就是沿路径排列的文字，可以借助路径文字工具来创建。路径文字沿闭合或非闭合路径的边缘排列，规则路径或非规则路径均可。使用路径文字工具（ ）和直排路径文字工具（ ）的方法一样，区别是前者输入的字符将与基线垂直，而后者输入的字符将与基线平行，如图 2-192 所示。

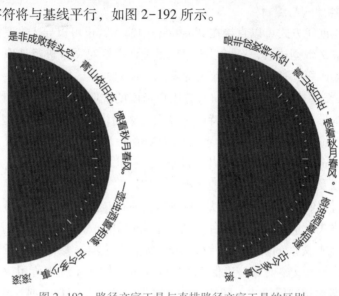

图 2-192　路径文字工具与直排路径文字工具的区别

选择菜单"文字"→"路径文字"→"路径文字选项"命令，打开如图 2-193 所示对话框，可通过其中的参数设定设置路径文字的排列方式及效果。如上一步骤中输入的路径文字，在经过设置后，其文字的编排发生了相应改变，效果如图 2-194 所示。

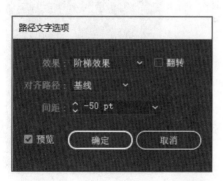

图 2-193　"路径文字选项"对话框

图 2-194　路径文字选项设置效果

"路径文字选项"对话框的各选项中，"效果"用于设置文字沿路径排列的效果，包括彩虹效果、倾斜效果、3D 带状效果、阶梯效果和重力效果；"对齐路径"用于设置路径与文字的对齐方式，包括字母上缘、字母下缘、中央和基线；"间距"用于设置路径文字的字间距；选中"翻转"复选框，可以改变文字的排列方向，即沿路径反转文字。

（2）文本内容导入与编辑

上述 3 种文本创建方式可以直接在 Illustrator 中输入，也可以导入在其他软件中创建的文本内容。待完成文本创建后，还可以根据项目设计需要对文字进行选取、变化、区域文字和路径文字的修改等，这就是对文字的编辑。

1）导入文本文件。根据 Illustrator 官方用户指南的说明，使用者可以将由其他应用程序创建的文件文本导入到图稿中，支持用于导入文本的格式包括如下类型：用于 Windows 系统的 Microsoft Word；用于 Mac OS 系统的 Microsoft Word；RTF（富文本格式）；使用 ANSI、Unicode、Shift JIS、GB 2312、中文 Big 5、西里尔语、GB 18030、希腊语、土耳其语、波罗的海语以及中欧语系编码的纯文本（ASCII）。

与对文本进行复制和粘贴相比，从文件导入文本的优点之一，就是导入的文本会保留其字符及段落的格式。例如，RTF 文件中的文本会在 Illustrator 中保留原字体及样式规范。还可以在导入纯文本文件的文本时，设置编码和格式选项。要特别注意，在从 Microsoft Word 和 RTF 文件导入文本时，请确保文件中使用的字体在系统中可用。如果字体或字体样式缺失（包括名称相同但格式不同的字体，如 Type 1、True Type 或 CID），可能会导致预期之外的结果。在日文系统上，字符集间的差异可能会导致在 Windows 中输入的文本无法在 Mac OS 屏幕上显示。

导入方法是选择菜单"文件"→"置入"命令，找到要导入的文本文件，然后单击"置入"按钮。如果置入的是 Word 文档，将弹出"Microsoft Word 选项"对话框，可以在其中设置导入文本的相关内容及格式，如图 2-195 所示。如果置入的是纯文本（TXT）文件，需要在"文本导入选项"对话框中指定用以创建文件的平台和字符集，并在"额外回车符"区中选择合适的选项以确定 Illustrator 如何在文件中处理额外的回车符，如图 2-196 所示。

图 2-195　"Microsoft Word 选项"对话框

图 2-196　"文本导入选项"对话框

2）导出文本文件。使用文字工具选择要导出的文本，然后选择菜单"文件"→"导出"命令，在"导出"对话框中选择文件位置并输入文件名。选择"文本格式"（TXT）作为文件格式，在弹出的"文本导出选项"对话框中选择一种平台和编码方式，然后单击"导出"按钮即可。

3）编辑文本。要编辑文本，先使用任意文字工具选择要编辑的文字内容，一般采取按住鼠标拖动方式让文字呈现反白颜色效果即表示文字被选中。

对于选择的点文字，除了常规的文字编辑，也可以像对其他图形对象一样进行旋转、镜像、比例缩放和倾斜。如果要对文字进行填充和描边，也与其他图形对象的处理方法一样，可以直接设置填充颜色，在"描边"面板中修改文字的描边。但是要注意一点，对文字本身不能直接使用渐变填充，只有将文字转换为图形对象后才可以。一旦转换为图形对象，将不能再使用修改文字属性命令对转换后的文字进行修改，如字体、字号等。

编辑区域文字，在做变换处理前要区分变换文字及其边框路径或只变换边框路径。区域文字的定界框可以在选中状态下，通过拖动其 8 个控制点来改变其大小位置，也可以使用菜单栏"对象"→"变换"或"排列"子菜单中的命令。如果要精细调整文字框的外形，可以使用直接选择工具在文字框边缘位置单击，激活状态下的文字框如同普通路径一样可以自由调节，如图 2-197 所示。

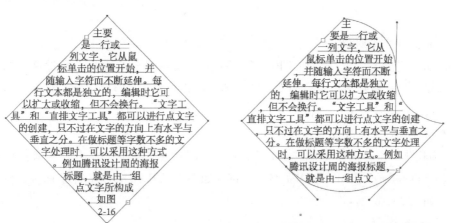

图 2-197　修改文字框效果对比

使用直接选择工具单击区域文字的文字框，使其处于被激活状态下，还可以对其进行填充和描边处理。此外，还可以调整"区域文字选项"对话框内参数，如调整其"内边距"数值。如果选择文字框后，修改填充和描边文字框没有变化，而文字发生改变，则说明文字框没有被正确选择，没有处于被激活状态，可以重新选择，如图 2-198 所示。

对路径文字的编辑除了对文字所沿路径本身的调

图 2-198　文字框填充和描边处理

节外，还常常需要调整路径文字的位置。腾讯设计周基础图形中文字绕半圆排列的案例就需要调节路径文字的位置，首先，以半圆路径输入文字内容，调节字号大小，如图 2-199 所示。然后使用直接选择工具单击路径文字，路径上会出现起点、终点和中心 3 条线段，将鼠标移动到任意线段上拖动都可以调节路径文字的位置。最后将"路径文字选项"对话框中"对齐路径"改为"字母下缘"选项，效果如图 2-200 所示。

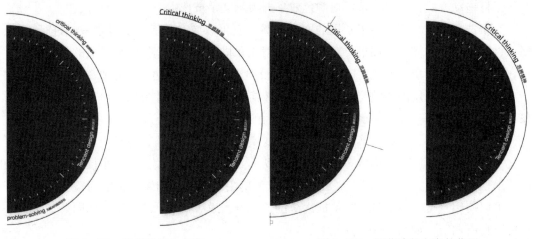

图 2-199　按原图输入文字　　　　　　　　　图 2-200　调节路径文字的位置

（3）格式化文本对象

Illustrator 提供了"字符"和"段落"两个编辑文本对象的面板，通过这两个面板可以对文本属性进行精确地控制，如文字的字体、样式、大小、行距、字距调整、水平及垂直大小缩放、插入空格和基线偏移等。可以在输入新文本之前设置文本属性，也可以选中现有文本重新设置来修改文字属性。

1）格式化字符。选择菜单"窗口"→"文字"→"字符"命令，或者使用快捷键 Ctrl+T（Windows）或 Cmd+T（Mac OS），打开如图 2-201 所示"字符"面板。输入点文字内容，如图 2-202 所示。

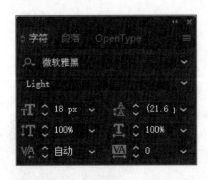

图 2-201　"字符"面板　　　　　　　　　　图 2-202　输入点文字

在"设置字体系列"下拉列表中选择所需字体，在改变字体前须使用任意文字工具选中文字内容。除了修改字体外，还可以在同种字体之间选择不同的字体样式，如 Regular（常规）、Light（收缩）、Bold（加粗）等，从"设置字体样式"下拉列表中选择。将"TDW"单独选中，将字体设为"微软雅黑"，字体样式为"加粗"；字号大小从原本的18 px 改为 36 px。选中"2019"，将字体改为 Swis721 Lt BT Light，字体样式为 Light，字号改为 38 px，尽量与"TDW"保持上下持平。在"2019"后按 Enter 键换行，将"腾讯设计周"移动至下一行，原本的点文字变为区域文字，如图 2-203 所示。

　　选中整个区域文字，在"设置行距"中将区域文字两行间距改为 21px。垂直缩放和水平缩放可根据需要调整，但一般不轻易调整，改变原有字体比例并不是设计中常用手段。单独选中第 1 行中的"TDW2019"，将"V/A"（字符间距）数值改为 50，使单个字符间距加大。最后输入日期信息文字内容"29-31 October"，位置及字符调整最终效果如图 2-204 所示。

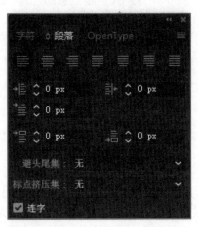

图 2-203　调整字体字号及行距　　　　　　　　图 2-204　调整字间距最终效果

　　2）格式化段落。选择菜单"窗口"→"文字"→"段落"命令，打开如图 2-205 所示的"段落"面板。

　　Illustrator 提供的"段落"面板用于处理大段文字的排版，可以用来设置段落的对齐方式、缩进、段前和段后间距以及使用连字符功能等。要应用"段落"面板中各选项，不管选择的是整个段落或只选取该段中任一字符，又或是在段落中插入点，修改的都是整个段落的效果，如图 2-206 所示。

图 2-205　"段落"面板　　　　　　　　　　图 2-206　选择需要调整的段落

　　"段落"面板中的"对齐"各选项主要控制段落中的各行文字的对齐关系，包括左对齐、居中对齐、右对齐、末行左对齐、末行居中对齐、末行右对齐和全部两端对齐共 7 种对齐方式。其中末行对齐的 3 种方式是将段落文字除最后一行外，其他的文字两端对齐，最后一行分别按左、居中和右对齐。在设计中，如果最后一行文字过少而不能达到对齐效果时，可以适当拉大字间距以匹配对齐需要。

　　"缩进"是指文字两端与文字框之间的间距，分别可以设置文本框的左边、右边缩进，也可以设置段落的首行缩进。首行缩进量可以针对不同段落分别设置，选中其中要调整的段落，单独设置该段的首行缩进数值。

　　"段落间距"包括"段前间距"和"段后间距"。前者主要用来设置当前段落与上一段之间的间距；后者用来设置当前段落与下一段之间的间距。设置前也必须要选中某个具体段落的文字内容，然后在相应的文本框中输入数值。

　　完成上述调整后，对与文本框无法装下所有文字内容，有溢出文字提示（红色"+"）。双击该符号会自动创建一个与当前文本框同大的新段落，文字内容延续到新的文本框。这种关联会一直在文本框间延续，如果调整其中一个文本框中的内容，也会影响到其他文本框，直到所有溢出文字都显示出来，如图 2-207 所示。

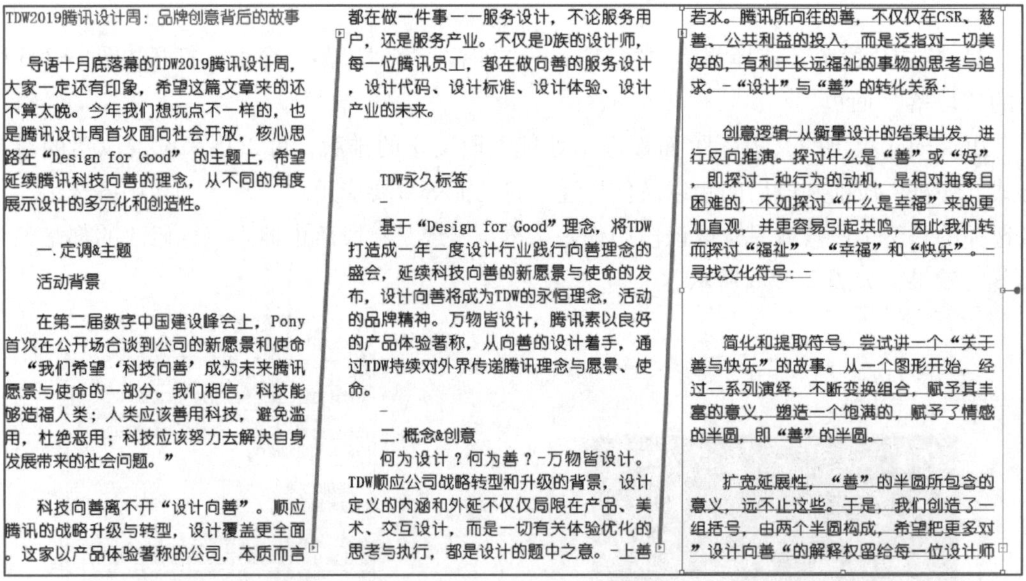

图 2-207　段落文字格式化调整

5. 效果应用与外观属性

　　Illustrator 在图形效果的应用上也提供了丰富的滤镜功能，如 3D 效果、扭曲和变换、风格化效果等，每一组中又包含若干效果命令。大部分滤镜和效果命令不仅可以处理编辑位图图像，对矢量图形也同样适用，而且"效果"菜单中的命令，应用后会在"外观"

面板中出现，方便再次打开相关的对话框进行修改。

（1）效果应用

"效果"菜单中的命令在不修改对象本身的情况下修改其外观，将效果应用于对象时，该效果将成为对象的外观属性。可以将多种效果应用于同一对象，还可以通过"外观"面板随时编辑、移动、删除和复制效果。要编辑效果创建的锚点，则必须先扩展效果。

选择菜单"效果"命令，展开"效果"子菜单，如图 2-208 所示。

"效果"子菜单中的各项命令大体可分为 3 部分：第 1 部分由两个命令组成，前一个命令是重复使用上一个效果命令，后一个命令是打开上次应用的"效果"对话框进行修改；第 2 部分主要是针对矢量图形的 Illustrator 效果；第 3 部分主要是类似 Photoshop 效果，主要应用在位图中，也可以应用在矢量图形中。下面，以 3D 效果为例进行介绍。

1）创建 3D 效果。通过 3D 效果可以使用光照、底纹、旋转和其他属性控制 3D 对象的外观。3D 效果是基于 X、Y、Z 轴，使用二维形状来创建三维对象，包括以下 3 种创建方式。

第一种"凸出和斜角"效果主要是通过增加二维图形的 Z 轴纵深来创建三维效果，也就是将二维平面图形以增加厚度的方式制作出三维图形效果。首先选中一个二维图形，如图 2-209 所示。然后选择菜单"效果"→"3D"→

图 2-208　"效果"子菜单

"凸出和斜角"命令，打开如图 2-210 所示的对话框，对凸出和斜角进行详细设置。

图 2-209　二维图形

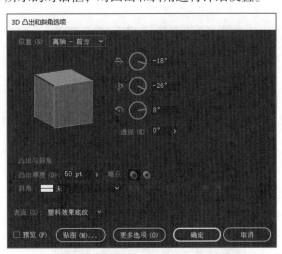

图 2-210　"3D 凸出和斜角选项"对话框

对话框中的"位置"选项主要用来控制三维图形的不同视图位置，可以使用默认的预设位置，也可以手动修改不同的视图位置。从位置预设的下拉列表中提供了默认的 16 种选择；如果手动调整，将鼠标放置在拖动控制区的立方体上，拖动立方体转动的同时可以控制三维图形的不同视图效果；右侧 X、Y、Z 轴数据用于指定三维图形分别围绕 3 个轴向旋转角度，以此来改变视图角度；"透视"用于指定视图的方位，可以直接输入一个角度数值。效果如图 2-211 所示。

对话框中"凸出与斜角"选项主要用来设置三维图形的凸出厚度、端点、斜角和高度等设置，制作出不同厚度的三维图形或带有不同斜角效果的三维图形效果。其中，"凸出厚度"控制三维图形的厚度，取值范围 0~2 000 pt；"端点"控制三维图形为实心还是空心效果；"斜角"可以为三维图形添加斜角效果，系统预设了 11 种斜角，可以通过"高度"的数值来控制斜角的高度，还可以通过"斜角外扩"按钮将斜角添加到原始对象，或通过"斜角内缩"按钮从原始对象减去斜角，效果如图 2-212 所示。

图 2-211　凸出与斜角效果　　　　　　　　图 2-212　凸出厚度与斜角效果

在对话框中单击"更多选项"按钮，可以展开"表面"选项组，如图 2-213 所示。"表面"参数的调整，不但可以应用预设的表现效果，还可以根据需要重新调整三维图形显示效果，如光源强度、环境光、高光强度和底纹颜色等，效果如图 2-214 所示。

图 2-213　"3D 凸出和斜角选项"对话框展开　　　　图 2-214　"表面"参数调整效果

第 2 种 3D 效果创建方式是"绕转"命令，它是根据选择图形的轮廓，沿着指定的轴向进行旋转生成三维图形。旋转的对象可以是开放的路径，也可以是封闭的图形，如腾讯设计周海报中的基础图形，将其简化处理为 3 条开放路径，如图 2-215 所示。然后选择菜单"效果"→"3D"→"绕转"命令，打开如图 2-216 所示的对话框，对凸出和斜角进行详细设置。

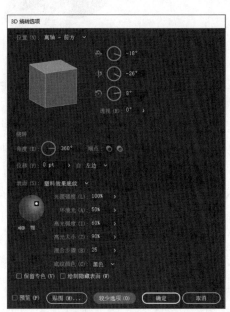

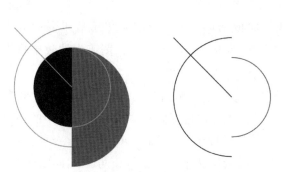

图 2-215　做绕转效果的基础图形　　　　　图 2-216　"3D 绕转选项"对话框

对话框中"位置""表面"等选项的使用与"3D 凸出和斜角选项"对话框中的类似。不同的选项如"角度"，可以设置绕转对象的旋转角度，范围在 0°~360°；"端点"同样是控制三维图形为实心或空心效果；"位移"用于设置离绕转轴的距离，值越大，离绕转轴就越远；"自"用于设置绕转轴的位置，可以选择"左边"或"右边"选项，分别以二维图形的左边或右边为轴向进行绕转，效果如图 2-217 所示。

图 2-217　绕转效果的不同角度

第 3 种 3D 效果创建方式是"旋转"命令，可以将一个二维图形模拟在三维空间中变换，以生成三维空间效果。其参数设置与前两种创建方式类似，效果如图 2-218 所示。

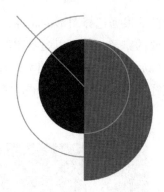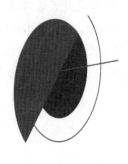

图 2-218　旋转效果

2）编辑效果。效果是实时的，可在将效果应用于对象后对其进行编辑。选择菜单"窗口"→"外观"命令打开"外观"面板，或单击工作区右边的"外观"按钮（■）打开面板，如图 2-219 所示。通过"外观"面板编辑效果，方法是单击效果名或双击"效果"按钮（ fx ），这样可以打开"效果"对话框。修改效果后，图稿中的效果将更新。例如在图 2-212 和图 2-214 的基础上，对其进行贴图处理。

在打开的"效果"对话框中选择"贴图"，将打开"贴图"对话框，如图 2-220 所示。在"符号"下拉列表中选择"非洲菊"，这些图案都是存储在"符号"面板中的预设图形，如果有必要也可以提前将所需图形存入符号预设中；"表面"可以选定三维对象的具体某一个面，这个图形中共有 38 个面，都可以精确选中；对话框下方"缩放以适合"按钮可以将贴图缩放至所选面的合适比例大小，效果如图 2-221 所示。

图 2-219　"外观"面板

图 2-220　"贴图"对话框

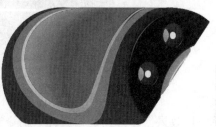

图 2-221　贴图效果

本页彩图

Illustrator 的"效果"命令中的其他效果的使用方法都可以通过相关命令来实现，在熟悉每种效果特点后，综合运用这些效果，可以为图形赋予更加丰富的视觉表现力。

（2）外观属性与图形样式

在 Illustrator 中，使用效果命令、"外观"面板和"图形样式"面板可以将外观属性应用于任何对象、对象组或图层。外观属性是一种美化属性，如填色、描边、透明度或效果，它们影响对象的外观，而不影响对象的基本结构。使用外观属性的优点是可以随时修改或删除对象的外观属性，而不影响底层对象以及应用于该对象的其他属性。

1）编辑和添加外观属性。选择之前使用过的如图 2-189 所示素材，给企鹅图形添加外观属性。选中其中黑色半圆，打开"外观"面板，单击"添加新效果"按钮（ **fx.** ），从下拉列表中选择"转换为形状"→"圆角矩形"命令，数值设定如图 2-222 所示。然后编组全部对象，继续添加新效果，选择"风格化"→"投影"命令，在弹出的对话框中设定相应数值，如图 2-223 所示。

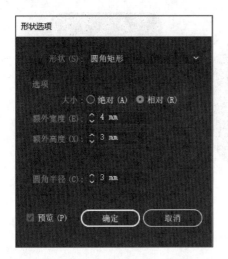

图 2-222　"形状选项"对话框　　　　　图 2-223　"投影"对话框

在"外观"面板中的各种效果可以通过调整顺序来改变对象的显示效果，也可以通过添加和删除来增减对象效果，如图 2-224 所示。例如单击"描边"按钮，继续为图形设定描边效果，如图 2-225 所示。

2）使用图形样式。图形样式是一组命名的外观属性，可以重复使用。通过应用不同的图形样式，可以快速、全面地修改对象的外观。可使用如图 2-226 所示的"图形样式"面板来创建、命名、存储各种效果和属性，并将其应用于对象、图层或组。同属性和效果一样，图形样式也是可以撤销的。选择上一步做制作的如图 2-225 所示效果图，然后单击"图形样式"面板底部的"新建图形样式"按钮（ ），在样式列表中就会新增一个样式图标。双击新增样式图标，可以对它进行重命名，使它成为样式模板。在选中其他图形的基础上，再单击这个样式模板，就可以将效果样式应用到相应的其他图形上，效果如图 2-227 所示。

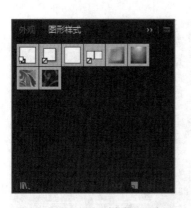

图 2-224 "外观"面板中的各种效果　　　　图 2-225 外观属性调整最终效果

图 2-226 "图形样式"面板　　　　图 2-227 应用图形样式效果

项目实训

（一）实训目的

1. 掌握 Photoshop 和 Illustrator 的操作方法。
2. 掌握图形生成与图像处理的技巧。
3. 掌握图标设计的方法与技巧。

（二）实训内容

依据腾讯设计周视觉形象设计需求，对现有的基础图形分析并提炼出一个典型形象，综合运用 Photoshop 和 Illustrator 提升其视觉表现力，最终形成一套腾讯设计周通用图标设计。

（三）实训步骤

1. 依据腾讯设计周视觉形象设计需求，明确本实训任务图标设计的内容。
2. 结合 Photoshop 和 Illustrator 操作实际情况，准备视觉素材。
3. 形成一组初步图形方案。
4. 在初步方案基础上提炼加工，突出功能特色。
5. 特效处理，完成整套作品。

（四）实训报告要求

梳理设计目标与设计方向，按照要求整理实训过程与设计感悟。

项目总结

依据腾讯设计周视觉形象设计需求，结合界面设计初级技能要求，本项目重点解决了平面设计中图像处理与图形处理这两大基本问题。将界面设计的基本技能与 Photoshop 和 Illustrator 这两款优秀软件的操作结合起来，解决了视觉表现与工作效率并举这一难点。项目中使用了大量腾讯设计周视觉形象设计的具体案例，让学习者可以在操作过程体会到真实项目的工作流程与行业标准，培养其坚实的职业技能与素养。

课后练习

 课后练习

1. 单选题

（1）下面文件格式中不能在 Photoshop 中直接输出的是（　　）。

A. PSD　　　　　　B. JPEG　　　　　　C. PDF　　　　　　D. DOC

（2）在使用椭圆形工具绘制圆形选区时，在按住（　　）键的同时拖动鼠标可实现正圆形选区的创建。

A. Shift　　　　　　B. 空格　　　　　　C. Alt　　　　　　D. Ctrl

（3）在 Photoshop 中常用（　　）工具来绘制路径。

A. 毛笔　　　　　　B. 铅笔　　　　　　C. 钢笔　　　　　　D. 画笔

（4）在用选择工具进行选区操作时，要将已经选择区域中去除部分内容，可以在工具栏中选择某一种选择工具，再在工具属性栏上单击"（　　）"按钮，然后在图像上进行选择。

    A. 从选区减去   B. 新选区   C. 与选区交叉   D. 添加到选区

（5）魔棒工具和磁性套索工具的工作原理都是（   ）。

    A. 根据取样点的颜色像素来选择图像

    B. 根据取样点的生成频率来选择图像

    C. 设定取样点，一次性选取与取样点颜色相同的图像

    D. 根据"容差"值来控制选取范围，取值范围在 0~255 之间

（6）在"变形文本"对话框中提供了很多种文字弯曲样式，下列不属于 Photoshop 中的弯曲样式的是（   ）。

    A. 扇形   B. 拱形   C. 放射形   D. 鱼形

（7）Alpha 通道的主要用途是（   ）。

    A. 保存图像的色彩信息   B. 创建新通道

    C. 用来存储和建立选择范围   D. 调节图像的不透明度

（8）在 Illustrator 的工具栏中有 6 种基本形状工具，下列不属于其中之一的是（   ）。

    A. 椭圆   B. 星形   C. 放射形   D. 圆角矩形

（9）绘制多边形时，可以选择"多边形工具"拖曳，按下键盘上的（   ）键来增加和减少边数。

    A. 加减   B. 上下箭头   C. 左右箭头   D. PageUp 和 PageDown

（10）下列操作步骤中不属于"图像描摹"的是（   ）。

    A. 选择对象   B. 实时描摹   C. 扩展   D. 编组

（11）在 Illustrator 中创建 3D 图形的方式不包括（   ）。

    A. 旋转   B. 绕转   C. 凸出与斜角   D. 凹陷与圆角

（12）以下不属于 Illustrator 中文字创建类型的是（   ）。

    A. 线文字   B. 点文字   C. 路径文字   D. 区域文字

2. 问答题

（1）描述 Photoshop 中改变图像视图的方法及步骤。

（2）魔棒工具如何确定选择图像的哪些区域？选择的标准与结果有何关系？

（3）如何理解蒙版的概念？蒙版主要包括哪几个类型，它们间的异同是什么？

（4）智能对象是什么？使用它们有什么优点？

（5）位图图像和矢量图形之间有何不同，各自的优点是什么？

（6）如何将光栅图像转换为可编辑的矢量图形？

（7）将文本转换为轮廓有何优点和缺点？

（8）如何将图稿贴到 3D 对象上，具体步骤包括哪些？

项目3　腾讯企鹅辅导App界面设计

学习目标

（一）知识目标

1. 了解产品的开发流程。
2. 掌握 iOS/安卓设计规范。
3. 了解交互设计理论。
4. 掌握界面视觉设计。
5. 熟悉交付文档与对接。

（二）技能目标

1. 熟悉产品的开发流程和开发模型。
2. 掌握需求分析方法并将产品需求转化为设计草图。
3. 熟悉 iOS/安卓界面设计规范。
4. 理解 iOS/安卓界面差异。
5. 理解产品需求并依据逻辑完成基本功能的流程设计。
6. 能绘制交互布局线框图。
7. 能独立设计功能图标和产品应用图标。
8. 能独立设计登录页、首页、列表页。
9. 掌握界面、启动图标、功能图标的输出方法并规范命名。
10. 能输出规范的切图与标注。

（三）素质目标

1. 设计表达能力和创新意识。

2. 项目执行能力。
3. 与团队的沟通能力。

项目描述

（一）项目背景及需求

互联网的高速发展改变了人们的社会行为方式，同时对产品行业也快速渗透，并极大地促进数字产品的发展。随着 5G 时代的到来，移动互联网更是深入到生活的方方面面，人们越来越习惯使用各种 App 进行社交、工作和学习，移动端界面设计也成为 UI 设计师的主要输出内容。本项目着力解决 UI 设计师在移动端项目全流程环节中，必须掌握的交互理论应用、界面视觉设计方法及作品交付与对接等基础技能。

腾讯企鹅辅导是一款由腾讯推出的针对中小学生学习的辅导应用，如图 3-1 所示。该产品主要为 6~18 岁孩子提供小学、初中、高中全学科一站式课外教学，采用双师直播教学模式，实现直播上课、实时互动、随堂测试、及时答疑、作业批改的全方位服务。腾讯企鹅辅导致力于让学习变得简单，在专业教学产品与腾讯科技的双重驱动下，逐渐形成了高效、科学、有趣的领先于行业水平的教学方案。

图 3-1　腾讯企鹅辅导官网及 App 图标

本页彩图

在了解核心用户和产品的主功能之后，设计师需要根据用户需求、产品框架搭建、交互设计理论和界面构建方法完成该款产品的应用图标设计、功能图标设计及完整的主界面视觉设计，并能按照规范输出交付文档。

（二）项目结构

对于一个 App 项目来说，不管是从 0 到 1 进行全新打造一个数字产品，还是对已有产品进行优化迭代，UI 设计师都需要至少从 3 个方面完成自己的工作，即用户研究、交互设计、视觉设计，如图 3-2 所示。虽然 UI 设计师的核心工作仍然以界面视觉为主，但是行业职业要求却对 UI 设计师提出更高的要求：晓体验、懂交互、精设计。因此腾讯企鹅辅导 App 界面设计项目主要包含产品需求分析、熟悉 iOS/安卓设计规范、交互设计理论知识运用、图标及核心界面设计、交付文档输出 5 个学习任务。

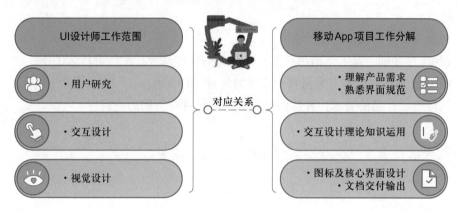

图 3-2　项目结构图

（三）项目工作

1. 了解界面设计行业，熟悉产品开发流程各个阶段。
2. 了解核心用户，并理解产品核心功能和需求。
3. 根据需求绘制产品流程图和架构图。
4. 根据交互逻辑绘制原型图。
5. 确定界面设计工作量。
6. 设计应用图标和功能图标。
7. 设计登录页、首页、一级页面、二级页面、重要详情页等。
8. 完成页面的标注与切图。
9. 输出交付文档。

任务 3-1　利用知识架构图了解产品开发流程

任务 3-1
利用知识架构
图了解产品开发
流程

【任务描述】

本任务通过对 UI 设计师的介绍、用户体验行业和互联网产品相关介绍，明确移动端应用的开发流程。读者应当理解不同岗位在开发本产品时需要负责的工作内容及具体任务，掌握软件开发模型中的瀑布模型和迭代模型。通过本任务，读者可以掌握思维导图基本制作方法，并完成 UI 设计核心知识信息架构图绘制，最终完成对腾讯企鹅辅导 App 界面设计项目的前期知识铺垫和专业基础内容科普工作。

【问题引导】

1. 视觉设计师的输出物是什么？
2. 跟 UI 设计师一起工作的都有谁？他们大概在产品设计中负责什么工作？
3. UI 设计师都在产品开发流程中所处的位置是什么？
4. 如何理解产品的需求，并从中得到对视觉设计有帮助的内容？

【知识准备】

1. UI 设计概念

UI（User Interface，用户界面）是指对软件的人机交互、操作逻辑、界面美观的整体设计如图 3-3 所示。界面设计包含 PC（桌面端）应用界面设计、Web 页面界面设计、移动端 App 小程序设计以及各种智能设备的软件界面设计。

2. UI 设计师与互联网视觉设计师

从各大招聘平台（如拉勾网、Boss 直聘）对 UI 设计师的岗位职责描述中，可以看出 UI 设计师这个职位主要有 3 个方面要求：第一，参与相关产品的 UI 设

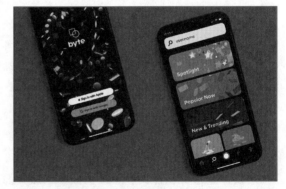

图 3-3　App 界面设计

计，参与制定产品整体 UI 风格，保证产品的品质与审美；第二，与产品一起构思与创意，灵活提供视觉解决方案；第三，负责产品周边延展物料设计的创意工作。由于用人单位所在的行业、规模、部门需求不同，对 UI 设计师岗位职责描述也会有所偏差。在日常的设计工作中，UI 设计师具体都做什么呢？UI 设计师的工作产出物包括移动端界面设计（基于 iOS 和安卓平台）、小程序界面设计、H5 页面设计、网页设计、后台界面设计、大屏幕数据展示界面、电商界面、运营活动相关页面设计、图标设计、界面视觉设计规范、切图标注、基础的信息架构图、流程图、原型图、动效设计、其他相关的线下物料宣发设计等，如图 3-4 所示。

本页彩图

图 3-4　UI 设计师产出物（图片来自优优灵感、站酷截图）

3. 产品开发团队

所谓的数字产品通常是指移动端产品和 PC 端产品。不管是从零开始研发全新产品还是优化迭代，都需要互联网产品团队围绕产品进行设计、开发、上线、运营和维护。大型互联网产品团队的组织架构目前都是比较标准和完善的，一般分为管理层、产品部、运营部、技术部、市场部、行政部。不同的团队可单独成立部门（如用百度用户体验部简称大UE），也可以融合在产品部门中。互联网产品团队按岗位不同可以分为高层（Leader）、用研团队（User Research，UR）、产品经理（Product Manager，PM）、项目经理（Project Manager）、交互设计师（User Experience Designer，UE 或 UX）、互联网视觉设计师或界面设计师（User Interface Designer）、前端开发（Research and Development Engineer，RD）、后端工程师或程序架构师（RD）、测试工程师（QA）、运营或市场拓展（BD）等。按照公司规模不同，除了大型互联网公司人员配备齐全外，更多的中小型互联网公司、创业型公司会对人员配备进行精简、合并。

4. 产品开发流程

现在大多数公司的设计流程是一个标准并且完整的产品设计流程。不管是互联网大厂还是中小型企业，一个 App 产品的研发流程大致包括需求分析、用户研究、交互设计、视觉设计、前端开发、测试上线、维护运营，如图 3-5 所示。具体细化来说包括市场分析、创意阶段、用户研究、概念设计、设计控件预设、交互设计、交互 Demo、用户测试、视觉预研、视觉设计、设计 Demo、用户验证测试、前端开发、开发 Demo、展示 Demo、迭代、用户测试、测试数据回收、用户数据验证、灰度、全量、项目总结、规范输出、控件库、用户跟踪反馈。以上所有点的顺序可以根据实际开发需求灵活排列，也可以随机组合，即在实际设计项目中使用并不一定是那么规范和统一的。有时项目大，可能流程走的完整；有时项目需小步快跑，流程就会被精简为一个可用且贴合业务的小流程。在整个产品开发流程中，每完成一个阶段的任务都会进行评审，以便在开发过程中各个岗位能够围绕产品达成一致，快速高效完成产品的落地。

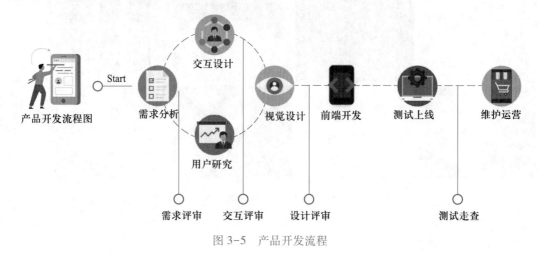

图 3-5　产品开发流程

5. UI 设计师使用的工具

工欲善其事，必先利其器。如图 3-6 所示的软件是基于市场占有率和专业认可度总结的 UI 设计师常用的工作软件。目前行业里做界面主要是用 Sketch（Mac 计算机）或者 XD（Mac 和 PC 通用），处理图片（活动页之类的）还是以 Photoshop 为主。交互原型工具目前较多，如 Axure、Mockplus、XD 和 Sketch 都可以做常规的交互原型图，但是要想做质感高级的动效交互原型可以用 ProtoPie、Principle 和 Flinto。标注切图也比较多，大多兼容 PC 和 Mac，比较常用的是蓝湖和 Cutterman 等。虽然工具数量较多，但是只要从界面设计、原型图工具、动效设计、切图标注、思维导图、网页设计这 6 个方面各熟练掌握一个即可。3D 渲染类工具推荐比较容易上手的 C4D，其在为 Banner、海报、闪屏等提供 3D 视觉元素上表现不俗，同时在动效设计上可以无缝衔接 After Effect，是界面设计师炫技加分神器。初级 UI 设计师只需要掌握 Photoshop、Illustrator、After Effect、XD 或 Axure 就基本可以胜任 UI 设计师工作。思维导图类工具几乎没有学习时间成本，摸索 1~2 小时即可上手。切图工具基本都是以界面工具为载体的插件，学习时间成本也较低。原型图工具、动效设计、网页设计建议在掌握了初级工具的基础上深入学习，这对设计师本身保持核心竞争力及职业发展有极大的促进作用。若经济条件较好，可以从开始就使用 Mac 平台下的软件进行界面设计工具的学习。不管是哪种设计工具，基本操作很多都是相通的，从 PC 迁移到 Mac 的学习时间成本也不会太高，所以对于选择哪种系统下的设计工具制作界面视觉稿其实不必纠结，关键还是在于把优秀的创意和灵感用合适的视觉表现出来，符合好 UI

的标准，同时完美诠释产品并对产品产生高质量的溢价价值。

图 3-6　UI 设计师使用工具及学习顺序

6. UI 设计师必备能力

UI 设计师在产品团队和职业岗位上的主要职责，概括出来包括以下 4 点：

① 根据 PRD 文档和原型图对交互图及交互路径进行优化。

② 根据产品需求分析完成视觉设计和设计规范。

③ 根据技术需求完成标注、切图、命名 PSD 及导出文件、动效设计等工作。

④ 担任与公司、产品相关的运营设计、企业形象设计、线上线下物料宣发等平面设计工作。

UI 设计师要求掌握的知识也越来越多。从 2019 中国用户体验行业调研报告的数据来看，沟通能力、用户体验、设计表达和逻辑分析能力仍然是用户体验行业公认的核心竞争力，如图 3-7 和图 3-8 所示。总结起来就是软件技能、专业知识、沟通分析、团队协作 4 个方面的能力。从实际工作内容来看，目前 UI 设计师需要掌握的知识和能力主要是图标绘制、排版能力、手绘、图形设计、运营图设计、专题设计能力、网站设计、H5 设计能力、动态图形设计、动效设计、插画、移动端规范、代码基本原理、作品展示、PPT 设计能力、设计说明撰写等。

7. 软件开发模型

软件开发是根据用户要求建造出软件系统或者系统中的软件部分的过程。软件开发是从业者认为，为了保证核心竞争力，需要具备的基本技能主要有沟通能力、用户体验、设计表达、逻辑分析能力、产品理解、需求理解。

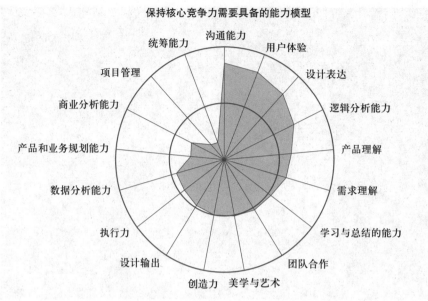

图 3-7   保持核心竞争力需要具备的能力模型

调查结果显示，不同岗位的从业者对核心竞争力需要具备的基本技能有各自倾向性。

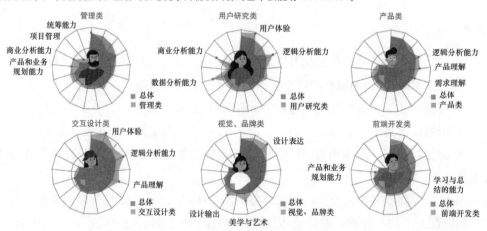

图 3-8   各岗位核心竞争力差异

一项包括需求捕捉、需求分析、设计、实现和测试的系统工程。软件开发模型（Software Development Model）是指软件开发全部过程、活动和任务的结构框架。软件开发包括需求、设计、编码和测试等阶段，有时也包括维护阶段。常见的软件开发模型有瀑布模型、迭代模型、螺旋模型、增量模型、敏捷模型等。

【任务实施】

1. 理解思路准备

根据任务描述，以腾讯企鹅辅导 App 为例，深度理解开发流程如何应用在移动端产品设计当中，并确定任务实施路径：界面概念理解→界面设计师职位理解→产品团队→产品开发流程→软件开发模型→核心知识架构图梳理。

2. 实施步骤

（1）界面设计概念解读

UI 设计涵盖用户研究、交互设计、界面设计 3 个主要方面，如图 3-9 所示。从形式到内涵逐步深入理解为：图形界面设计（GUI）主要是以视觉为主题的界面，强调的是视觉元素（包括图形、图标 ICON、色彩、文字设计等）的组织和呈现，这属于物理表现层的设计；交互设计（ID）指信息的采集与反馈、输入与输出，这是基于界面而产生的人与产品之间的交互行为，主要围绕解决这款产品能不能用、怎么用的问题；用户研究（UE）是 UI 的高级形态，意思是让用户在界面之下与系统自然地交互，沉浸在用户喜欢的内容和操作中而忘记了界面的存在，即主要围绕解决这款产品用的"爽不爽"的问题，而这就需要从研究用户心理和用户行为，从用户的角度来进行界面结构、行为、视觉等层面的设计。

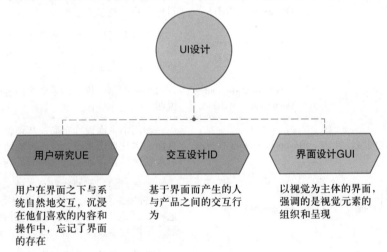

图 3-9　UI 设计的分支

UI 设计中经常涉及的常用名词术语有用户界面、交互、界面设计（UI Design）、原型设计、交互设计、可用性设计、用户体验设计、产品需求文档、商业需求文档、市场需求文档、响应式设计、瀑布流、控件、布尔运算、Material Design、情感化设计，其定义见表 3-1。

表 3-1　UI 设计常用名词术语及定义

序号	中文	英文	定　义
1	用户界面	User Interface（UI）	允许信息在个人用户与计算机系统的硬件或软件部件间传送的接口
2	交互	Interaction	使用者与器具之间的双向信息交流
3	界面设计	UI Design	对软件的人机交互、操作逻辑、界面美观的整体设计
4	原型设计	Prototype Design	整个产品面市之前的一个框架设计，将页面的模块、元素、人机交互的形式，利用线框描述的方法进行表达
5	交互设计	Interaction Design（IxD）	定义、设计人造系统的行为的设计领域，它定义了两个或多个互动的个体之间交流的内容和结构，使之互相配合，共同达成某种目的
6	可用性设计	Usability Design	在以用户为中心的宗旨下，进行产品（系统）的设计，以使产品满足功能需要、符合用户的行为习惯和认知，同时能高效愉悦地完成任务和工作，达到预期的目的
7	用户体验设计	User Experience Design（UED）	以用户为中心的一种设计手段，以用户需求为目标而进行的设计。设计过程注重以用户为中心，用户体验的概念从开发的最早期就开始进入整个流程，并贯穿始终
8	产品需求文档	Product Requirement Document（PRD）	产品需求的描述，包含产品定位、目标市场、目标用户、竞争对手等
9	商业需求文档	Business Requirement Document（BRD）	基于商业目标或价值所描述的产品需求内容文档（报告），其核心的用途就是用于产品在投入研发之前，由企业高层作为决策评估的重要依据
10	市场需求文档	Market Requirement Document（MRD）	对年度产品中规划的某个产品进行市场层面的说明
11	响应式网页设计	Responsive Web Design	一种网络页面设计布局，其理念是：集中创建页面的图片排版大小，可以智能地根据用户行为以及使用的设备环境进行相对应的布局
12	瀑布流	Masonry Layouts	比较流行的一种网站页面布局，视觉表现为参差不齐的多栏布局，随着页面滚动条向下滚动，这种布局还会不断加载数据块并附加至当前尾部。国内大多数清新站基本为这类形式
13	控件		控件是一种基本的可视构件块，包含在应用程序中，控制着该程序处理的所有数据以及关于这些数据的交互操作
14	布尔运算	Boolean Calculation	Photoshop、Illustrator 中的运算法则，使用它可以进行合并形状、减去顶层形状、与形状区域相交、排除重叠形状、合并形状组件，从而获得新的图形，一般可以用来绘制精致的图标

续表

序号	中文	英文	定　义
15	材料设计	Material Design	融合了经典的设计法则以及前沿的科学技术创建的一门新的视觉语言，它是一个能够统一跨平台和不同尺寸设备之间体验的底层系统。基于移动端的基本准则，充分利用好触摸、声音、鼠标和键盘输入方式
16	情感化设计	Emotional Design	情感化设计是旨在抓住用户注意力、诱发情绪反应，以提高执行特定行为的可能性的设计

（2）UI 行业概述和界面设计师工作

对于初级 UI 设计师来说，能够完成各种类型的界面设计是最基本的岗位要求。随着互联网的发展，很多行业被重新整合，设计师也被重新定义。UI 设计、动效设计、交互设计、平面设计被逐渐整合成一个职业，这个职业不仅能单纯地设计界面和排版，还要能够绘制图形、掌握平面能力、懂交互等。从 2017 年开始，全路链设计师、全栈设计师等名词相继被提出和讨论，现在大家普遍对互联网视觉设计师这一名词有了共识和认可。无论哪种岗位名词，UI 设计师本身的职责没有改变，即提供人机交互使用的图形用户界面，并使界面更加友好易用。

2019 年开始，不管是中小型公司、创业型公司还是互联网大厂，用人单位对 UI 设计师的岗位都加上了交互设计、动效设计、运营设计这些标签。随着科技的进步，物联网时代、人工智能时代、5G 时代呼啸而来，整个行业知识也在更新迭代，"屏幕"越来越多地出现在人们生活中，如手机、眼镜、手表、冰箱、汽车等，界面设计师的工作范围也越来越广泛，UI 设计师入行难度也在逐步升级。晓体验、懂交互、精设计的互联网视觉设计师正成为炙手可热的人才。

大型互联网公司结构如图 3-10 所示。大型互联网公司人员配备齐全：高层负责决策；用研团队负责研究用户对产品的反馈；产品经理负责制定产品推进时间表；交互设计师负责优化交互图；视觉设计师优化原型图，并设计高保真界面，后输出切图和标注，完成设计规范；前端工程师负责实现界面还原于数据库的对接；后端工程师负责程序构架和数据库结构；测试工程师负责测试整个程序是否可用；商务部门负责后期运营。除了完善的产品线外，大型互联网公司还配备人力资源部门、后期部门、协调部门等，分工明确。但是在各种行政流程审批上会相对较慢。

中型互联网公司结构如图 3-11 所示。中型互联网公司人员配备中等：高层负责决策；产品经理负责制定产品推进时间表和优化交互图；视觉设计师优化交互，并设计视觉后输出切图和标注，同时完成设计规范；前端工程师负责实现界面还原于数据库的对接；后端工程师负责程序构架和数据库结构；测试工程师负责测试整个程序是否可用；商务部门负责后期运营。中型互联网公司人员配备相对齐全，产品经理和设计师会承担更多的责任。

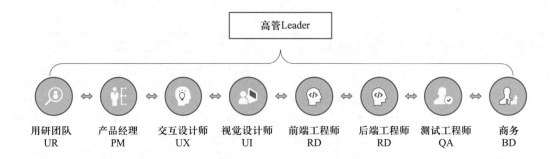

根据产品流程线绘制，真实工作中关系错综复杂，并不是线性顺序。

图 3-10　大型互联网公司结构图

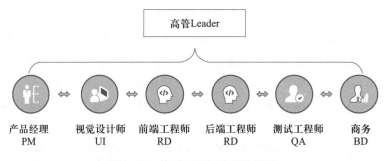

图 3-11　中型互联网公司结构图

小型互联网公司结构如图 3-12 所示。小型互联网公司人员配备较为简单：高层负责决策和担任产品经理工作；视觉设计师优化交互并设计视觉后输出切图和标注，并且完成设计规范；前端工程师负责实现界面还原于数据库的对接；后端工程师负责程序构架和数据库结构；测试工程师负责测试整个程序是否可用。小型互联网公司人员少，决策快，周期短，流程快，视觉设计师需要承担很多交互设计师的工作。

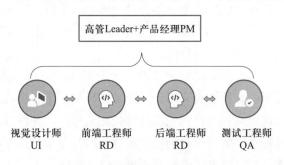

图 3-12　小型互联网公司结构图

（3）产品团队成员分工

高层的工作：核心工作是做决定，包括寻找合伙人，如首席执行官、首席技术官等；寻求投资，根据项目成熟度又分为天使轮、A 轮、B 轮、C 轮、上市等状态，不同的状态表示项目的成熟度；解决团队生存、公司发展之路，把握公司整体走向和转型方式，实现商业价值和服务价值。

用户研究的工作：通过一定方式对用户进行洞察，给出相关建议方案，从而帮助产品得到更好的设计。用户研究适用于产品生命周期的各个阶段：产品设计开始前期，用户研究可以帮助调研用户的需求，了解用户真正想要的东西，来明确自身产品的目标；产品研发中期，收集调研用户在使用相关产品时的行为数据，数据能反应人的行为，可以帮助了解到用户的使用动机；产品上线之后，用户研究可以快速知晓产品在市场上的整体反响，以及用户的满意度，帮助产品更好地进行后续迭代。用户研究大多是公司的一个内部咨询角色，主要是由业务部门（产品、运营、市场甚至内部 OA）向用研提需求，少部分需求是由用研自主立项研究。用户研究对于用户有一套成熟的研究方法，这套方法如图 3-13 所示可以高效率地了解产品的用户体验，产出的内容对 UI／交互设计、信息架构设计都有重要的指导意义。用户研究常用的研究方法有访谈、问卷调查、卡片分类、焦点小组、用户画像、数据分析、可用性测试、眼动测试、树状测试和 A/B 测试。

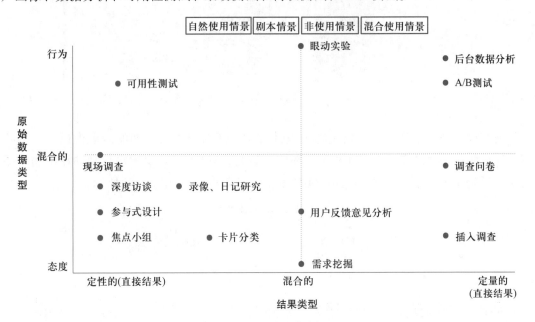

图 3-13　用户研究方法

产品经理（Product Manager）的工作：企业中专门负责产品管理的职位，负责市场调查并根据产品、市场及用户等的需求，确定开发何种产品，选择何种业务模式、商业模式等，并推动相应产品的开发组织，如图 3-14 所示。产品经理还要根据产品的生命周期，协调研发、营销、运营等，确定和组织实施相应的产品策略，以及其他一系列相关的产品管理活动。产品经理就是产品的专职管理人员，原则上对产品的一切负责，引导产品不断地往正确的方向发展，让产品变得更加完美。产品经理的主要输出文件有 PRD（图 3-15）、MRD、原型图等。

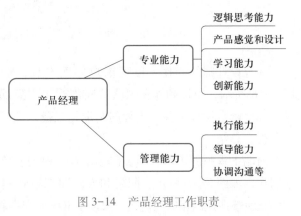

图 3-14　产品经理工作职责

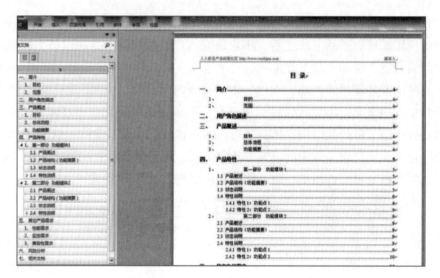

图 3-15 产品需求文档 PRD 模板

交互设计师的工作：不仅仅是输出设计方案，还需要参与前期的需求讨论、后期开发、测试验收等产品设计与实现的多个环节，如图 3-16 所示。交互设计师的输出物主要有用户研究文档、用户画像、产品功能列表、交互文档等，如图 3-17 所示。

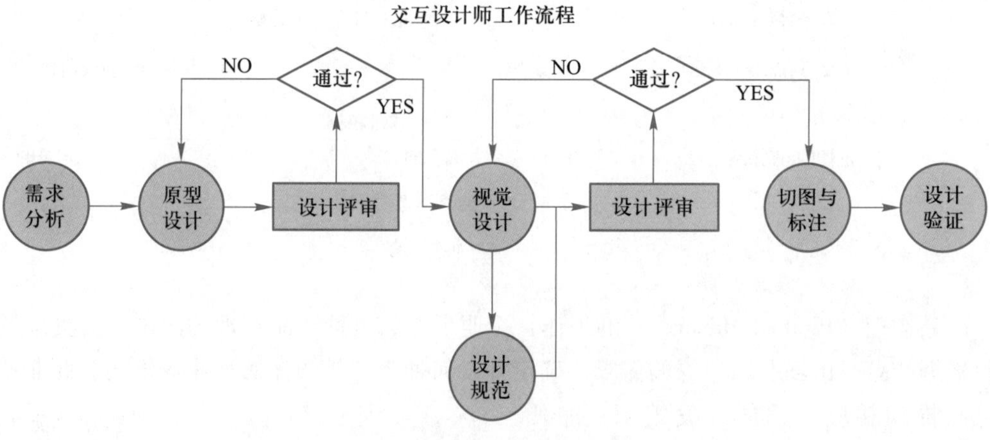

交互设计师工作流程

需求分析 → 原型设计 → 设计评审 → 通过？ NO/YES → 视觉设计 → 设计评审 → 通过？ NO/YES → 切图与标注 → 设计验证

设计规范

图 3-16 交互设计师工作流程

视觉设计师的工作：负责用户界面设计，根据产品原型进行具体效果图设计，如图 3-18 所示，包括和开发团队共同创建用户界面，跟踪设计效果，提出设计优化方案；参与移动产品设计体验、流程的制定和规范；设计文档交付（包含切图和标注），项目走查和视觉总结。

前端工程师的工作：网页前端工程师根据设计图用 HTML、CS、JS 等完成网页前端页面制作，如图 3-19 所示，同时和数据库端给到的接口联调，并对完成的页面进行维护和对网站前端性能做相应的优化。移动端 iOS 或安卓软件工程师主要是完成 iOS 平台或 Andriod

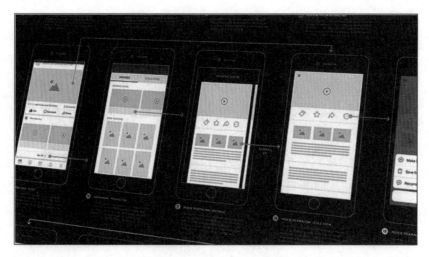

图 3-17　交互文档展示

图 3-18　App 界面设计展示（Cruise Mobile UI by tamo）

本页彩图

平台上的 App 程序开发，根据界面设计师交付文档完成客户端编译，和后端工程师联调后上线。iOS 和安卓两个平台软件开发使用的代码语言完全不一样，iOS 工程师需要精通 iOS UI 框架和 iOS 应用的开发，而 Android 工程师则需要精通 Java 语言。前端关注的是需求在前端页面的实现、速度、兼容性、用户体验等。

后端工程师的工作：主要做的就是网站或者软件、手机 App 后台的交互和互动，负责数据存储和管理及数据库体系。后端关注的是高并发、高可用、高性能、安全、存储、业务等，如图 3-20 所示。

测试工程师的工作：最开始是在瀑布式开发流程中担任测试阶段的执行者，而目前是

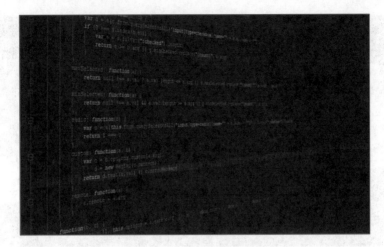

图 3-19　前端 HTML 代码

图 3-20　Java 代码

担任敏捷开发流程中 QA（Quality Assurance）角色，为整个团队和产品的质量负责。软件测试工程师需要具备测试设计能力、代码能力、自动化测试技术、质量流程管理、行业技术知识、数据库、业务知识。软件测试的方法有很多，比如白盒测试、黑盒测试、静态测试、动态测试等，但主要的还是白盒测试和黑盒测试。白盒测试是指实际运行被测程序，通过程序的源代码进行测试而不使用用户界面；黑盒测试又被称为功能测试、数据驱动测试或基于规格说明的测试，是通过使用整个软件或某种软件功能来严格地测试，即测试人员并没有通过检查程序的源代码或者很清楚地了解该软件的源代码程序具体是怎样设计的，而是通过输入他们的数据然后看输出的结果从而了解软件怎样工作。

　　运营人员的工作：基于产品运营的目标与核心，产品运营主要分为内容运营、活动运营、用户运营三类，数据贯穿运营的始终，因此运营人员的核心任务是流量建设与用户维系，让产品持续产生产品价值和商业价值。所谓产品运营，其实要做的事情就是通过把各种各样的运营手段（渠道运营、内容运营、活动运营、用户运营、自媒体运营）进行不同组合，从而更好地连接用户和产品，完善产品价值和持续产生商业价值。按照岗位划分，运营岗位分为产品运营、内容运营、新媒体运营、活动运营、用户运营、产品运营、数据运营等。

人力资源的工作：大致分为招聘、培训、薪酬、绩效、员工关系。例如招聘工作中，包括招聘简章发布、职位发布、招聘渠道维护、简历筛选、电话面试、面试邀约、面试安排、面试录用通知等；培训工作主要是培训通知、培训签到、培训讲师管理、培训效果评估等；薪酬福利工作负责考勤统计、工资标准制作、调薪等；考核主要是组织绩效分析会、每月组织绩效数据收集、评价、绩效面谈组织等；员工关系主要是劳动权合同管理、员工关怀活动组织等。

（4）产品开发流程详解

产品开发整体流程如图 3-21 所示。

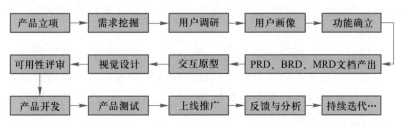

图 3-21　产品开发流程图

在产品需求阶段，产品经理为主导角色，全程参与产品功能需求挖掘工作，交互设计师辅助产品经理做需求的可行性和场景分析。用户研究员可通过访谈用户来挖掘用户需求。产品团队应在最初的需求评审会上给出清晰的目标描述。产品需求分为战略级产品需求、用户级的需求和用户体验级需求 3 种。

战略级产品需求：通过特定的目标人群的痛点制定用户目标，然后将用户目标转化为产品目标，从而达到商业化的目的。这是产品需求中最核心的部分，它关系到整个产品模型，影响到产品的运营和商业模式。

用户级的需求：通过收集绝大部分用户的反馈意见和痛点，从而得到产品的需求优化清单。

用户体验级需求：通过 UED 团队制定的体验优化方案，做用户体验方向的需求优化。

通过产品经理的需求文档的评审，讨论产品需求的可行性，是否满足产品的商业目标、用户目标和产品目标等。在需求评审中产品经理需要接受各个角色的挑战，如业务方、开发人员、运营人员和设计人员。当各方达成一致后，需求评审就基本达到了目的。

交互设计师通过需求文档将其转化设计成交互文档。首先要思考业务目标、目标用户的使用场景、用户需求，将业务目标转化为用户行为；然后理清思路，查找相关的竞品，分析相关竞品的用户人群、商业定位。在这个过程中需要注意，先梳理产品用户的主场景流程，然后再梳理用户的小场景流程，最后再梳理异常流程，并根据流程绘制出对应的流程界面。交互文档应该包含以下 7 点内容：完整的项目简介、需求分析、新增修改记录、信息架构、交互设计的方案阐述、页面交互流程图（包含界面布局，操作手势，反馈效果，元素的规则定义）、异常页面和异常情况的说明。

交互评审一般会有产品经理、视觉设计师、业务方和开发人员参与。交互设计师评审过程中学会拆分使用场景讲述交互方案。最开始讲解整个设计的背景（业务背景、技术背景）、适用人群以及整个交互设计解决了哪些问题，然后再讲需求，即拆分不同的使用场景和对应的功能流程图，最后拿着对应的场景、功能流程图和最后的交互原型一一对应。

交互评审完毕，视觉设计师可以进行风格探索尝试、素材搜集整理和初稿的构思设计。由于交互评审的时候视觉设计师都在场，所以视觉设计师对交互文档会有一定的印象。交互设计师和视觉设计师是紧密相连的，视觉设计师在完成视觉稿时，需要交互设计师核对以免视觉设计师在设计过程中发生错误。在交互方案确认后，视觉设计师开始视觉层面的定稿设计，完成后需要交付给交互设计师和产品经理分别进行评审，确认后完成视觉资源输出（包括切图标注等）。

对于一个全新的产品，视觉评审会花大量时间去讨论产品的设计风格和主配色，在确定视觉稿没有交互问题后，然后就是讨论视觉设计稿的细节。在产品功能迭代的时候，评审的都是整体视觉风格的继承性和视觉稿的细节，例如对交互设计的理解是否到位、逻辑是否正确、视觉层次是否正确等。

交互定稿完成后，交互设计师需要与产品经理、相关开发团队成员一起进行技术评审，完成整体方案的开发评估。在视觉方案最终确认后，视觉设计师需要与产品经理、相关开发团队成员一起进行需求方案宣讲和技术评审，确认开发团队的最终排期。设计部门需要配合开发联调 UI 视觉样式，提前确保设计质量。

在产品正式版发布之前，交互设计师和视觉设计师需要对线上测试版本进行走查，交互设计师走查交互问题，视觉设计师走查视觉问题。两者在走查过程中将问题汇总起来，走查的各个问题给出对应的评级（非常严重、严重、良、一般）生成一个走查报告，并发给开发和产品经理。通过交互全流程走查、视觉还原走查、提出界面实现上的视觉问题（UI Bug）、提测阶段全面解决，来保证设计稿精确还原。

对于线上的版本，还需要用户研究人员与交互一起制定可用性测试的脚本，通过测试用户一系列操作进行验证线上产品的易用性。同时对上线数据进行验证，进行数据的收集、分析和总结，了解各种数据指标及相应的意义，利用数据分析结论指导设计。最后，收集、分析、决策用户反馈，对整体项目进行总结复盘，为下一阶段迭代优化做准备。

设计存在于设计流程中，团队成员的工作也是基于此。一个详细且完善的设计流程可以帮助人们了解产品完整的设计周期，同时明确每个个体在整个项目周期中所承担的工作。每个个体在这个产品开发环节中各自展现自身能力，实现自我价值。同时，个体又通过这一严密的"工作流"聚合成为一个整体，打造高颜值、优体验、又能切实解决用户实际问题的好产品，实现产品价值和商业价值。

UI 设计流程：在产品开发流程中主要负责界面设计的是视觉设计师，也称之为 UID（User Interface Designer）。随着用户体验行业的不断发展，UI 设计师的工作已不局限于原先单纯的视觉执行层面，而是参与到产品开发流程中视觉设计环节上下游中。由于职位对应的工作范围日趋交叉化和多元化，UI 设计师负责的视觉界面工作可以分出更为细致的工作流程：设计定位→风格探索→设计制作→设计交付→设计走查→设计总结和复盘，如图 3-22 所示。在具体执行时，可以利用情绪板（Mood Borad）作为设计方向形式上的参考，同时也可以在配色方案、视觉风格、质量材质上作为设计指导，为产品设计方案提供创意灵感。UI 设计师根据对产品的判断进行风格设定，根据高保真原型完成设计稿，规范交付文档，同时邀请需求方、开发团队、UED 对视觉设计稿进行最终的确认。最后，要做好设计稿还原工作，并对整个产品项目进行文件整理、迭代组件库和设计总结。

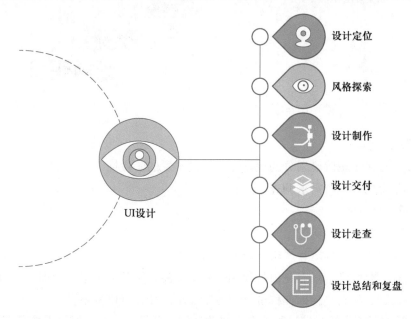

图 3-22　UI 设计流程

（5）软件开发模型

下面着重介绍几种最典型的软件开发模型——瀑布模型、迭代模型以及敏捷开发。

1）瀑布模型。瀑布模型是由 Winston Royce 在 1970 年最初提出的软件开发模型。瀑布模型的核心思想是按工序将问题简化，将功能的实现与设计分开，便于分工协作，即采用结构化的分析与设计方法将逻辑实现与物理实现分开。先明确一个术语：软件生命周期，又称为软件生存周期或系统开发生命周期（System Development Life Cycle，SDLC），是软件的产生直到报废的生命周期。软件的生命周期分为 6 个阶段，即制订计划、需求分析、软件设计、程序编码、软件测试、运行维护，并且规定了它们自上而下、相互衔接的固定次序，如同瀑布流水逐级下落。

瀑布模型如图 3-23 所示，最早强调系统开发应由完整的周期，并且必须完整地经历周期中每个开发阶段，并系统化考量分析与设计的技术、时间与资源的投入等。在瀑布模型中，软件开发的各项活动严格按照线性方式进行，当前活动接受上一项活动的工作结果，实施完成所需的工作内容。当前活动的工作结果需要进行验证，如验证通过，则该结果作为下一项活动的输入，继续进行下一项活动，否则返回修改。瀑布模型强调文档的作用，并要求每个阶段都要仔细验证。

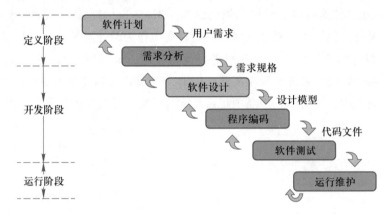

图 3-23 瀑布模型

瀑布模型的优点：

① 为项目提供了按阶段划分的检查点，强调开发的阶段性。

② 强调早期的计划及需求调查。

③ 强调产品测试。

瀑布模型的缺点：

① 在各个阶段划分固定且严格分级导致自由度降低。

② 开发模型是线性，只有在项目周期的后期才能看到开发结果，增加开发风险。

③ 单一流程，项目早期即作称多导致后期需求的变化难以调整。

由于该模式强调系统开发过程需有完整的规划、分析、设计、测试及文件等管理与控制，因此能有效地确保系统品质，它已经成为业界大多数软件开发的标准。但是，瀑布模型在需求不明并且项目进行过程中可能变化的情况下基本是不可行的。

2）迭代模型。迭代模型是 RUP（Rational Unified Process）推荐的周期模型。在 RUP中，迭代被定义为：包括产生产品发布（稳定、可执行的产品版本）的全部开发活动和要使用该发布必需的所有其他外围元素。在某种程度上，开发迭代是一次完整地经过所有工作流程的过程：（至少包括）需求工作流程、分析设计工作流程、实施工作流程和测试工作流程。实质上，它类似小型的瀑布式项目。RUP 认为，所有的阶段都可以细分为迭代，每一次的迭代都会产生一个可以发布的产品，这个产品是最终产品的一个子集。

在迭代式开发方法中，整个开发工作被组织为一系列的短小的、固定长度（如 3 周）的小项目，被称为一系列的迭代。每一次迭代都包括了需求分析、设计、实现与测试。采用这种方法，开发工作可以在需求被完整地确定之前启动，并在一次迭代中完成系统的一部分功能或业务逻辑的开发工作，再通过客户的反馈来细化需求，并开始新一轮的迭代，如图 3-24 所示。

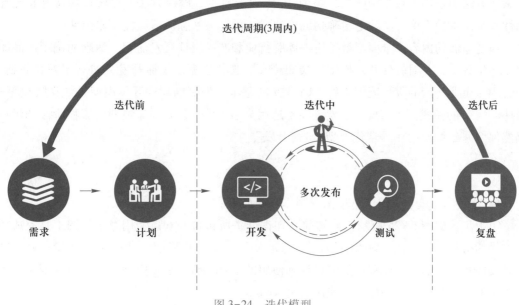

图 3-24　迭代模型

迭代模型的优点：

① 降低在一个增量上开支的风险。

② 可以得到早期用户反馈。

③ 持续的测试和集成，加快开发进度，提高工作效率。

④ 需求不明确时，可以在后续阶段中细化，适应需求变更。

迭代模型的缺点：

① 对产品人员的节奏把控能力（定每周目标、需求优先级等）有较高要求，容易陷入版本频发，工作量暴增的死循环中。

② 快速迭代时只注重产品功能层面而无视系统架构层面，造成后端系统积重难返。

③ 迭代式开发不要求每一个阶段的任务做到完美，而是以最短的时间，把主要功能搭建起来，先完成一个可上线的"成果"。然后再通过客户或用户的反馈信息进行完善。

3）敏捷开发。敏捷开发是一种从 20 世纪 90 年代开始逐渐引起广泛关注的一些新型软件开发方法，是一种应对快速变化的需求的一种软件开发能力。它们的具体名称、理念、过程、术语都不尽相同，相对于"非敏捷"，更强调程序员团队与业务专家之间的紧密协作、面对面的沟通（认为比书面的文档更有效）、频繁交付新的软件版本、紧凑而自我组织型的团队、能够很好地适应需求变化的代码编写和团队组织方法，也更注重软件开发中人的作用。敏捷开发与迭代式开发相比，两者都强调在较短的开发周期提交软件，但是敏捷开发的周期可能更短，并且更加强调队伍中的高度协作。

敏捷开发小组主要的工作方式可以归纳为：作为一个整体工作；按短迭代周期工作；

每次迭代交付一些成果；关注业务优先级；检查与调整。

影响敏捷开发最重要的因素是项目的规模。规模增长，面对面的沟通就愈加困难，因此敏捷方法更适用于较小的队伍，40 到 10 人或者更少。敏捷方法有时候被误认为是无计划性和纪律性的方法，实际上更确切的说法是，敏捷方法强调适应性而非预见性。

通过前面的内容，全面了解了用户体验行业和产品设计开发流程，清晰明确了产品团队及岗位分工，并对软件开发模型（瀑布模型、迭代模型、敏捷开发）进行了对比解析。结合现在企业的产品设计流程来看，UED 团队基本上使用的软件开发模型是"迭代模型+敏捷开发"的模式，瀑布模型虽然已经不适用当前现状，但是瀑布模型的流程阶段和优点仍然保留并延续使用在"迭代模型+敏捷开发"中。

3. 实施结果

UI 界面设计核心知识信息架构图制作步骤如下。

第 1 步：如图 3-25 所示，总结前文知识准备所包含的 6 点，用思维导图工具完成信息架构的搭建。要快速了解 UI 界面设计核心知识，需要从界面设计概念、UI 设计师、产品开发团队、产品开发流程、界面设计师使用的工具及软件开发模型 6 个方面逐渐深入了解。本书中信息架构图制作工具使用的是 Xmind。

第 2 步：如图 3-26 所示，前文对每个大块知识点进行了详细介绍和说明，提取关键

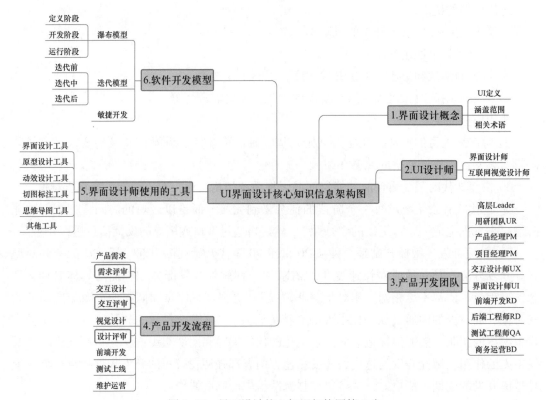

图 3-25   界面设计核心知识架构图第 1 步

词和步骤，为每一个大模块添加子主题。界面设计概念中包含 UI 定义、涵盖范围和相关术语，在此基础上再次添加子主题并写入细节；UI 设计师模块包含界面设计师和互联网视觉设计师，添加子主题，写入细节；产品开发团队模块包含各个岗位名称，也可以再继续写入工作内容或产出物等；产品开发流程模块包含软件开发的各个阶段，把评审作为工作阶段的重点提醒标出；界面设计师使用的工具模块也从界面设计、原型设计、动效设计、切图标注、思维导图几个方面展开罗列工具名称；软件开发模型模块主要包含瀑布模型、迭代模型、敏捷开发，再次添加子主题并写入细节。

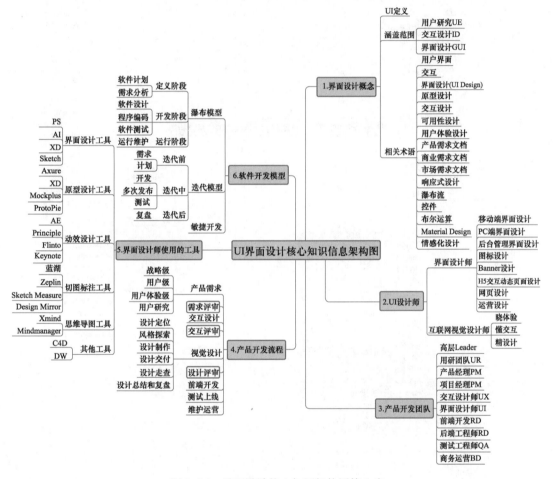

图 3-26　界面设计核心知识架构图第 2 步

第 3 步：如图 3-27 所示，使用 Xmind 中的外框工具为 3 个重点内容制作提醒，并用图标工具红色星形标示重点。

第 4 步：查看核验有无疏漏，完善细节并调整配色等。

第 5 步：保存并导出图片。至此，对于 UI 设计核心知识所需要掌握的模块和细节就构成了完整的信息框架。

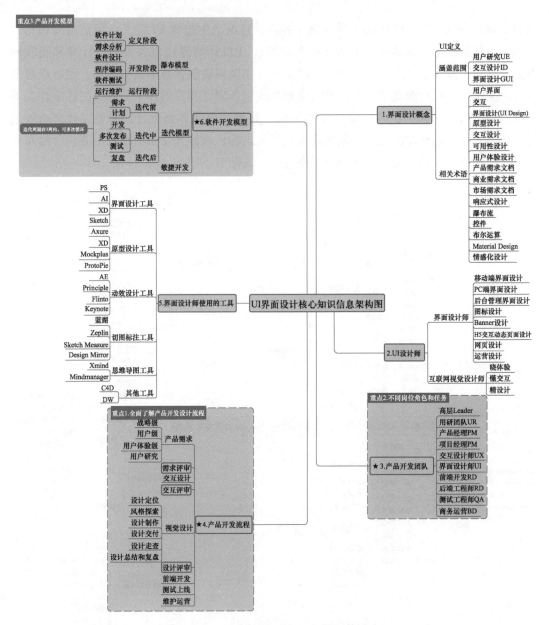

图 3-27 界面设计核心知识架构图第 3 步

【知识拓展】

1. 思维导图

思维导图（The Mind Map），又叫作心智导图，是表达发散性思维的有效图形思维工具。它简单却又很有效，是一种实用性的思维工具。思维导图运用图文并重的技巧，把各级主题的关系用相互隶属与相关的层级图表现出来，把主题关键词与图像、颜色等建立记忆链接。思维导图充分运用左右脑的机能，利用记忆、阅读、思维的规律，协助人们在科学与艺术、逻辑与想象之间平衡发展，从而开启人类大脑的无限潜能。思维导图因此具有人类思维的强大功能。

思维导图，作为一个工具而言，它的使用已经深入到各行各业中。就以移动端数字产品设计与开发来说，思维导图就常出现在需求访谈、需求分析、概要和详细设计等环节，作为设计辅助手段使用。思维导图也经常出现在各类会议、书籍、演讲过程中。可以说由于思维导图的易理解、易上手的优势，它很快就成为了职场必备技能。但是需要注意：思维导图是帮助人们建立思维逻辑的思考工具，是用来辅助思考的，而思考质量本身恰恰是工具无法给予的。思维导图有 4 个主要使用场景，分别是组织自己的思想，完成解决方案；读书笔记、会议总结；多维度联想记忆；头脑风暴。但是，要记住思维导图还有一个重要的作用就是知识管理。知识管理是一门比较新的学问，核心是掌握临界知识（能带来关键影响的知识），本质是收集和整理信息，有效率地产出结果，解决问题。在工具技巧层面，知识管理综合了信息采集（对象包含灵感、网页、文章、读书笔记、图片、语音等）、储存、多端同步、相互整合、搜索调用等方面的技巧。用思维导图来做知识管理是一个提高效率和自我思考能力的便捷方法。

2. 问题思考

（1）如何理解敏捷开发？

（2）界面设计师的知识体系和核心竞争力之间的关系？

任务 3-2　基于腾讯企鹅辅导分析 iOS 和安卓设计规范差异

任务 3-2
基于腾讯企鹅
辅导分析 iOS
和安卓设计规
范差异

【任务描述】

本任务通过对腾讯企鹅辅导核心界面和典型界面元素组件的认知，掌握 iOS/安卓设计规范。重点需要掌握和理解规范界面的构成要素、控件的使用、iOS 设计规范和安卓设计规范的差异等内容。

【问题引导】

1. 你使用的手机是什么机型？

2. 你使用的手机里的 App 图标、界面都是什么尺寸？

3. 手机界面中的每个部分或区域都有什么专业术语？

4. 相同的应用程序，看看苹果手机和华为手机中界面、操作有什么不同？

【知识准备】

1. 移动端系统相关概念

移动端操作系统：如苹果的 iOS、谷歌的 Android、惠普的 WebOS、开源的 MeeGo 及微软的 Windows 等，其中 Android 和 iOS 是现在市场上占额最大的两个系统，截至 2019 年，其余系统市场占有率不足 1%。

in（inches，英寸）：屏幕的物理长度单位（1 in = 2.54 cm）。手机屏幕常见尺寸有 4.7 英寸、5.5 英寸、5.8 英寸等，这里指手机屏幕对角线的长度。

px（pixel，像素）：屏幕上的点。

pt（磅）：1pt = 1/72 英寸，通常用于印刷业。

ppi（pixels per inch）：每英寸像素数，该值越高，则屏幕越细腻。

dpi（dots per inch）：每英寸多少点，该值越高，则图片越细腻。

ppi 影响图像的显示尺寸，dpi 影响图像的打印尺寸。屏幕的 ppi 值越高，每英寸能容纳的像素颗粒越多，该屏幕的画面细节越丰富，如图 3-28 所示。

逻辑像素：单位为 pt，按照内容的尺寸计算的单位。iOS 开发工程师和使用 Sketch、Adobe XD 软件设计界面的设计师使用的单位都是 pt。

物理像素：单位为 px。使用 Photoshop 设计移动端界面和网站的设计师使用的单位是 px，如图 3-29 所示。

屏幕分辨率：$X \times Y$

$$ppi = \frac{\sqrt{X^2 + Y^2}}{屏幕尺寸}$$

图 3-28　ppi 计算公式　　　　　　　　图 3-29　逻辑像素和实际像素

2. iOS 设计规范

图 3-30 所示为 iPhone 手机的现有型号及屏幕尺寸；表 3-2 为 iPhone 手机型号与像素的对应表。

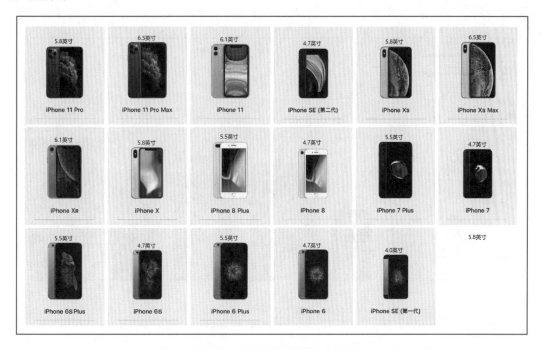

图 3-30　iPhone 手机的现有机型及屏幕尺寸（截至 2020 年 5 月）

表 3-2　iPhone 手机型号与像素对应表

设 备 名 称	屏幕尺寸 /英寸	物理尺寸 /px	设计尺寸 /px	开发尺寸 /pt	PPI	DPI	倍率
iPhone XS Max/iPhone11 Pro Max	6.5	1 242×2 688	1 242×2 688	414×896	458	163	@3x
iPhone XS/iPhone X/iPhone11 Pro	5.8	1 125×2 436	1 125×2 436	375×812	458	163	@3x
iPhone XR/iPhone11	6.1	828×1 792	828×1 792	414×896	326	163	@2x
iPhone 6/6S/7/8 Plus	5.5	1 080×1 920	1 242×2 208	414×736	401	154	@3x
iPhone 6/6S/7/8	4.7	750×1 334	750×1 334	375×667	326	163	@2x
iPhone SE	4	640×1 136	640×1 136	320×568	326	154	@2x

以上为目前所有 iPhone 的尺寸，其中常用的设计尺寸为 750×1 334 px（@2x）、刘海屏代表尺寸 1 125×2 436 px（@3x），"倍率"一项中的@2x 表示二倍率的分辨率，@3x 表示三倍率的分辨率，设计时只需要设计二倍率的设计稿，向上、向下适配即可（不需要每个分辨率都设计一套，但是注意引导页/启动页切图通常设计多个版本的），最终需要给研发交付以@2x 和@3x 在文件名结尾命名的切图文件（现在很多切图插件能完成这个任务，如 Cutterman、蓝湖等）。

（1）尺寸

在设计时，使用 Sketch 和 Adobe XD 建议使用 375×667 pt 进行设计，使用 PS 建议按 750×1 334 px 的尺寸设计，然后向左、向右适配，如图 3-31 所示。注意刘海屏的手机分辨率，例如常用机型 iPhone X，二倍率分辨率为 750×1 624 px（@2x），其实是 750×1 334 px 的尺寸上增高 290 px。

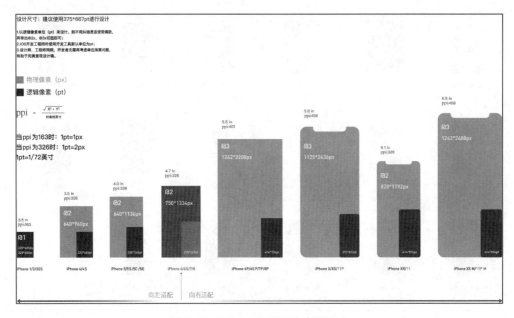

图 3-31　iPhone 界面设计建议尺寸

（2）状态栏和导航栏

iOS 界面主要有状态栏、导航栏、内容区域、标签栏四大部分组成。状态栏（Status Bars）位于界面最上方，用于现实时间、电池电量的区域。导航栏（Navigation Bars）在状态栏下方，通常放置页面标题、导航按钮、搜索框等。在设计 iOS 应用时，还有一个安全区域，即除去状态栏后剩下的内容设计区域，如图 3-32 所示。注意，普通屏幕（以 iPhone 6S 为例）与刘海屏（以 iPhone X 为例）的安全区域是不同的。不同机型的状态栏、导航栏、标签栏规范高度见表 3-3。iOS 11 发布后，大标题导航栏设计风格兴起，随后被引入平台规范。大标题导航栏设计如图 3-35 所示，也就是加大导航栏的高度，融入页面内容的标题，当内容上滑时，大标题再回归到常规导航高度。大标题导航栏的高度一般为 232 px（116 pt），这里包括了 40 px（20 pt）状态栏的高度，同时也能放得下 68 px（34 pt）的大标题和辅助信息（如返回等图标）。在导航栏区域放置的功能有搜索、返回、添加、更多、分段选择控件等，使用 Photoshop 的设计师需要注意，此处图标的尺寸需按照 @2x 下的物理像素单位数值进行设计，如图 3-34 所示。苹果官方建议尺寸为 48×48 px（24×24 pt @2x），72×72 px（24×24 pt @3x），最大尺寸为 56×56 px（28×28 pt @2x），84×84 px（28×28 pt @3x），当然设计时可以在这个范围内选择一个合适的尺寸。

图 3-32　iOS 界面和安全区域

表 3-3　界面栏目尺寸

设 备 名 称	设计分辨率 /px	PPI	状态栏高度 /px	导航栏高度 /px	标签栏高度 /px	
iPhone XS Max/ iPhone11 Pro Max	1 242×2 688 px（@3x）	458	132 px（@3x）	132 px（@3x）	146 px（@3x）	
	828×1 792 px（@2x）		88 px（@2x）	88 px（@2x）	98 px（@2x）	
iPhone XS/iPhone X/iPhone11 Pro	1 125×2 436 px（@3x）	458	132 px（@3x）	132 px（@3x）	146 px（@3x）	
	750×1 624 px（@2x）		88 px（@2x）	88 px（@2x）	98 px（@2x）	设计稿尺寸
iPhone XR/ iPhone11	828×1 792 px（@2x）	326	88 px	88 px	98 px	
iPhone 6/6S/7/8 Plus	1 242×2 208 px（@3x）	401	60 px	132 px	146 px	
	828×1 472 px（@2x）					
iPhone 6/6S/7/8	750×1 334 px（@2x）	326	40 px	88 px	98 px	设计稿尺寸
iPhone SE	640×1 136 px（@2x）	326	40 px	88 px	98 px	

导航栏中的元素必须遵守如下几个对齐原则：

①"返回"按钮必须在左边对齐。

② 当前界面的标题必须在导航栏正中（可无）。

③ 其他控制按钮必须在右边对齐。

（3）标签栏/工具栏

标签栏（Tab Bars）出现在应用程序屏幕底部，iOS 规范中标签栏一般有 5 个、4 个、3 个图标的形式，如图 3-34 所示，一般分为"纯图标标签"和"图标加文字标签"两种形式。标签栏在任何目标页面中的高度是不变的，iOS 规定它的高度为 98 px（iOS @ 2x）。但因为 iPhone X 之后的全面屏手机引入了 Home Bar，所以在进行界面适配的时候，务必要加上 Home Bar 自身的 68 px 高度，如图 3-35 所示，即不能让 Home Bar 遮挡标签栏中标签的展示，否则两个控件会发生操作手势冲突。标签栏上的图标一般来说为 60 px（30 pt），数量在 2~5 个，所以能看到常规标签栏与紧凑型标签栏两种尺寸。标签栏图标设计规范如图 3-36 所示及见表 3-4。

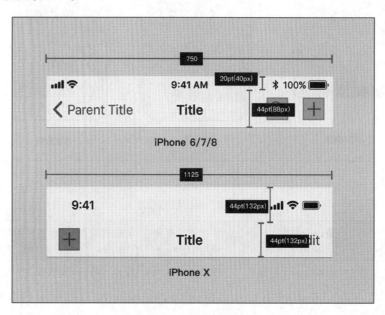

图 3-33　状态栏和导航栏

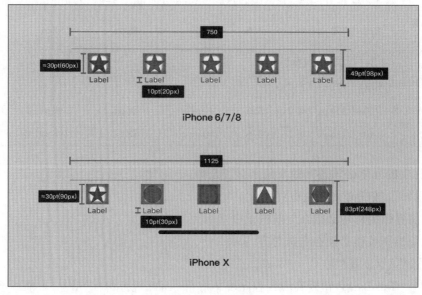

图 3-34　标签栏

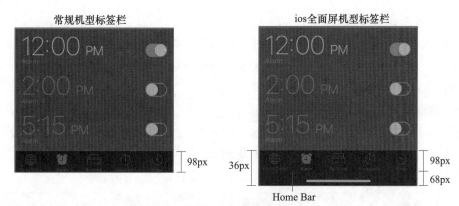

图 3-35　标签栏尺寸

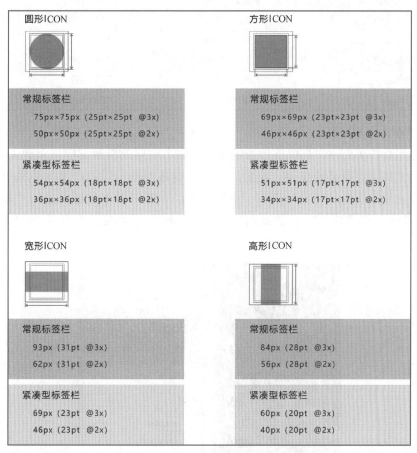

图 3-36　Tab 栏图标设计规范

表 3-4　iPhone 图标尺寸

设 备 名 称	App store 图标	应用图标	Spotlight 图标	设置图标	asset
iPhone X，8+，7+，6S+，6S	1 024×1 024 px	180×180 px	120×120 px	87×87 px	@ 3x
iPhone X，8，7，6S，6，SE	1 024×1 024 px	120×120 px	80×80 px	58×58 px	@ 3x

（4）全套 App-icon 尺寸

iOS 的 App-icon 是不需要带圆角切的，系统会自动处理。常规的 App-icon 全套图标尺寸一共有 7 套，分别有 40×40 px、60×60 px、58×58 px、87×87 px、80×80 px、120×120 px、180×180 px 和 1 024×1 024 px（圆角 180）。

（5）启动页尺寸（闪屏）

通常 App 的启动页是一张完整的静态满屏图片，上端无需状态栏信息，程序会在开发完毕时自动在闪屏中补上状态栏信息。UI 设计师需要提供的启动页尺寸见表 3-5。

表 3-5　iPhone 启动页尺寸

设 备 名 称	实际像素/px	逻辑像素/pt	数 量
iPhone XS Max	1 242×2 688	414×896	1
iPhone XR	828×1 792	414×896	1
iPhone X	1 125×2 436	375×812	1
iPhone 8 Plus	1 242×2 208	414×736	1
iPhone 8	750×1 334	375×667	1
iPhone SE	640×1 136	320×568	1

（6）界面边距和间距

全局边距是指页面内容到屏幕边缘的距离，整个应用的界面都应该以此来进行规范，以达到页面整体视觉效果的统一。在实际应用中应该根据不同的产品气质采用不同的边距，让边距成为界面的一种设计语言，全局边距的设置可以更好地引导用户竖向向下阅读。iOS 原生态页面"设置"和"通用"页面的边距都是 40 px，腾讯企鹅辅导的边距是 32 px，如图 3-37 所示。

图 3-37　边距

在移动端页面设计中卡片式布局用得最多，卡片和卡片之间的距离的设置需要根据界面的风格以及卡片承载信息的多少来界定，通常最小不低于 16 px，如图 3-38 所示。

图 3-38　卡片间距

（7）色彩

iPhone 显示色域比设计师制图时 RGB 色域广，所以在 iPhone 上进行颜色设置时，从心理学、色彩学角度只要符合产品气质即可，颜色可以自由设置。苹果官方系统色彩如图 3-39 所示。

（8）字体

iOS 的英文是 San Francisco（SF）字体，中文使用是苹方黑体。对于字体的粗细使用，则主要考虑信息层级的权重。苹果字体信息层级可分为标题、副标题、正文、辅文、注释几种，在总结了大多数优秀 App 界面之后建议字号见表 3-6。

表 3-6　iOS 字体字号建议

位　置	实际像素/px	逻辑像素/pt
标题	34～36	17～18
副标题	30～36	15～18
正文	28～34	14～17
辅文	20～28	10～14
注释	20～24	10～12

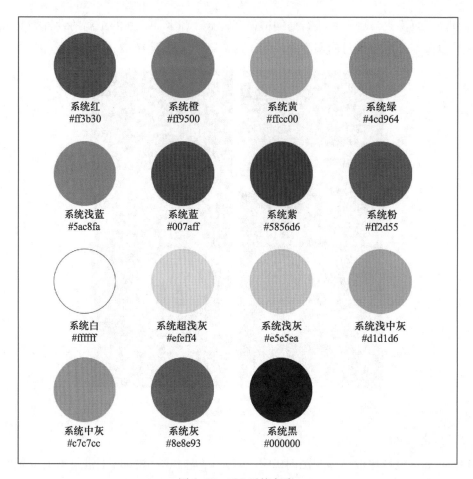

图 3-39　iOS 系统色彩

本页彩图

　　列表页的标题和详情文字大小一般用 4 和 6 的梯度搭配，例如，一般文字 30 px 标题搭配 26 px 详情，带头列表 30 px 标题搭配 24 px 辅助信息。详情页文章标题与正文文字大小间距为 8 的倍数，如 40 px、32 px、24 px 等。行间距与字号比例为 1~5 倍。在界面设计时，设计师要根据用户的使用情景，行高高于字体大小是否可读，中文字体需要以最终呈现效果为基准进行调整。注意手机上最小字体显示为 20 px（10 pt），最大则是大标题字体 68 px（34 pt）。字体详细使用位置字号参考见表 3-7。

表 3-7　iOS 字体详细使用位置字号参考

位　　置	实际像素/px	逻辑像素/pt
导航标题	34~36（主标题） 30~36（副标题） 68（大标题）	17~18（主标题） 15~18（副标题） 34（大标题）
标签栏文字	18~20	9~10

续表

位　　置	实际像素/px	逻辑像素/pt
Tab 导航文字	28~34（未选中） 30~50（选中）	14~17（未选中） 15~25（选中）
搜索栏文字	28~34	14~17
ICON 文字	24~28	12~14
列表文字	34	17
图片配文	26	13

（9）控件

控件包括按钮、选择器、滑杆、开关、文本框等，在苹果开发者网站提供了多个格式的 UIKit 组件，如图 3-40 所示。设计师在无须过多体现设计感的页面中都使用系统默认控件，在品牌感需要强调的页面使用自定义样式。在此过程中需要注意：

图 3-40　iOS 控件 UIKit 展示

选择区域符合 88 px（44 pt）原则，必须设计操作的正常、按下、选中、禁用 4 种状态。

控件中无处不在的 88 px（44 pt）原则。如图 3-41 所示。人手指点击区域为 7~9 mm，在 @2x 中就是 88 px（44 pt）。苹果的导航条、列表、工具栏都符合 88 px（44 pt）原则，在设计时一定也要考虑到手指的点击区域。

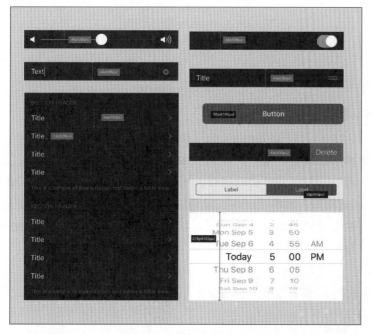

图 3-41　控件中的 44 pt

（10）命名规范

通用切片命名的规范是：组件_类别_功能_状态@ 2x. png（模块_类别_功能_状态@ 2x. png），如图 3-42 所示。名称应使用英文命名，不要使用数字或者符号作为开头，使用下画线进行连接，如 tabbar_icon_home_default@ 2x. png（标签栏_图标_主页_默认@ 2x. png）、mail_icon_search_pressed@ 2x. png（邮件_图标_搜索_默认@ 2x. png）。命名原则是清晰地表达出切片的具体内容并且没有重复的名称。为了命名的正确性，设计师需要先和合作的开发工程师进行沟通确认。

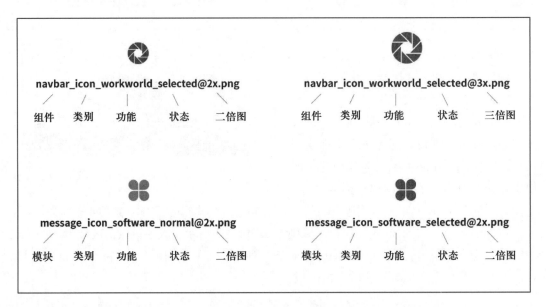

图 3-42　命名规范举例

3. Android 设计规范

（1）Android 概述

Android（安卓）是一种基于 Linux 的开放源代码的操作系统，是目前最常见的操作系统，一般情况下都用在移动设备中，如智能手机和平板电脑。Android 系统是现在最主流的一种手机操作系统，根据 IDC 最新报告，2019 年 Android 手机占 87％的市场份额。由于 Android 底层框架非常好，国内生产的智能手机都是基于 Android 底层框架优化研发的，也因此 Android 屏幕尺寸异常杂乱。如图 3-43 所示，从友盟提供的数据来看，720P 和 1080P 是使用率最高的。

（2）Android 设计尺寸

以 1 080×1 920 px 作为设计稿标准尺寸，见表 3-8。

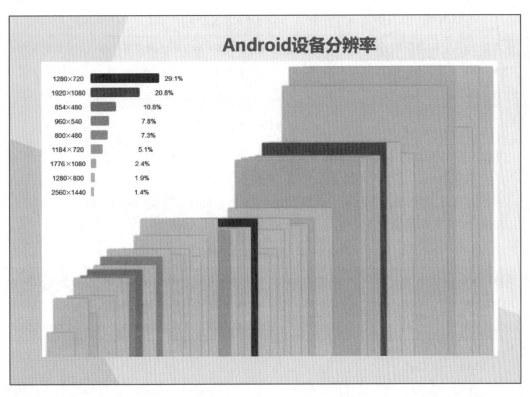

图 3-43　Android 设备分辨率占比（数据来自友盟）

表 3-8　Android 设计尺寸

分辨率/px	DPI	密度	dp 对应 px	状态栏/px	导航栏/px	标签栏/px
720×1 280	XHDPI	720P	1 dp = 2 px	50	96	96
1 920×1 080	XXHDPI	1 080P	1 dp = 3 px	60	144	150
3 840×2 160	XXXHDPI	4 K	1 dp = 4 px	—	—	—

（3）Android 开发单位 dp 和 sp

dp（density-indpendent pixels，独立密度像素）是 Android 设备的基本单位。dp 与设计师制图时用的 px 需要通过分析设备的 ppi 值进行换算。计算公式：dp×dpi/160 = px。

例如，以 720×1 280 px（320 ppi）为例，1 dp×320 ppi/160 = 2 px。

sp（scale-independent pixels，独立缩放像素）是 Android 设备的字体单位。安卓平台允许用户自定义文字大小，当文字尺寸是"正常"状态时，1 sp = 1 dp。蓝湖和像素大厨等标注软件都支持 sp 单位标记字体。

（4）Android 图标尺寸

Android 图标尺寸见表 3-9。

表 3-9 Android 图标尺寸

分辨率/px	启动图标/px	操作栏图标/px	上下文图标/px	系统通知图标/px	最细笔画/px
720×1 280	96×96	64×64	32×32	48×48	不小于 4
1 920×1 080	144×144	96×96	48×48	72×72	不小于 6

（5）Android 字体

中文：思源黑体/Noto Sans Han。

英文：Roboto。

大小：主题文字 36 px～34 px，正文 28 px～26 px，提示文字 24 px～22 px。

Android 文字规范见表 3-10。

表 3-10 Android 文字规范

分辨率/px	导航标题/px	标题文字/px	正文文字/px	辅助性文字/px	标签栏文字/px
720×1 280	36	28～48	30、32	20～28	20、24
1 920×1 080	54	42～72	45、48	30～42	30、36

（6）Android 切图

由于单像素的图会出现边缘模糊的情况，切图尺寸必须为双数。一般情况下，只需要提供 3 套切图资源就可以满足 Android 工程师的适配，分别是 HDPI、XHDPI 和 XXHDPI。除此之外，".9" 切图是 Android 平台开发中一种特殊的图片形式，文件扩展名为 ".9. png"。使用该种图片的好处是设计师做的 ".9" 图标可以让开发人员清楚哪些部分可以拉伸、哪些部分需要保留。

【任务实施】

1. 任务实施思路

根据任务描述，首先掌握 Material Design 相关内容，然后用苹果手机（本任务使用 iPhone XR）和 Android 手机（本任务使用华为 Mate3）查看腾讯企鹅辅导 App 的典型页面及页面布局，对比分析此款 App 在两个操作系统上的界面状态、构成要素、控件使用和一套界面适配两个操作系统的方法。

2. Material Design 的使用

（1）Material Design 简介

Material Designs（简称 MD）是 Google 公司 2014 年推出的一种全新的设计语言，其风格主要是扁平化设计。但是它不单单是扁平设计，而是一种注重卡片式设计、纸张的模拟、动效比较突出、使用了强烈对比色彩的设计风格。Material Designs 将 App 所有细节都进行了指引，给出了参考和规范，并且一直在根据生态环境更新。它的目标是创建一种优秀的设计原则和科学技术融合的可能性（Create），并给不同平台带来一致性的体验（Unify），且可以在规范的基础上突出设计者自己的品牌性（Customize）。本文将从移动端界面核心相关几个方面进行分析介绍，更多内容到可以到 Material Design 官方网站进行查看。

可以说，Material Design 是将优秀设计的经典原则与科学技术创新相结合而创造的视觉语言，其目标如图 3-44 所示。

图 3-44　Material Design 的目标（图片来自官网）

Material Design 的设计原则如下。

① 材料是隐喻：Material Design 受到物理世界及其质地的启发，包括它们如何反射光和投射阴影。材料重新构想了纸张和墨水的介质。

② 鲜明、形象、有意义：Material Design 以印刷设计方法（版式、网格、空间、比例、颜色和图像）为指导，以创建层次结构、含义和重点，使用户沉浸在体验中，如图 3-45 所示。

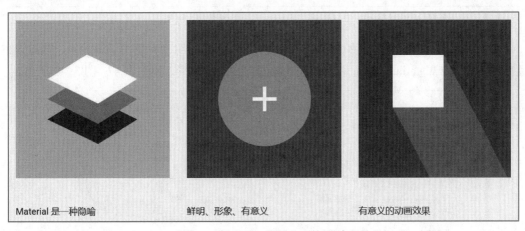

图 3-45　Material Design 的原则

③ 动效表达含义：动效通过微妙的反馈和连贯的过渡来吸引注意力并保持连续性。随着交互发生新的转换，出现在屏幕上的元素会转换和重组场景。动效应该是有意义的、合理的，动效的目的是为了吸引用户的注意力，以及维持整个系统的连续性体验。动效反馈需要细腻、清爽，转场动效需要高效、明晰。

④ 灵活的基础：Material Design 系统支持品牌表达，它与一个自定义代码库结合在一起，使得组件、插件和设计元素都得以灵活实现。

⑤ 跨平台：Material Design 通过共享组件实现在 Android、iOS、Flutter 和 Web 等不同平台上保持相同的 UI。

Material Design 的核心思想是把物理世界的体验带进屏幕，去掉现实中的杂质和随机性，保留最原始的形态、空间关系、变化与过渡，配合虚拟世界的灵活特性，还原最贴近真实的体验，达到简洁与直观的效果。例如卡片化设计，将一个白色卡片作为信息的载体，把物理世界所谓的物体的阴影、空间关系、重力、惯性、运动的时候所产生的变化与过渡都搭配起来，通过虚拟世界的灵活性和信息的反馈交互还原最贴近真实的一种交互体验。

（2）Material Design 的环境（3D 世界）

Material Design 的用户界面显示在使用光、材料和投射阴影表示三维（3D）空间的环境中。这个环境是一个 3D 空间，这意味着每个对象都有 X、Y、Z 三维坐标属性，Z 轴垂直于显示平面如图 3-46 所示，并延伸向用户视角，每个材料都有 Z 轴厚度，标准是 1 dp，相当于一个屏幕密度为 160 的设备上的 1 像素。

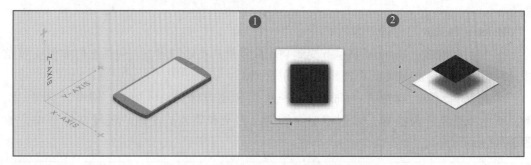

图 3-46　Material Design 中的 Z 轴和卡片

Z 轴投影：界面中不同模块功能可以使用不同 Z 轴高度明确其逻辑层级关系，最重要的投影最高。通常 Material Design 以阴影或动效的方式强调海拔，如图 3-47~图 3-49 所示。

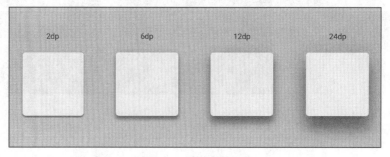

图 3-47　阴影表现海拔

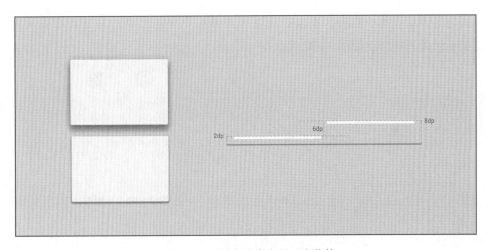

图 3-48　不同海拔高度的两个物体

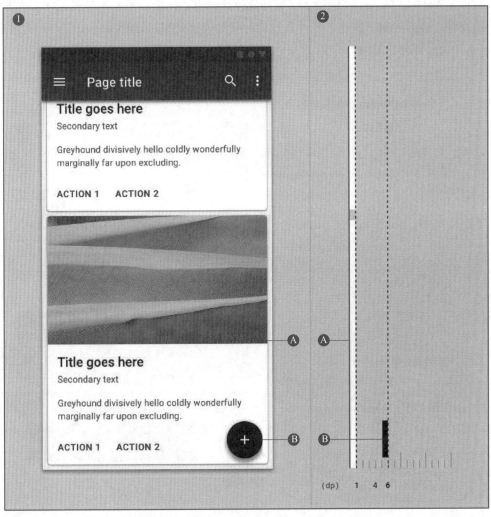

图 3-49　悬浮按钮和卡片式设计不同高度对比

动画效果需掌握两个原则：重视动画能表达界面元素的关系以及重视缓动。限于篇幅，这里不做展开解析，如图 3-50 所示。

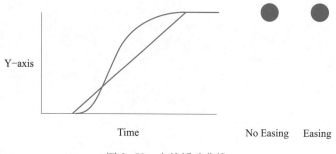

图 3-50　自然缓动曲线

（3）组件

组件是 Material Design 区别于 iOS 等其他设计的重要标识，当人们看到 FAB、底部栏、背板的设计、顶部导航、按钮、卡片式设计时就知道这是 Material Design。表 3-11 列出了 Material Design 部分典型组件。

表 3-11　**Material Design** 组件列表

序号	**Material Design** 典型组件名称	示　例　图
1	悬浮球 FAB（Buttons：floating action button）	
2	底部应用栏（App bars：bottom） 由以下部分组成： ① 容器 ② 导航抽屉控制 ③ 浮动操作按钮（FAB） ④ 动作图标 ⑤ 更多菜单控件	
3	顶部应用栏（App bars：top） 由以下部分组成： ① 顶部栏容器 ② 抽屉式导航图标（可选） ③ 标题（可选） ④ 系统图标（可选） ⑤ 更多按钮（可选）	

续表

序号	Material Design 典型组件名称	示　例　图
4	背板设计（Backdrop） ① 背板设计隐藏时，后层控件可以提供有关前层的辅助信息 ② 背板设计激活时，后层会显示与前层相关的控件。这样可变的设计可以让用户更加方便地找到需要的功能	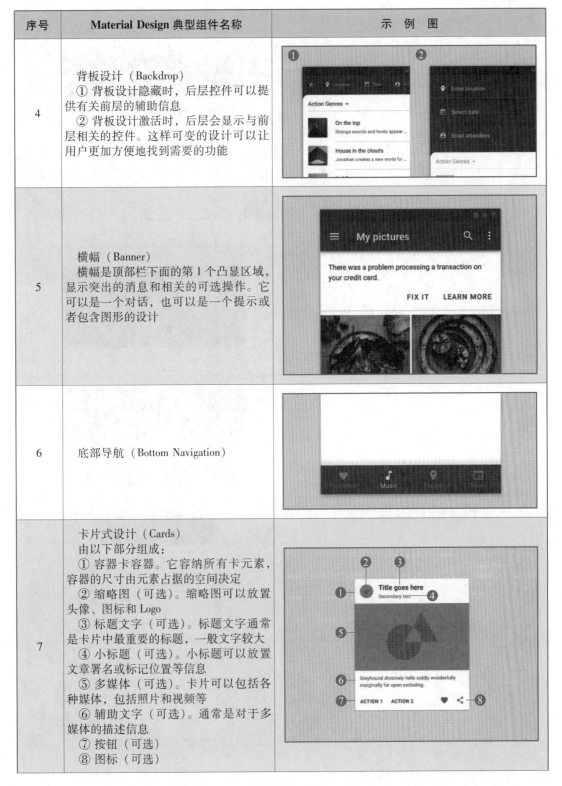
5	横幅（Banner） 横幅是顶部栏下面的第 1 个凸显区域，显示突出的消息和相关的可选操作。它可以是一个对话，也可以是一个提示或者包含图形的设计	
6	底部导航（Bottom Navigation）	
7	卡片式设计（Cards） 由以下部分组成： ① 容器卡容器。它容纳所有卡元素，容器的尺寸由元素占据的空间决定 ② 缩略图（可选）。缩略图可以放置头像、图标和 Logo ③ 标题文字（可选）。标题文字通常是卡片中最重要的标题，一般文字较大 ④ 小标题（可选）。小标题可以放置文章署名或标记位置等信息 ⑤ 多媒体（可选）。卡片可以包括各种媒体，包括照片和视频等 ⑥ 辅助文字（可选）。通常是对于多媒体的描述信息 ⑦ 按钮（可选） ⑧ 图标（可选）	

序号	Material Design 典型组件名称	示　例　图
8	纸片（Chips） 纸片通常是输入框中多个元素的组合，有选中态和交互态等丰富的交互	
9	分割线	
10	页卡（Tabs）	
11	选择器（Selection Controls）	

续表

序号	Material Design 典型组件名称	示　例　图
12	抽屉式导航（Navigation Drawer） 由以下部分组成： ① 容器（可选） ② 头部（可选），通常为用户个人信息 ③ 分割线（可选） ④ 选中态 ⑤ 选中态的文本 ⑥ 没有激活的文本 ⑦ 小标题 ⑧ 底层界面（不可操作）	

（4）响应式布局栅格

Material Design 的响应式布局栅格（Responsive Layout Grid）可适应屏幕尺寸和方向，从而确保各个布局之间的一致性。布局栅格由：列（Columns）、水槽（Gutters）和边距（Margins）3 个元素组成，又称栅格系统三要素如图 3-51 所示。

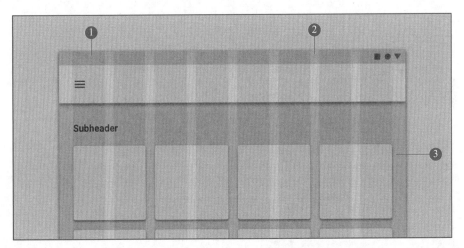

图 3-51　响应式布局栅格组成

列、水槽、边距如图 3-52 所示，列建立的时候要考虑整体的宽度，然后进行整除。在移动设备上，在 360 dp 的断点处，此布局栅边距是栅格和屏幕之间的距离，在不同的屏幕上人们可以根据手指点击方便程度给予不同的边距当作安全距离，同时也可以解决列和水槽无法被整除的一些情况。格使用 4 列。水槽是列之间的空间，作用是分离内容。在响应式布局中，列的宽度是不变的，然而水槽的宽度是可变的，因此在设计时可以自定义布局栅格，以满足产品和各种设备尺寸的需求。注意：间隙和边距是灵活的值，在 Material Design 网格系统内不需要相等。Material Design 有在不同设备中的栅格系统建议，详情可登录官方网站查询。

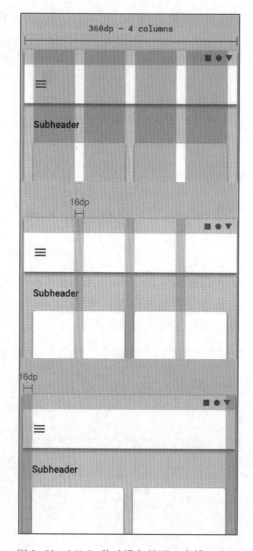

图 3-52　360 dp 移动设备的列、水槽、边距

（5）色彩

Material Design 中的配色灵感来自大胆的色调与柔和的环境、深度的阴影、明亮的高光并存。如图 3-53 所示，在 Material Design 色彩系统中，通常选择主色和辅色来表现你的品牌，并通过不同的方式将主色、辅色的明暗变体应用于你的界面。在配色的时候要注意以下 3 个原则。

① 分级：可以使用色彩来告诉用户哪些是可交互的，哪些是装饰；并且色彩与信息的逻辑关系应该是相关的，重要的元素应该使用最突出的颜色。

② 清晰：文本和背景色彩差异要大，确保文字能清晰识别。

③ 品牌：通过展示品牌色彩来增强品牌风格，从而强化品牌。

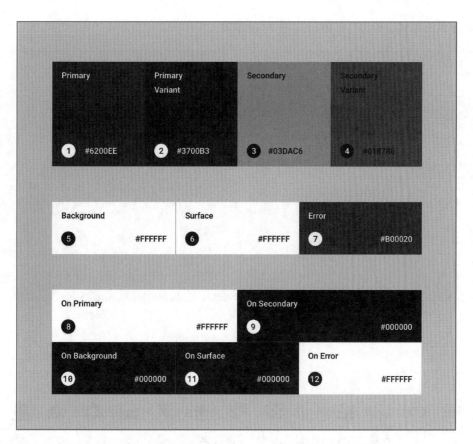

图 3-53　Material Design 基准色

（6）图标

Material Design 中桌面图标尺寸是 48×48 dp，桌面图标建议模仿现实中折纸效果，每个图标都像纸张一样被切割、折叠和照亮，用简单的图形元素来表示，如图 3-54 所示。材料的材质坚固、折叠整齐、边缘清晰，通过微妙的高光和一致的阴影表现光照的效果。

图标的网格和关键线如图 3-55 所示。产品图标网格被用来促进图标的一致性，以及为图形元素的定位建立一组清晰的规范。这种标准化的规范造就了一个灵活但有条理的系统。关键线形状则是网格的基础。使用这些核心形状作为准则，可以在相关产品图标的设计中保持一致的视觉比例。

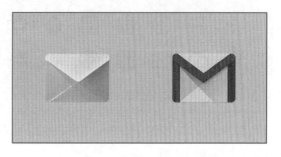

图 3-54　Material Design 桌面图标

系统图标优先使用 Material Design 默认图标，如图 3-56 所示。在设计移动端功能图标时，使用最简练的图形来表达，图形尽量不要带有空间感。图标应该留出一定的边距，保证不同面积的图标视觉显示一样大，如图 3-57 所示。如果多个图标具有类似的逻辑层级，且同时在界面出现，注意它们的大小应尽量相等。

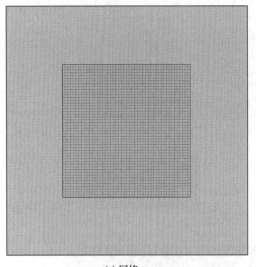

(a) 网格

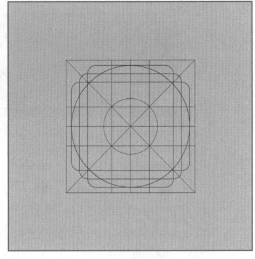

(b) 关键线

图 3-55 图标网格和关键线

图 3-56 图标网格和关键线

（7）文字

Roboto 和 Noto（思源黑体）是 Android 和 Chrome 上的标准字体，如图 3-58 所示。Roboto 有 6 种字重：Thin、Light、Regular、Medium、Bold 和 Black。Noto（思源黑体）有 7 种字重：Thin、Light、DemiLight、Regular、Medium、Bold 和 Black。

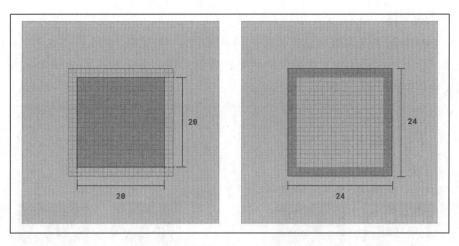

图 3-57　图标的安全区域

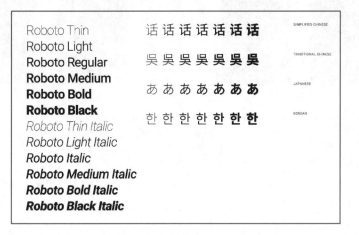

图 3-58　Roboto 和思源黑体字体

3. 实施步骤和结果——具体分析 iOS 与 Android 的差异

（1）设计语言不同

iOS 和 Android 的设计语言不同如图 3-59 所示。

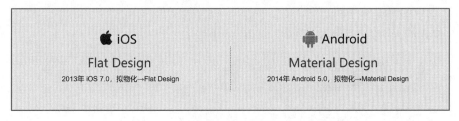

图 3-59　设计语言

（2）动效不同

iOS 和 Android 都是客观生活经验移植到界面中的一种思路。iOS 的动效建立在镜头运动和景深变化上，近实远虚，对焦物体清晰，背景采用高斯模糊；Material Design 的隐喻是纸张，动效强调缓动，如图 3-60 所示。

图 3-60　动效

（3）单位尺寸不同

iOS 的开发单位是 pt（"points"的缩写，点），1 pt = 1/72 英寸；Android 的开发单位是 dp，即密度无关像素；Android 的字体单位是 sp，即独立比例像素，如图 3-61 所示。

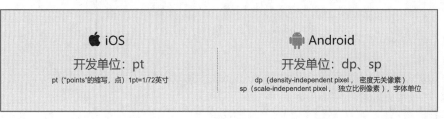

图 3-61　单位尺寸

本页彩图

（4）设计起稿尺寸不同

iOS 和 Android 设计起稿尺寸不同，如图 3-62 所示。

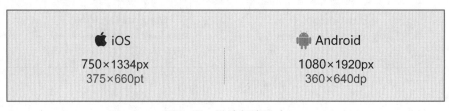

图 3-62　设计起稿尺寸

（5）字体规范不同

iOS 设计英文字体使用 San Francisco（SF），中文字体使用苹方；Android 设计英文字体使用 Roboto，中文字体使用思源黑体（Noto），如图 3-63 所示。从视觉效果上来说，在相同字重上，思源黑体更粗一些。

图 3-63　字体规范

（6）页面基础布局不同

iOS 和 Android 页面基础布局不同，如图 3-64 所示。

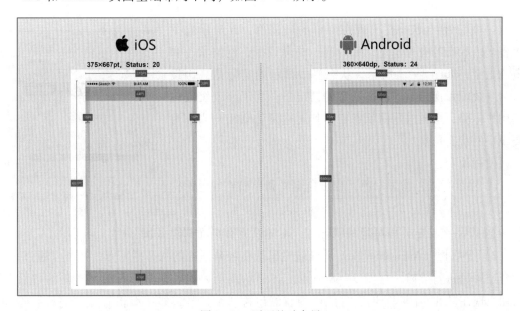

图 3-64　页面基础布局

（7）控件应用差异

组件的种类繁多，具体名称如图 3-65 所示。本书仅从 Bars 展开分析 iOS 和 Android 组件的差异，如图 3-66 所示。

-Bars 栏	-Navigation 导航
-Buttons 按钮	-Pickers 选择器
-Selection Control选择控件	-Refresh 刷新
-Text Fields 文本框	-Sliders 滑块
-Lists/Cell 列表	-Page Controls 页面控制
-Dialogs 提示框/弹窗	-Grids 网格
-Action Sheet 操作面板	-Progress 进度
-Menus 菜单	-Dividers 分割线

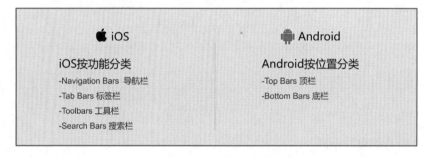

图 3-65　组件名称

图 3-66　组件分类

1）状态栏。状态栏出现在屏幕的最顶部，并显示有关设备当前状态的有用信息，如时间、蜂窝数据，网络状态和电池电量，如图 3-67 所示。状态栏中显示的实际信息因设备和系统配置而异。产品在特定的情况下，为了呈现沉浸式的用户体验，会暂时隐藏状态栏。其用途是告知用户当前重要设备的状态信息。

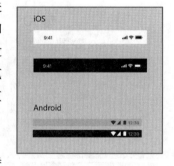

图 3-67　状态栏

使用说明：

① 除了背景色为黑白色，也能自定义和导航栏颜色保持一致。

② 产品在特定界面可隐藏状态栏，不建议所有页面都隐藏状态栏。

2）导航栏（Navigation Bar）。导航栏出现在屏幕顶部的状态栏下方，并可以通过一系列分层屏幕进行导航，如图 3-68 所示。当显示新屏幕时，通常标有前一屏幕的“后退”按钮出现在栏的左侧。有时，导航栏的右侧包含一个控件，如“编辑”或“完成”按钮，用于管理活动视图中的内容。其用途是通过导航栏上的标题，告知用户当前界面的主要信息内容；提供返回上一页或者关闭的作用；提供快捷功能入口或者对当前页面的管理操作。

使用说明：

① 导航栏的标题文字不宜超过一行，当无标题时，可以将标题空出来。

② 右侧操作按钮不超过两个，否则可收到更多功能中。

由于国内大多数移动端界面设计都使用 iOS 设计稿进行设计，也经常将其改成 Android 尺寸以使用 Android 平台。所以从视觉效果上来说，腾讯企鹅辅导两个平台的界面视觉效果差异不大。

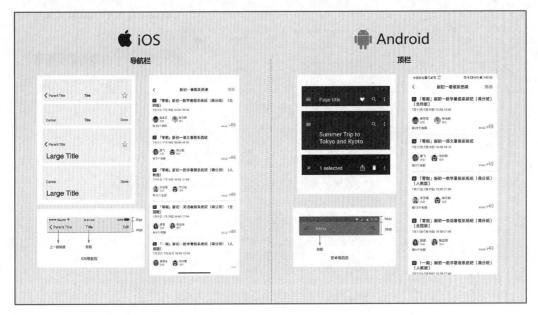

图 3-68　导航栏

3）标签栏/工具栏（Tool Bar）。标签栏位于屏幕底部，它是悬浮在当前页面之上的，并且会一直存在，只有当用户点击跳转到二级菜单后才会消失，数量一般在 3~5 个，如图 3-69 所示。工具栏同样位于屏幕底部，悬浮在当前页面上，并且当用户不需要使用的时候，可以将其隐藏，例如向上滑动界面时，工具栏会自动隐藏。工具栏的内容主要是对当前页面的操作按钮。Android 的 TopBar 和 BottomBar 有且只能使用其中 1 种方式，不可共存。

4）搜索栏（Search Bar）。用户通过在搜索栏中输入关键词，搜索到想要的信息，如图 3-70 所示。其用途是当应用内包含大量信息时，用户可以通过搜索快速地定位到特定的内容。

使用说明：

① 对于搜索的规范，iOS 官方给出的是隐藏搜索栏，即用户通过下拉展示搜索栏；Android 则是通过搜索图标控件引导用户点击出现搜索栏。

② 搜索栏中可置入语音，通过语音进行搜索。

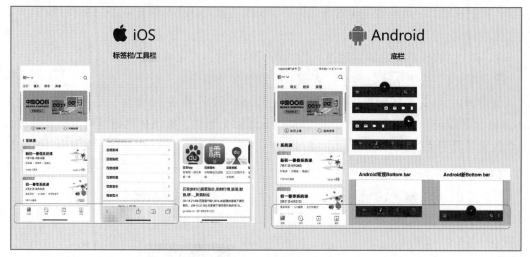

图 3-69 标签栏/工具栏

图 3-70 搜索栏

（8）弹窗

iOS 中称为 Alert，Android 中称为 Dialog，如图 3-71 所示。用户需要对此弹框进行操作后才能继续执行其他任务；另外轻量级提示，在各自平台中的名称也不同，iOS 中习惯叫作 HUD，Android 中习惯叫作 Toast。

图 3-71　弹窗

（9）开关、滑块、选择器不同

iOS 和 Android 开关、滑块、选择器不同，如图 3-72 所示。

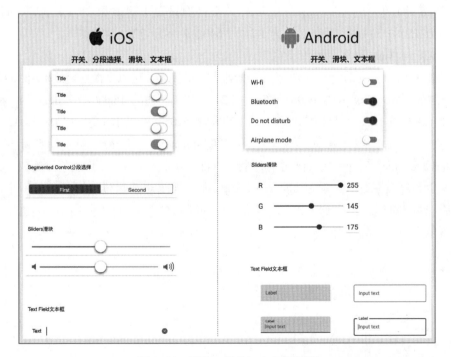

图 3-72　开关、滑块、文本框组件

4. 一套界面适配两个操作系统的方法

通常人们使用 iOS 规范制作移动端界面，然后再将界面设计尺寸（大部分采用 750×1 334 px）改成 Android 的尺寸（大部分采用 1 920×1 080 px），然后字体改为思源和 Roboto，状态栏改为 Android 样式，并使用切图工具（如 Cutterman）切出 Android 所需的各套切图（一般为 XHDPI、XXHDPI、XXXHDI 三套或更多）即可完成粗略地适配 Android。

UI 设计适配 iOS 与 Android 的主要方法有以下 3 种：

（1）iOS 与 Android 共用一套效果图 1 242×2 208 px

iOS 常用尺寸为 1 242×2 208 px、750×1 334 px、640×1 136 px。其中 750×1 334 px、640×1 136 px 同为 @ 2x，1 242×2 208 px 为 @ 3x，所以 750×1 334 px、640×1 136 px 只做一套 640×1 136 px 即可。Android 常用尺寸为 1 080×1 920 px、720×1 280 px、480×800 px，相邻之间是 1.5 倍的关系，即 1 080 除以 1.5 等于 720，720 除以 1.5 等于 480。因此，这 3 个尺寸可以等比缩放大小，只做一套 1 080×1 920 px 就可以了。

（2）iOS 与 Android 共用一套效果图 750×1 334 px

上面提到，iOS 中的 750×1 334 px、640×1 136 px 同为 @ 2x，所以 750 跟 640 用同一套图标、同一套字体即可，至于其他的尺寸大小，只要跟着尺寸延伸就没问题。而 750×1 334 px 应用到 1 242×2 208 px，则需要把 @ 2x 的图标放大导出成 @ 3x，也就是把字体图标放大 1.5 倍，其余的直接放大到 1 242 px 即可。而对于 Android 的版本，可以把 1 242×2 208 px 直接换算成为 1 080×1 920 px，1 px 之差可以忽略。最后换算出了 1 080×1 920 px，那么 Android 的其他尺寸也就做好了。同样，交付物只要 1 套效果图与 5 套切图即可，1 套效果图为 750×1 334 px，5 套切图为 1 242、640、1 080、720、480。

（3）iOS 与 Android 各做两套效果图

原理跟方案（1）、（2）差不多，为了追求细节上的完美，可以多做一套效果图，即两套效果图，分别是 1 242×2 208 px 与 640×1 136 px，1 242×2 208 px 适配 iPhone 6+Android 的 3 种尺寸，1 242×2 208 px 除以 1.15 等于 1 080×1 920 px，1 080×1 920 px 除以 1.5 等于 720×1 280 px，720×1 280 px 除以 1.5 等于 480×800 px，640×1 136 px 适配 iPhone 6、iPhone 5、iPhone 5S 等尺寸。

Material Design 将 App 从头到尾的各个细节都做了指引，并给了参考及规范，该规范一直根据生态环境在更新。学习 Material Design 设计规范对于每位设计师都是一个能力提升的过程。Android 设计和 iOS 相比，需要注意的问题更多，同时带来的挑战也多，当然设计能力也会因此得到提升。

【知识拓展】

问题思考

（1）设计规范对界面设计起到什么样的作用？

（2）移动端设备更新较快，如何紧跟设计规范和趋势？

任务 3-3　基于腾讯企鹅辅导的交互理论知识运用

任务 3-3
基于腾讯企鹅
辅导的交互理
论知识运用

【任务描述】

本任务的主要目标是了解交互设计理论的基本知识，包括用户研究、体验设计、界面构建的技能方法及运用。使用交互设计理论知识，从角色、场景、任务 3 个维度理解腾讯企鹅辅导，并完成用户体验简报。在此过程中，通过对产品的深度解析反推流程图、架构图、线框图。

【问题引导】

1. 腾讯企鹅辅导是什么样的产品？
2. 都是谁在使用腾讯企鹅辅导？
3. 用户都是在什么场景下使用呢？
4. 用户使用 App 时通过几种方法找到心仪课程？
5. 课程模块如何展示才能有效达成购买决策？

【知识准备】

1. 交互设计基础术语科普

（1）交互设计

交互设计（Interaction Design，IxD）用于定义与人造物的行为方式（the "interaction"，即人工制品在特定场景下的反应方式）相关的界面。交互设计不仅需要对产品的行为进行定义，还包括对用户认知和行为规律的研究，其更关注的是交互系统如何在宏观和微观层面改变人们的行为和生活方式。

根据第一性原理，将交互设计拆解成交互层和设计层，如图 3-73 所示，并结合辛向阳教授定义的交互设计 5 要素，得出结论：交互的本质是信息的交流与互动，由用户、目标、场景构成；设计的本质是找到解决问题的手段，由媒介、行为构成。交互设计的本质是设计师为用户设计出在某个场景下信息交流与互动的媒介和行为，从而达成目标。

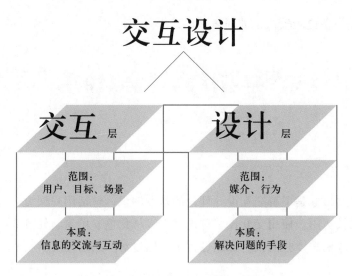

图 3-73　交互设计图解（作者王晗陵）

（2）用户体验

唐纳德·诺曼（Donald Norman）对用户体验（User Experience）的定义：用户体验是指一个人使用一个特定产品或系统或服务时的行为、情绪与态度，包括人机交互时的操作、体验、情感、意义、价值，以及用户对于系统的功能、易用、效率的感受。用户体验是交互设计成败的关键，体验设计这一术语是来概括信息产品和界面以及相关的设计与可用性学科。体验设计更强调"体验"对于信息时代"设计"工作的意义。

（3）信息架构

信息架构（Information Architecture）设计是对信息进行结构、组织以及归类的设计，让用户容易使用与理解的一项艺术与科学。简单来说，信息架构是指 App 或网站当中全部信息的组成结构。经过认真梳理的信息架构可以使产品更加易于被理解和导航，可以让用户第一眼对产品有一个简单的认知，即知道自己可以用产品做什么事，知道产品提供什么服务。

（4）任务流程

流程设计（Task Flow）就是去设计如何引导用户完成一项任务。任务流程图就是通过图形化的表达形式，阐述产品在功能层面的逻辑和信息。它能够更清晰、直观地展示用户在使用某个功能时，会产生的一系列操作和反馈的图标。

（5）故事板

故事板（Storyboard）简而言之就是用一系列草图来表达出某个产品功能。当产品功能比较复杂、用文字难以表述清楚时，可以尝试用故事板。故事板不用像艺术般绘制的很精细，可以随意地画几个图形释义，只要能够清晰传达出想要表达的概念和想法即可。

（6）用户画像

用户画像是用一个虚拟的典型人物角色来代表一类用户群体，即真实用户的虚拟代表，是对用户的真实数据（Makreting Data&Usability Data）进行标签化的用户模型，通过挖掘用户在典型场景下的行为、态度、观点背后的动机、目标及需求，帮助产品团队形象地了解目标用户的行为特征、判断用户需求的有效沟通工具。用户画像分为 3 类，一类是服务于细分市场的用户画像，通常是对整个需求市场、人群进行大类别的划分，包含用户的基本人口属性、行为特征等，需要划分出几个不同的市场，如护肤品产品，在市场上的划分根据用户的性别、年龄、皮肤特性等；第二类是用户档案型用户画像，这是一个记录用户群体描述特征的数据库，是对用户群体做描述、分类、排列优先级的一个动态数据库，包含一系列的标签描述，主要依赖定量的研究数据，埋点、问卷等；第三类用户画像 Persona 角色模型是用来描述用户的目标、动机、需求，构建场景并且以虚拟人物角色呈现。

（7）雅各布·尼尔森"10 大可用性设计原则"

Jakob Nielsen（雅各布·尼尔森）是毕业于哥本哈根的丹麦技术大学的人机交互博士，1995 年 1 月 1 日发表了"10 大可用性设计原则"，见表 3-12。

表 3-12 尼尔森"10 大可用性设计原则"

编　号	原　　则	解　　释
1	系统状态可见性	系统应该在适当的时间内适当地做出适当的反馈，告知用户当前的系统状态
2	系统与用户显示世界的匹配	产品设计应该使用用户的语言，使用用户熟悉的词、句、概念，还应该符合真实世界中的使用习惯
3	用户控制和自由	用户经常会在使用功能的时候发生误操作，这时需要一个非常明确的"紧急出口"来帮助他们从当时的情境中恢复过来，需要支持取消和重做
4	一致性与标准化	同一产品内，产品的信息架构导航，功能名称和内容，信息的视觉呈现，操作行为交互方式等方面保持一致，产品与通用的业界标准一致
5	错误预防	在用户选择动作发生之前，就要防止用户容易混淆或者错误的选择
6	让用户再认而非记忆	尽量减少用户需要记忆的事情和行动，提供可选项让用户确认信息
7	具备灵活且高效	系统需要同时适用于经验丰富和缺乏经验的用户
8	美观而简洁的设计	界面中不应该包含无关紧要的信息，设计需要简洁明了，不要包括不相关或者不需要的内容，每个多余的信息都会分散用户对有用或者相关信息的注意力
9	帮助用户认知、判断和修复错误	当系统能够帮助用户自动甄别出错，并及时进行修正，将给用户带来极大的便利
10	帮助使用手册	提供帮助信息，帮助信息应当易于查找，聚焦于用户的使用任务，列出使用步骤，并且信息量不能过大

（8）交互设计九大定律

随着交互体系不断完善，交互设计七大定律也逐渐拓展到九大定律，主要是菲茨定律、席克定律、米勒定律、临近性原则、复杂守恒定律、奥卡姆剃刀原理、防错原则、蔡格尼克记忆定律和雅各布定律，如图3-74所示。

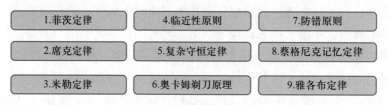

1.菲茨定律	4.临近性原则	7.防错原则
2.席克定律	5.复杂守恒定律	8.蔡格尼克记忆定律
3.米勒定律	6.奥卡姆剃刀原理	9.雅各布定律

图3-74 交互设计九大定律

1）菲茨定律（菲茨法则，Fitts' Law），如图3-75所示。将日常看到的界面元素进行去色彩和去信息化，把这些控件/元素等都变成灰色色块，其实也就变成了最简单的原型图。这些灰色色块抛开了视觉上的属性，其实有两大最基本的属性，即色块的位置和大小。菲兹定律是指，要通过控制色块或者说界面元素的大小和位置（绝对距离和相对距离）来进行界面布局，进而控制交互时间，达到设计或者业务层面的目的。

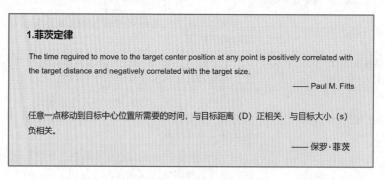

1.菲茨定律

The time reguired to move to the target center position at any point is positively correlated with the target distance and negatively correlated with the target size.

—— Paul M. Fitts

任意一点移动到目标中心位置所需要的时间，与目标距离（D）正相关，与目标大小（s）负相关。

—— 保罗·菲茨

图3-75 菲茨定律

2）席克定律（席克法则，Hick's Law），如图3-76所示。席克定律也是研究交互时间的。需要通过控制席克定律所总结的两大因素——数目和复杂程度，进而去左右界面布局的形式，从而缩短交互时间，达成良好的体验。

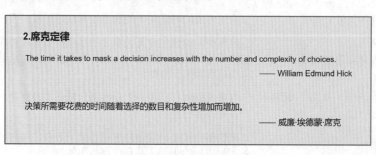

2.席克定律

The time it takes to mask a decision increases with the number and complexity of choices.

—— William Edmund Hick

决策所需要花费的时间随着选择的数目和复杂性增加而增加。

—— 威廉·埃德蒙·席克

图3-76 席克定律

3）米勒定律，如图 3-77 所示。米勒定律对人的记忆数目进行了定量的研究，即 5~9 个是人脑接受起来比较合适的，多了就容易混乱。

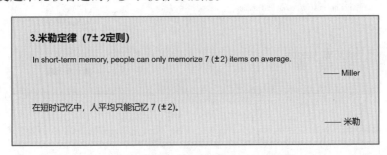

图 3-77　米勒定律

4）临近性原则，如图 3-78 所示。和四大基本原则的亲密性原则类似，即在界面布局的时候性质相同的事物要相接近，不相同的要远离，这样更符合人们的既定认知。

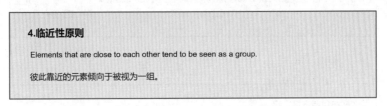

图 3-78　临近性原则

5）复杂守恒定律，如图 3-79 所示。任何事物都有其复杂性，不可避免。某些事物一旦失去其复杂性，其作用本质就可能失去效果。不要抱怨某些流程和工作，它们的复杂性是其发挥作用所必然带来的，所以才需要优化和简化。

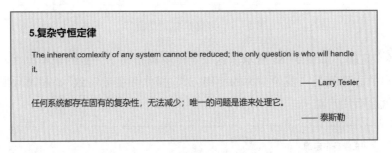

图 3-79　复杂守恒定律

6）奥卡姆剃刀原理，如图 3-80 所示。在相同前提下选择最简单有效的方法，单纯的炫技是可耻的。

7）防错原则，如图 3-81 所示。防错原则认为大部分的意外都是由设计的疏忽，而不是人为操作疏忽。通过改变设计可以把过失降到最低。

8）蔡格尼克记忆定律，如图 3-82 所示。这一点主要体现在产品设计上，通过对未完成任务的提醒，去博得用户的注意力，进而达到商业目的。

6.奥卡姆剃刀原理

If not necessary, do not add entities.

—— William of Occam

如无必要，勿增实体。

—— 奥卡姆·威廉

图 3-80 奥卡姆剃刀原理

7.防错原则

We cannot eliminate errors, but we must detect and correct them in time to prevent errors from forming defects.

—— Shigeo Shingo

我们不可能消除差错，但是必须及时发现和立即纠正，防止差错形成缺陷。

—— 新乡重夫

图 3-81 防错原则

8.蔡格尼克记忆定律

People have deeper memories of unfinished tasks than they have completed.

—— Bluma Zeigarnik

人们对未完成任务的记忆比已完成的更深刻。

—— 布尔玛·蔡格尼克

图 3-82 蔡格尼克记忆定律

9）雅各布定律，如图 3-83 所示。这一定律明确指出了一致的根本原因。在产品设计的时候，用户的心理就是"我希望你的使用方式/操作和主流一致"，超出预期的就会有人群不接受，就会有用户流失。

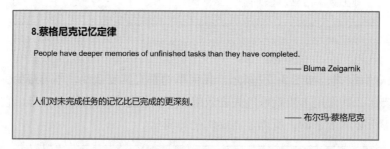

9.雅各布定律

Users spend most of their time on other people's websites (products), not yours. This means that they want your websites (products) to have the same operation methods and usage patterns as other's.

—— Jakob Nielsen

用户将大部分时间花在别人家的产品上，而不是你的。这意味他们希望你的产品跟别人的又相同操作方法和使用模式。

—— 雅各布·尼尔森

图 3-83 雅各布定律

2. 用户研究

用户研究是对于用户目标、需求和能力的系统研究，其目的是为了给设计、架构或改进工具来帮助用户更好地工作和生活。用户研究贯穿产品开发的各个阶段，在上线前进行用户研究可以了解用户需求和痛点，以此来发掘新想法；在产品使用过程中，用户研究收集用户使用反馈，核验产品对问题的解决情况，以此评估产品的表现并分析用户流失的原因，从而提高用户体验。

用户研究的方法主要分为两大类：定性研究和定量研究，如图 3-84 所示。定性研究是在一群小规模、精心挑选的样本个体上的研究，该研究不要求具有统计意义，但是凭借研究者的经验、敏感以及有关的技术，能有效地洞察研究对象的行为和动机，以及题目可能带来的影响。定量研究是得到定量的数据，通过统计分析将结果从样本推广到研究的整体，可以深入细致地研究事物内部的构成比例，研究事物的规模大小和水平高低。

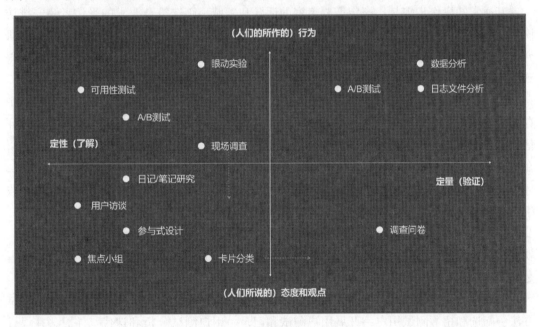

图 3-84 定性研究和定量研究

（1）定性研究

定性研究是一种探索性研究，它通过特殊的技术获得人们的想法、感受等方面的较为深层反应的信系，主要了解目标人群的态度、信念、动机、行为等有关问题。定性研究是需要研究者针对少数个体，通常只针对 10~20 个典型用户，根据研究者的观察、经验、分析来进行研究的方法。定性研究并不要求统计意义上的证明，更多的是研究者本身凭借自身经验和观察对用户进行研究。主要的定性研究有用户访谈、焦点小组、可用性测试和卡片分类法。

1）用户访谈。用户访谈是用户研究中最常用的方法，主要是深度探索用户在使用产品过程中所遇到的问题与感受。通常有以下步骤：筛选合适的受访者→制定访谈提纲→开展访谈→整理访谈。在访谈过程中还包括以下模块：简单介绍→破冰环节→开始访谈（比较浅层）→话题深挖→访谈总结→访谈结束。注意，整个过程需要持续关注受访者的状态，包括是否开始疲倦、是否过于发散、受访者是否有表达模糊或者有歧义等。遇到这些问题，访谈人员都需要适当地控场和引导。此外，除了言语之外，受访者的表情、语调以及潜台词等，都具有丰富的信息，需要不断地去确认和澄清。访谈结束后，最好是当场，至少是当天就可以完成本场次的访谈记录和总结工作。

2）焦点小组。焦点小组访谈是通过召集一群具有相似特征的用户，对某一话题或者领域进行深度发散和问题收集的研究方法。与前面的用户访谈相似，焦点小组访谈也适用于对某一研究话题和领域进行深度探索。但是与用户访谈不同的是，焦点小组访谈法侧重于发散和收集，即对不同用户的反馈意见进行收集，而用户访谈法则侧重于在点上的深挖。

其通常的操作步骤是：拟定需要考察的话题和领域→筛选符合要求的受访者→安排访谈环境和设备（包括白板、便笺纸等）→访谈介绍，破冰环节→开展焦点小组访谈，就研究主题进行发散→意见收集及总结→访谈信息整理及分析。注意，焦点小组访谈不需要得到明确的结论，在信息收集的过程中，也要注意控场和对研究目的的把握。

3）可用性测试。可用性测试就是通过观察用户使用产品完成典型任务，发现产品中存在的效率与满意度相关问题的方法。可用性测试大多被用于网站或移动应用的设计评估，其实也可以用于智能硬件的完整体验流程，通常会邀请目标受众群体中的真实用户，在特定场景下通过产品完成典型的任务。在真实的使用过程中观察用户的实际操作情况，详细记录并分析用户在使用产品中遇到的问题，目的是发现产品中存在的可用性问题，收集定性和定量数据帮助产品改进，并确定目标用户对产品的满意度。在实际运用中，当需要验证产品的设计是否可行，或者需要考察某个功能模块的设计是否符合用户的习惯时，就需要引入用户可用性测试。测试的范围可以是整个产品，也可以是某个功能模块，或者是某个用户在场景下的典型任务。

其通常的操作步骤是：梳理需要测试的场景和模块→设计测试任务和目的→设计测试方法→筛选和招募测试用户→开展用户测试和记录→用户测试分析和迭代。注意，在设计测试方法时，有时甚至不需要一个完整的产品，根据测试任务，可以用中低保真原型、甚至是通过手绘稿都可以开展测试。在测试开始过程中，一定要再三确认用户的身份和角色，是否是该测试任务的主要目标用户。重点要观察和记录用户操作无法走通的情况、操作流程和理解与设计不符的情况、日常使用逻辑是否有与设计不符的地方、某些页面停留过久或者摇摆不定的情况、对某些功能有疑问的情况。

4）卡片分类法。卡片分类法（Card Sorting）是指让用户将信息结构的代表性元素的卡片进行分类而取得用户期望的研究方法。卡片分类法主要是对碎片化的元素进行归类，使之形成分组的具有包含关系的信息架构。卡片分类的主要使用场景是网站或应用的导航和信息架构、文档、电子书籍的结构整理、文件的分类管理。在选择卡片分类这个方法时要注意，卡片分类法特别适合用于解决那些子级信息元素庞杂，同时设计者又不能确定每个子级信息元素明确归属于哪一类，甚至可能连如何进行分类都不能确定的情况。只有确定了信息元素的数量适合进行卡片分类，且希望通过卡片分类法能够理清信息元素相互之间的逻辑关系，形成一个完整且清晰的信息架构的目标前提，才能够进入卡片分类步骤流程。在分类上也非为封闭式和开放式，选择哪种方式可以根据具体情况而定。

其通常的操作步骤是：准备写有词汇的卡片→邀请用户参与→不设置分类级别，让用户自行归类→归类后邀请用户对每一类的词汇进行归纳，写出类名→观察用户是否需要调整，以及有难以归类的词汇→与用户沟通，着重于那些与设计中存在差异的词汇→信息归类整理→用于实际项目。注意，开放式卡片分类法中卡片数量不宜太多，通常以 20~30 张为宜，因为受访者分类的难度随着卡片的增加，几乎是成倍地增加。而在半开放式分类法中，卡片数量可以相应地增多一些，30~50 张为宜。受访者完成分类后，建议及时询问分类的原因以及对于词汇的理解，以保证对于词汇标签的理解是一致的。

（2）定量研究

定量研究是基于一定的用户数据进行研究的方法，通过数学统计的方法来获得研究结果。数学统计可以避免人为主观的影响，有时候甚至能发现一些意料之外的问题结论。同时也要警惕一点——数据有时也会骗人。主要的定量研究方法是问卷调查、数据分析、A/B 测试。以下简单介绍这 3 种方法，对于方法的使用不作详细展开。

1）问卷调查。问卷调查是指通过给用户发问卷的方式来进行用户研究。问卷的优势在于可以收集结构化的数据，且价格低廉，不需要检测设备，结果反映了用户的意见。注意要合理设计问卷，不同的问卷设计方式在同一个问题上可能会得出完全不同的结果。

2）数据分析。日志和用户数据分析是在产品已经上线的项目里面使用的方法。用户在使用产品过程中会留下很多用户数据或日志，以此为分析对象。相比于其他的用户调研的方法，日志和用户数据分析是用户在真实场景下使用产品过程中留下的数据，是最全面也是最真实地反应用户行为的一种方式。但是日志和用户数据分析研究的是用户的行为，并不能反映用户的观点。日志和用户数据分析可以和问卷调查或定性研究结合使用，将用户行为和用户的观点结合起来分析。

3）A/B 测试。为网站或应用程序的界面或流程制作两个（A/B）或多个（A/B/n）版本，在同一时间维度，分别让组成成分相同（相似）的访客群组随机的访问这些版本，收集各群组的用户体验数据和业务数据，最后分析评估出最好版本正式采用。

3. 需求分析方法

从当前的设计环境来看，"全链路思维"从概念化变成了主流化，越来越多的 UI 设计师或者说互联网视觉设计师认识了需求分析的重要性及价值。设计师的需求分析能力直接决定了设计方案的优劣，也为设计师个人职业生涯的拓宽助攻上位。一般常用的需求分析的方法有用户体验五层次、5WH、BCGmatrix 分析法（波士顿矩阵）、KANO 模型分析法、MoSCoW 分析法（莫斯科法则）和 RISE 分析法（大米法则）等。

（1）用户体验五层次

Jesse James Garrett 在《用户体验要素：以用户为中心的产品设计》一书中对用户体验要素进行了分层。影响用户体验的五大要素是战略层、范围层、结构层、框架层和表现层，如图 3-85 所示，这 5 个要素贯穿着整个产品的始终。

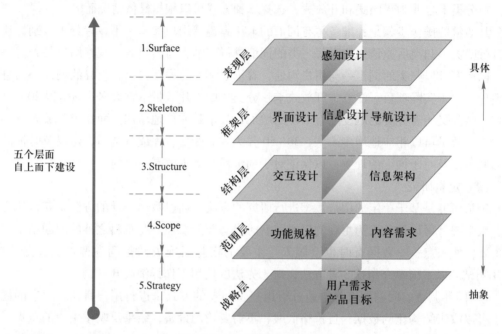

图 3-85　用户体验要素分层

1）战略层（Strategy）。要了解一个产品设计的战略层，必须清楚回答两个问题：经营者想要什么？用户想要什么？经营者想要什么是商业需求，用户想要什么是用户需求。这样才能准确了解产品设计的商业价值和用户价值，透彻理解产品的战略层。商业价值的大小可以通过市场规模分析、目标用户价值分析等方式进行衡量。用户需求可以通过用户细分来确定目标用户群，通过用户研究的方法（问卷调查、用户访谈、焦点小组等）收集用户的普遍观点于需求。通过前期调研得出用户画像，既代表了目标用户有哪几类人、有哪些行为目标。这样可以让团队成员在"产品给谁用"的概念里，清晰地知道用户是"谁"。如果产品处在 0-1 的探索期，因为产品的实际用户还太少，需要做定性的用户画像。而当产品进行到 1-0 发展期，用户数据已经达到一定规模，就很有必要采取定量验证的方式来迭代用户画像。

2）范围层（Scope）。产品到底需要什么样的功能和特性？换言之，这个产品要做什么。产品到底要提供什么功能、提供什么内容，才能完成战略层的目标？团队成员需要收集潜在需求，确定产品提供的核心功能，并评估其是否满足了战略目标。在讨论产品包含的具体功能时，要明确产品范围边界，梳理得到核心功能。划定界限什么功能和内容可以做，什么不能做、暂时不需要做或后期做，评定优先级和排期。

在这一阶段，还需要对目标用户进行更深入的用户研究来预测用户对产品可能产生的反应。目标用户越清晰、特征越明显、用户画像越准确，产品的核心功能就能完全发挥解决用户痛点功效，从而完成战略层的商业目标。要知道给特定群体提供专注的服务，远比给广泛人群提供低标准的服务更接近成功。

3）结构层（Structure）。结构层里重点思考结构的具体表达方式，确定各个将要呈现给用户的元素的"模式"和"顺序"。结构层关注信息架构和交互设计，诸如流程的进行方式、导航的布局原则、界面元素的位置逻辑等。这块是交互设计师重点专注的层面，要根据用户的使用场景、行为、思考等方式将范围曾中的功能和内容建立一种有序的结构排列，让用户高效顺畅地实现需求。到这里一般会输出功能架构图，然后对每个功能点、任务点输出完整的流程图（功能流程图、业务流程图、页面流程图等，如图3-86所示）。交互设计需要准确把握商业价值、用户价值，理解产品的核心功能特性，有效有质量地描述整个产品结构、节奏、特质。此阶段还需要合理运用认知心理学原理预测用户对产品可能产生的反应。

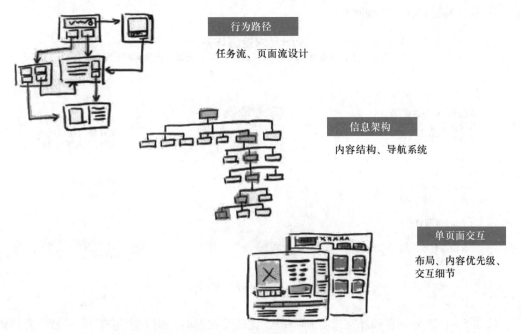

架构图、流程图快速手稿示意图，实际工作中的产出会更加详尽

图 3-86　架构图流程图快速手稿

4）框架层（Skeleton）。将功能和流程梳理清楚之后，就要开始设计功能点里的具体细节，也就是原型图。在框架层里，要更进一步地提炼这些结构，输出详细的界面雏形、导航及信息设计，也就是将结构层的东西变得更加清晰、实在。

① 界面设计：用来确定界面控件元素一级位置，提供用户完成任务的能力，通过它，用户能真正接触到那些在结构层的交互设计中"确定的"具体功能。

② 导航设计：呈现信息的一种界面形式，提供给用户去某个地方的能力。

③ 信息设计：呈现有效的信息沟通，传达想法。

框架层主要输出的是交互设计文档，精细的交互稿可以完全展现产品形态，一个黑白的产品形态。框架层是二次创新的黄金机会。很多微创新、界面创新、特效创新，都来自这个阶段。

5）表现层（Surface）。主要解决并弥补"产品框架层的逻辑排布"的感知呈现问题。视觉设计师关注感官的关键阶段。在互联网产品中较少使用的感官是嗅觉、味觉、触觉设计，AI 产品中可能会较为常见。听觉设计在游戏类、视频类、音乐类产品中较为常见，非游戏里产品中多用作通知提醒。用户最终看到的产品，80%是来自于视觉设计，这是表现层中最为常见的。

（2）5WH 需求分析

5WH 分析法源于 5W2H 七问分析法，就是通过如图 3-87 所示的 6 步了解产品需求。该方法应用到产品需求中可以拓展出比较完整的产品需求挖掘方法论，在这里仅作基本介绍，不再使用案例进行详细解析。

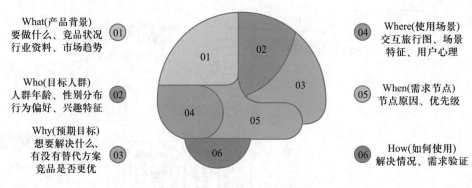

图 3-87　5WH 需求挖掘体系

除了 5WH 之外，在产品需求分析阶段，比较受欢迎的分析方法还有 5E 模型、漏斗模型、SWOT 模型、INPD 模型、PEST 分析、商业模式画布、KANO 模型分析法、BCGmatrix 分析法（波士顿矩阵）、MoSCoW 分析法（莫斯科法则）、RISE 分析法（大米法则）等。例如 BCGmatrix 分析法（波士顿矩阵）、RISE 分析法（大米法则），这两个的针对对象层级都含有产品层，或者说用户体验要素中的战略层考虑。而 KANO 模型分析法和 MoSCoW 分析法（莫斯科法则），偏向针对的是具体的产品功能层级。分析方法很多，在这里不做展开详解，对此想深入研究的话可通过优设网、站酷网、人人都是产品经理等网站自主学习。读者在做产品需求分析时，需要视具体情况采用科学合理的需求分析方法。

4. 心智模型

先用"红包"案例来简单理解心智模型。红包是人们从小就熟悉的东西，拆开之后有"钱"。理论上来说这一点是人们对已知事物的存储。当人们在手机上看到图 3-88 时，就知道是红包并习惯性"点击"，不需要思索。手机上的"拆红包"可以还原用户心智模型。

① 红包的动作：现实场景→递出→接下→拆开

产品场景→发出→收下→点击

② 红包的仪式：现实场景→发、收比较正式，融合社交

产品场景→玩法更多

③ 红包的接收者：现实场景→拒绝、客套一下接过、事后再拆

产品场景→可选择点或不点

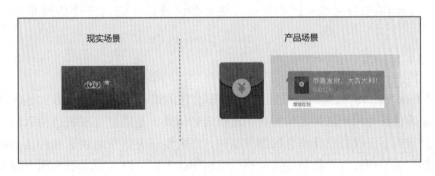

图 3-88　红包的现实场景和产品场景

在这个过程中，人们能看到场景和用户的行为，以及看到"红包"就习惯"点击"的用户心智模型。心智模型一旦建立就不容易被改变，如从左到右的阅读习惯、下拉刷新、左滑返回等。

心智模型（Mental Model）在心理学上，是指人们对已知事物的沉淀和储存，通过生物反应而实现动因的一种能力总和。这个概念最早是 Kenneth Craik 在他 1943 出版的 *The Nature of Explanation* 中提到。"心智模型"指隐藏在人的一切行为方式、思考方式背后的那些形式和规律。但这个概念的再次采用和真正形成是在 20 世纪 80 年代，Johnson Laird 在 1983 年提出心智模型是描述人类如何解决问题，如何进行演绎推理的思维模式。Gentner 和 Stevens 则认为心智模型用来解释人类处理问题时的所呈现的物理规律，是用来分析人类行为的物理原理。现在，心智模型概念已经被广泛应用到很多领域。在互联网领域可能会提到的"用户心理模型"，是心智模式这个属于心理学范畴内的词汇在互联网具体领域的称呼。心智模型是一种代表外在现实事物的一种内化的心理模型表征，是一种隐含在我们内心深处的思维方式和思想观念，能够直接或者间接影响着人们的行为。心智模型之所以对人们的所作所为具有巨大影响力是因为它影响人们如何认知周遭世界，并影响人们如何采取行动。了解用户心智模型在产品的不同阶段对调整产品设计策略具有很大帮

助。手机界面的设计风格从拟物化到扁平化，正是在不同用户心智模型阶段采取的不同策略。用户的心智模型大多数时候是稳定的但又不是一成不变的。在进行产品或交互等设计时，要能先了解当前用户对它们的心智处于什么阶段，根据用户心智所处的阶段做出相应的设计策略，才能让用户使用起来的更爽更愉悦。所谓的互联网领域的心智模型的概念，就是将心理学的概念运用到了产品设计中，常常利用用户的心智模型去帮助设计师更加了解用户，也有助于开发、调整和研究产品。

用户的心智模型无法通过直接观察而得到，而且无法量化，只能通过一些手段将心智模型概念化，取得一些可供研究的数据，同时对数据进行分析，得到一种"暂时的心智模型"，对这种模型不断地比较、论证其效度和信度，形成用户"可推论的心智模型"，为设计提供依据。进行用户心智模型分析的主要方法有用户深度访谈、用户行为观察、竞争产品分析、焦点小组、口语分析法、ZMET（Zaltman Metaphor Elicitation Technique）隐喻抽取技术等，这些分析方法大多已被广泛应用于产品的开发设计过程之中。

5. 信息架构

IA（Information Architecture，信息架构）即合理的组织信息的展现形式。信息架构的主要任务是为信息与用户认知之间搭建一座畅通的桥梁，是信息直观表达的载体，通俗地说就是信息架构不仅仅是设计信息的组织结构，还需要研究信息的表达和传递。移动端产品的信息架构通俗理解起来就如商场的平面解析图：人们可以从商场平面图中很清楚地了解商场的结构，从而快速定位自己的位置还能顺利找到自己想要购买的产品。移动端产品的信息架构简单讲就是信息、功能的分类和导航，让用户快速找到自己想要找的内容和功能，进入首页后就明白这个产品的用途和关键信息。

了解和掌握交互设计中常用信息架构图可以帮助设计师理解业务需求，梳理产品核心功能及任务流程。信息架构主要分为两大类：架构图和流程图。其中架构图又包含了信息结构图、功能结构图、产品结构图；流程图包含了业务流程图、任务流程图、页面流程图。

信息结构图就是指脱离产品的实际页面，将产品的数据抽象出来，组合分类的图表，如图 3-89 所示。信息结构图的绘制是在产品设计阶段的概念化过程中，在产品功能框架已确定、功能结构已完善好的情况下才对产品信息结构进行分析设计。一般是由产品经理或者更高层的管理人员给出大框架。信息架构图的重点是梳理具体页面及页面的字段信息。

功能结构图就是按照功能的从属关系画成的图表，如图 3-90 所示。在该图表中的每一个框都称为一个功能模块。功能模块可以根据具体情况分得大一点或小一点，分解得最小功能模块可以是一个程序中的每个处理过程，而较大的功能模块则可能是完成某一个任务的一组程序。用通俗的话来说，功能结构图就是以功能模块为类别，介绍模块下各功能组成的图表。产品功能结构图的重点是梳理产品的功能逻辑与功能模块。

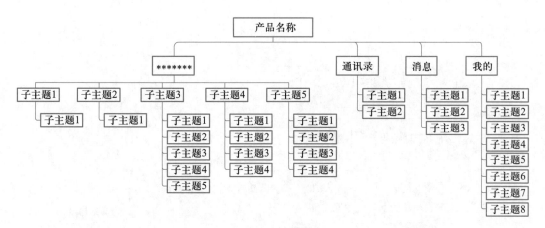

图 3-89　信息结构图

产品结构图是综合展示产品信息和功能逻辑的图表，简单说产品结构图就是产品原型的简化表达，如图 3-91 所示。它是以脑图的形式展示整个产品的信息、功能及基本交互。产品结构图比产品信息结构图多了功能，比产品功能图多了信息，又细化了产品信息结构图/产品功能结构图，同时还增加了页面跳转逻辑。

信息架构图与功能结构图、产品结构图之间的区别与联系如图 3-92 所示，可以根据《用户体验要素》中对产品设计整个过程的分层，理解三者之间的关联性。

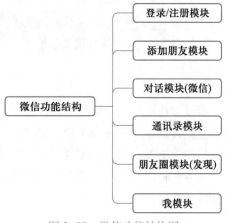

图 3-90　微信功能结构图

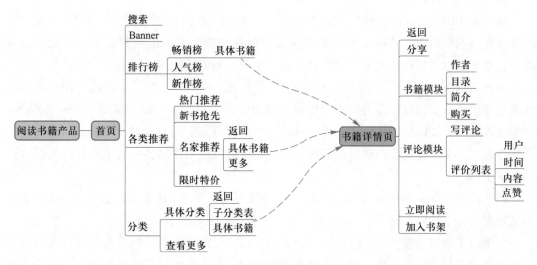

图 3-91　产品结构图示例

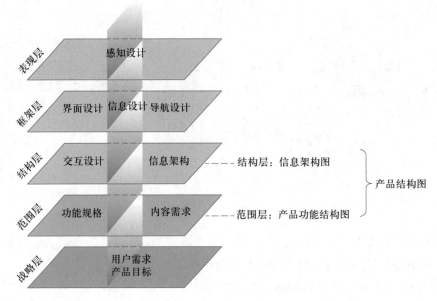

图 3-92   三者区分图

在区分功能结构、信息结构图、结构图前，有个重要的前提需要达成共识：软件产品本身就是传递信息和提供功能的载体，完全绝对的信息类或功能类产品是不可能存的在，信息往往伴随着功能，很难划一条界线将两者彻底分开。

业务流程图是业务需求在不同的阶段各个功能模块之间的流程过程。一般业务流程图都会涉及多种操作角色和系统，需要将设计到的交互逻辑关系表示清楚。流程设计离不开场景，其作用是支撑在特定场景下服务，某一业务在具体使用场景下的功能逻辑跳转流程，通常包含设计的前端、后台系统以及其中的用户角色等。

任务流程图通常指的是确定了业务流程图中某一固定主体的具体操作流程图，通常是业务流程图的简化版。任务流程图主要阐述产品在功能层面的逻辑和信息，它能够更清晰、直观地展示用户在使用某个功能时，会产生的一系列操作和反馈的图标。

页面流程图指电子产品具体所呈现的页面跳转流程图，其承载了业务流程图所包含的业务流转信息。页面流程图对于团队所有人来说，主要是为了大概了解整个 App 的情况。对视觉设计师，知道要做多少视觉稿，具体每个页面有哪些视觉元素；对前端工程师，知道自己该写多少个页面，搭建页面代码结构。用页面数量来评估各自的工作量，可以大概估算出工期。

以滴滴打车 App 为例来分别看下业务流程图（图 3-93）、任务流程图（图 3-94）、页面流程图（图 3-95）的使用，在实际工作中需要注意三者的联系和区别。

总结：了解和掌握上述交互设计理论知识，可以帮助界面设计师或视觉设计师更好地理解产品的布局、交互逻辑、核心功能等重要内容，更重要的是可以更加顺利、准确地找到产品界面风格的定位，做出易用友好的界面视觉设计。

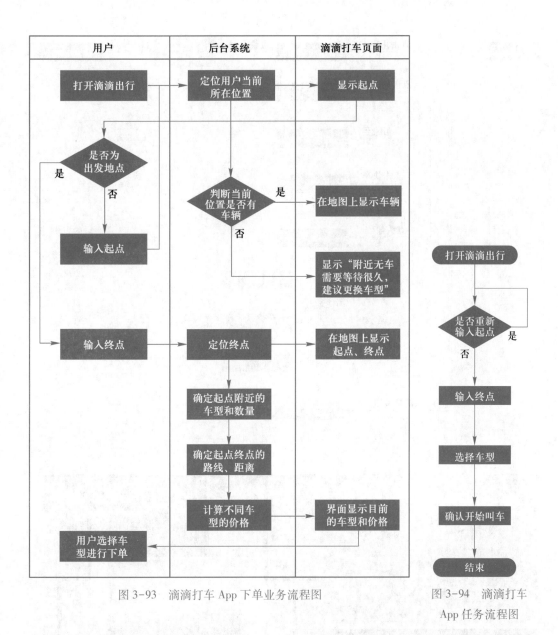

图 3-93 滴滴打车 App 下单业务流程图

图 3-94 滴滴打车
App 任务流程图

6. 原型设计

交互设计中的原型设计（Prototype）是指数字产品的模型，通常也称为 Demo，简单来说是将页面的模块、元素、人机交互的形式，利用线框描述的方法生动、直观地表达出来。原型分为低保真原型（Low-Fi Prototype）和高保真原型（Hi-Fi Prototype）两种，如图 3-96 所示。低保真原型往往用手绘的方式快速表现界面概念、功能、布局等，它包含草图、故事板（Storyboard）、纸面原型（Paper Prototype）和线框图（Wireframe）。在 GUI 设计中，高保真原型可以将其归为视觉稿，其基本接近最终效果图，甚至也可以直接作为 1.0 版本发布。

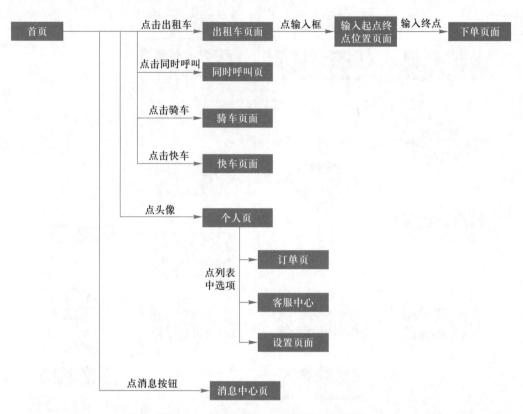

图 3-95　滴滴打车 App 部分页面流程图

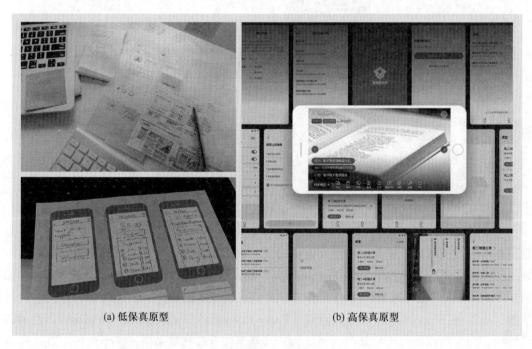

(a) 低保真原型　　　　　　　　　(b) 高保真原型

图 3-96　原型设计

　　一般来说可以建立图纸（纸面原型）、位图（线框图）和可执行文件（交互式原型）3 种形式的原型。纸面原型往往把草图裁切、粘贴而成，它的模拟度更高，交互表达更直观。线框图允许忽视视觉美感，使用灰色块面呈现功能、信息、页面布局。线框图通常由产品经理或交互设计师绘制。交互式原型一般先绘制静态页面，然后为所有页面添加各种操作事件，最基础的如文本输入、滑动、跳转页面等。需要注意的是，经常看到的页面细节动效并非可交互原型，动效更多是为了开发某一效果而做的演示。可交互原型更像是一个正常的产品，可供用户使用并进行可用性测试。从零开发的产品一般都会选择合适的原型设计去测试产品在功能设定、交互逻辑等方面是否存在问题，通过原型设计快速获得反馈并修改。对已经上线并拥有一定数量用户的产品来说，原型设计就不再适用了。

　　7. 人机交互

　　人机交互（Human-Computer Interaction，HCI）是指人与计算机之间使用某种对话语言，以一定的交互方式，为完成确定任务的人与计算机之间的信息交换过程。人机交互功能主要靠可输入/输出的外部设备和相应的软件来完成。可供人机交互使用的设备主要有键盘、显示器、鼠标、触摸屏、麦克风各种模式识别设备等，与这些设备相应的软件就是操作系统提供人机交互功能的部分。人机交互研究的内容包括以下 7 个方面。

　　① 人机交互界面表示模型与设计方法（Model and Methodology）。

　　② 可用性分析与评估（Usability and Evaluation）。

　　③ 多通道交互技术（Multi-Modal）：用户可以使用语音、手势、眼神、表情等自然的交互方式与计算机系统进行通信。

　　④ 认知与智能用户界面（Intelligent User Interface，IUI）：智能用户界面的最终目标是使人机交互和人—人交互一样自然、方便，如上下文感知、眼动跟踪、手势识别、三维输入、语音识别、表情识别、手写识别、自然语言理解等。

　　⑤ 群件（Groupware）：W 群件是指帮助群组协同工作的计算机支持的协作环境，主要涉及个人或群组间的信息传递、群组中的信息共享、业务过程自动化与协调，以及人和过程之间的交互活动等。

　　⑥ Web 设计（Web-Interaction）：重点研究 Web 界面的信息交互模型和结构。

　　⑦ 移动界面设计（Mobile and Ubicomp）：针对移动设备的便携性、位置不固定性和计算能力有限性以及无线网络的低带宽高延迟等诸多的限制，研究移动界面的设计方法，移动界面可用性与评估原则，移动界面导航技术，以及移动界面的实现技术和开发工具。

　　人机交互的发展经历了早期的手工作业阶段、作业控制语言及交互命令语言阶段、图形用户界面（GUI）阶段、网络用户界面阶段及多通道、多媒体的智能人机交互阶段。人们对后三者都非常熟悉，尤其是现在正在处在多媒体智能人机交互阶段：以虚拟现实为代表的计算机系统的拟人化和以手持电脑、智能手机为代表的计算机的微型化、随身化、嵌入化。利用人的多种感觉通道和动作通道（如语音、手写、姿势、视线、表情等输入），以并行、非精确的方式与（可见或不可见的）计算机环境进行交互，以达到人机交互的自然性和高效性。

对于界面视觉设计师来说，能够理解 HIG（iOS 人机界面指南）中交互设计的内容就足以支撑界面设计工作的展开和完成。以移动端设备为例，HIG 中有关交互的部分讲得非常细，包括 3D、触控、声音、认证、信息输入、反馈、触觉、文件处理、近场通信和撤销重。在这些内容中外面把比较常用的模块做一个简单的整理和说明。

（1）手势

手指与屏幕的交互称为交互手势，也是目前移动端适用最多的一种人机交互方式。最常用的标准手势有点击、拖曳、滑动、横扫、双击、捏合、长按、摇晃、旋转、轻压、重压。除游戏以外，一般单指双指即可解决手机上的交互。在设计过程中要注意尽量适用标准手势，避开屏幕边缘手势，提供快捷手势，多指手势可以增强体验。操作模式需要配合手势完成：单击是最主要也是最常用的交互手势，在大多数场景中，优先考虑使用单击手势解决交互问题；双击图片，以双击点为中心放大图片到一定倍率，再次双击图片，图片缩小回原倍率。例如 iOS 系统的微信，左滑返回上一页；右划删除列表项或标为已读；上滑浏览界面，当需要加载新数据时，上拉刷新加载；下拉刷新是下拉交互中最常见的一种操作，用手指拖住屏幕往下拉后松开即可刷新。

（2）信息输入

由于屏幕尺寸的限制，移动端设备在进行输入时尽量使用选项代替输入，输入模块需设置合理的默认值，填完才可进入下一步，必要时需要动态验证信息有效性，在输入界面必须提供辅助说明提示。

（3）信息反馈形式

在产品设计领域，也需要及时把产品知道而用户不知道（且用户有必要知道）的信息反馈给用户。回应用户操作是指用户发起的所有操作都应该伴随有一个反馈，反馈中显示进度可以很好地缓解用户的焦虑。提示产品范围，每个产品都是有边界的，当用户的操作超出产品边界时，需要提示用户。例如，登录时用户名是手机还是邮箱；滑动列表到底部，需要提示用户已经没有更多内容了；输入密码时用户输入了一个特殊字符，需要提示用户密码所能包含的字符类型有哪些。产品的正常使用依赖于服务器正常、网络正常、设备正常等外部条件，如果因设备未连接网络而不能发信息，应该及时提醒用户当前网络状态不佳。

信息反馈的方式有视觉、听觉和触觉 3 种。视觉反馈注要从文字、颜色、样式上对按钮、文本框、选择器等控件的默认状态、激活状态、禁用状态的正确运用，同时配合恰当的动效反馈。听觉反馈需要使用系统音量视图，短音/震动用系统声音，必要时对声音分类，在声音中断后及时回复，允许用户选择输出设备，尽量不要自定义声音控件。触觉反馈需要与听觉、视觉反馈协调，避免过度使用触觉，使触觉成为可选项避免影响其他体验。

随着科技的发展，人们使用的智能手机加载了很多传感器。目前智能手机常见的传感器有距离传感器、光线传感器、重力感应器、加速度传感器、三轴加速度传感器、摄像头、GPS、电子罗盘、霍尔传感器、指纹传感器等。因为这些传感器执行着手机日常应用中很多重要的功能，在进行数字产品设计和开发的过程中，需要考虑利用现有的手机传感器完成产品功能操作、信息的输入和反馈等。

【任务实施】

1. 任务准备和制作思路

根据本次任务描述，需要制作用户体验简报。按照知识准备当中的内容，找到合适的方法来完成本次任务。确定制作用户体验简报的需求分析方法是用户体验五要素。界面视觉设计师需要通过本次任务了解和熟悉交互理论知识在产品开发过程中的运用。

2. 实施步骤和结果

任务名称： 腾讯企鹅辅导用户体验简报。

利用用户体验 5 要素，从产品的战略层、范围层、结构层、框架层、表现层分析腾讯企业辅导这款 App。这 5 个层次自下而上对其上面一层起作用，所以表现层由框架层来决定，框架层则建立在结构层的基础上，结构层的设计基于范围层，范围层是根据战略层来制定的。每一个层面的决定都会影响到它之上层面的可用选项。在分析产品或者为一个全新产品搭建信息框架时，使用用户体验五要素需特别注意 5 个层级分别对应的关键点，如图 3-97 所示。

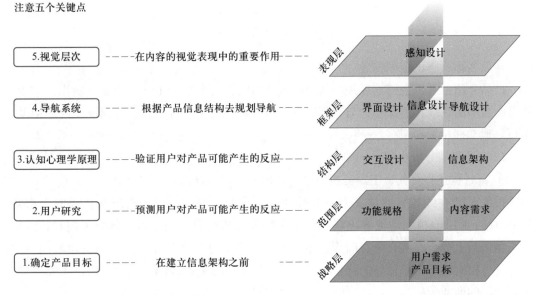

图 3-97　注意五个关键点

　　不管是在这 5 个层级的哪一层，不能忘记的就是要把这些连成一个整体去理解，如图 3-98 所示，他们一定是相辅相成互相影响的。

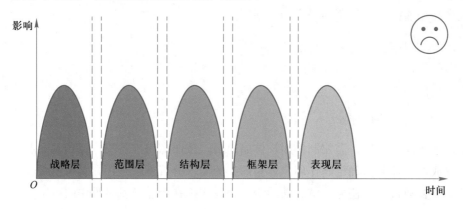

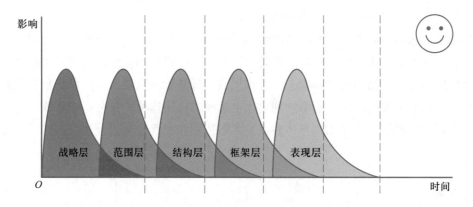

图 3-98　五要素使用关系

　　产品名称：腾讯企鹅辅导。

　　产品介绍：腾讯企鹅辅导是一款由腾讯推出的针对中小学生学习的辅导应用，学生可以参与名师的在线直播课程，与老师实时交流答疑，同时会有资料、习题配套内容帮助学生更好地掌握相关知识。

　　（1）战略层分析步骤

　　① 背景概述：首先，宏观分析背景，环境概况可以从政策、经济、社会、技术 4 个方面去搜集 K12 在线教育的相关资料并简要汇总内容；其次，市场概况从在线教育市场、K12 市场、K12 直播互动辅导市场、腾讯在教育市场的布局去了解市场规模现状；最后，在竞争概括上分析直接竞争、间接竞争、潜在竞争去分析产品在整个市场上所处的位置，这样就可以对腾讯企鹅辅导的背景有了宏观的了解。视觉设计师在这块的跟进主要是准确了解产品的商业价值。

　　② 需求分析：回答战略层两个问题。一个问题是产品目标：验证 K12 教育在线辅

导的商业可行性，完善腾讯在线教育产品矩阵；为企业获取盈利。产品成功的标准从定性、定量两个方面衡量：定性即口碑、用户体验；定量即日活月活、活跃时长、付费率、续费率、到课率、课程完成率等。第二个问题是用户需求：家长/学生想要提高成绩，其实就是用户对课外辅导的需求。继续对课外辅导这一需求细分，可以从孩子的学习效果和家长的付出成本来分析：教学内容必须优良、师资力量必须雄厚、家长无须花费太多时间、精力和金钱。用户需求分析到这里，几乎就能基本确定产品到底要做什么了。

（2）范围层分析步骤

① 产品的定义。从战略层用户需求来看，简单来说，腾讯企鹅辅导是要为中小学生提供课外辅导服务。具体来说，核心功能是名师直播互动+一对一辅导为中小学生从各个科目在各个阶段提供精准的优质的教育服务。可以用 ADS（Application Definition Statement，应用定义声明）结构来简短对腾讯企鹅辅导做功能说明，如图 3-99 所示。基本结构是（differentiator）（solution）for（audience），即它能为（哪些）用户（在什么情况下）解决（什么）问题，从而展现出它的定位（娱乐/工具），然后列出最主要的功能（Features），即腾讯企鹅辅导是为需要提高成绩的中小学生提供精准优质教育服务解决方案。

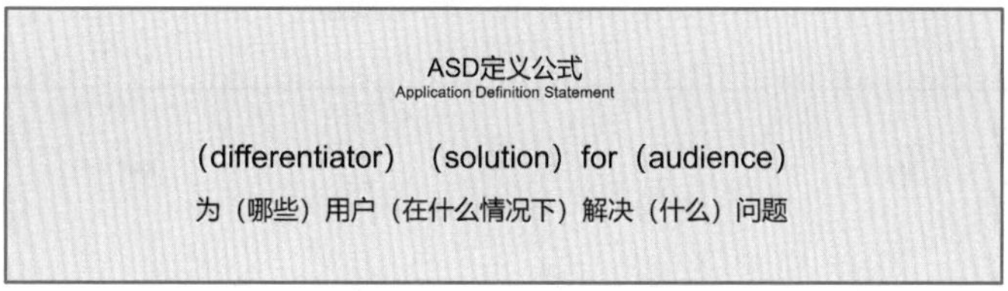

图 3-99　ADS 定义基本结构

② 核心用户概括如图 3-100 和图 3-101 所示。首先从地域、年龄区间、性别、社会属性等基础属性方面去概括，有很多方法可以界定用户地域，如人口基数、高考人数、教育资源分布等方面分析用户主要集中在高考大省、教育质量好的一二线城市。例如河南、广东、四川为历年高考人数最多的省份，K12 教育辅导需求集中且旺盛。企鹅辅导用户使用年龄主要为 24 岁以下及 25~35 岁，手机用户主要为中学生和中小学生家长。

③ 核心用户画像（User Persona）。核心用户画像是产品设计、运营人员从用户群体中抽象出来的典型用户。例如，在用户调研阶段，产品经理经过调查问卷、客户访谈了解用户的共性与差异，汇总成不同的虚拟用户；通过前文中用户研究的知识去创建用户画像，定量分析、定性分析、用户访谈等方法都可以得到核心用户的想做什么（目标）、说了什么（观点）、实际又做了什么（行为），以此为出发点将得到的数据、信息进行分类归纳整理，建立人物卡片。在整理和分类好的用户群体基础上，添加用户真实信息及用户照片，按照相关痛点建立更加立体的用户画像。

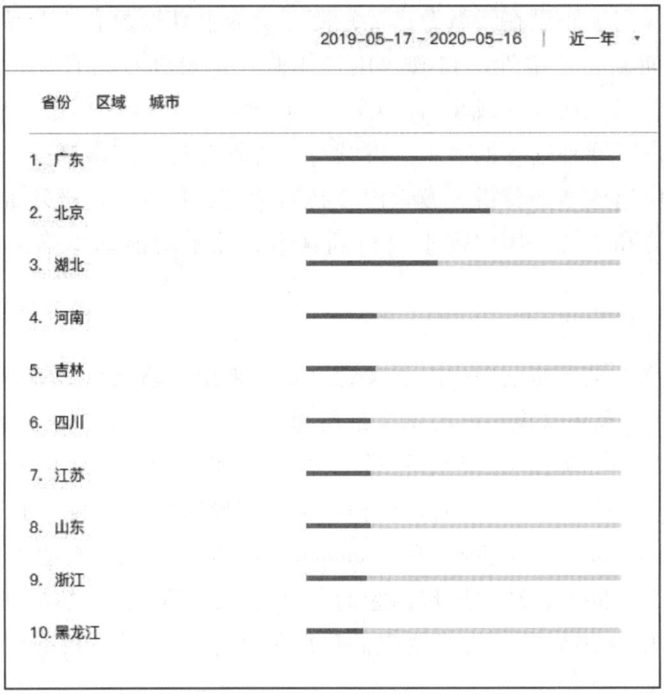

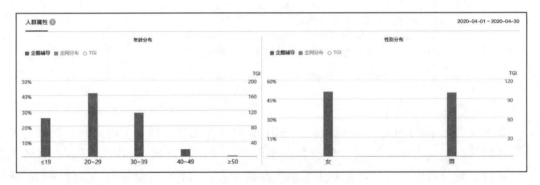

图 3-100　用户地域分布

图 3-101　用户年龄和性别分布

　　腾讯企鹅辅导的核心用户是中小学生和家长。通过前文提供的方法可以归纳整理用户群体，并对其进行更加细致的用户研究，以此建立用户画像如图 3-102 所示。本文仅提供用户画像示例，对于产品的用户画像的细节不做展开。注意：创建用户画像，不应由一个或者某个单独完成，它一定是以小组的形式独立思考、展开讨论后，归纳总结得出的。同时，用户画像本也是需要不断完善迭代更新的。

　　④ 产品的基本功能和特色功能。可以在战略层宏观背景分析阶段，充分了解 K12 在线教育的市场现状、政策支持、发展过程、教育资源分布等，随着互联网技术的发展，从开始的文字+图片，到后期的录播课，再到现在的直播课，在线教育产品的形态是硬件+内容，即利用 PC、手机、iPad、VR/AR、电视机顶盒实现内容迁移。在线教育的性质是结

果导向+服务业，所以在线教育产品的竞争集中在师资+内容+服务上。在了解同类竞品的产品形态和服务模式之后，把重点放在在线教育产品的基本功能定位和个人教育定制服务上。

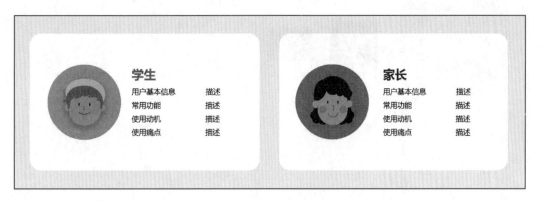

图 3-102　用户画像示例

腾讯企鹅辅导的基本功能：一站式全方位课程服务，提供名师核心课和直播一对一辅导，如图 3-103 所示。

图 3-103　基本功能

腾讯企鹅辅导的特色功能是利用 AI 大数据结合提升学习效率，如图 3-104 所示。通过技术数据分析，准确地为用户提供学习指导和推荐，促成个性化的学习效果。增强学生课后体验，及时调整学习方法，让家长对孩子的学习效果有更直观、系统的感知。针对数学和英语提供口算批改和口语作业，针对语文、数学、英语 3 门课程提供小程序服务形成启发式教学和互动学习模式。

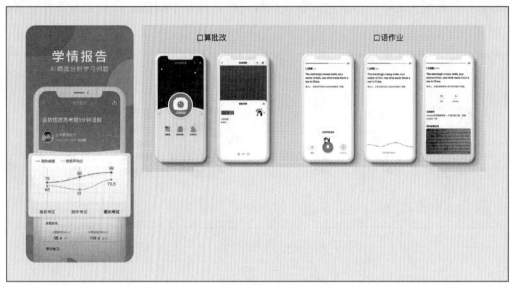

图 3-104 特色功能

本页彩图

（3）结构层分析步骤

① 产品架构图，如图 3-105 所示。

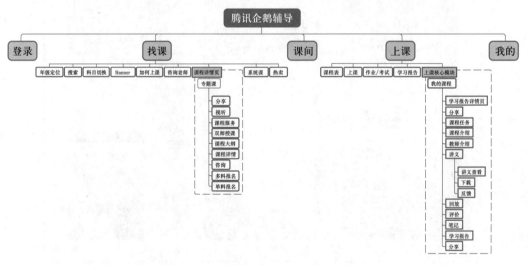

图 3-105 腾讯企鹅辅导产品架构图

② 产品结构图，如图 3-106 所示。

③ 用户体验流程图，如图 3-107 所示。在 K12 领域的产品体验中，用户的体验流程包括以下阶段：找到需要的课程（找课）→购课下单→课前预习→上课→课后复习。

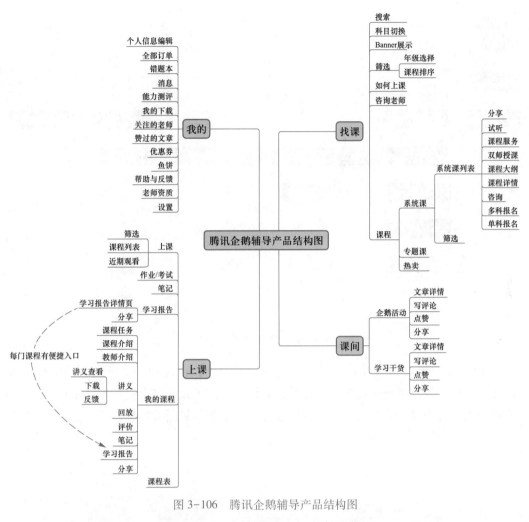

图 3-106　腾讯企鹅辅导产品结构图

图 3-107　用户体验流程

④ 用户找课流程图，如图 3-108 所示。在图 3-107 所示用户体验流程中可以清楚地看到，"找到需要的课程"是用户体验的核心环节，是产品内容商业价值转化的关键，同时对于新流量是否能够有效转化为用户，也起到至关重要的作用。因此以"用户找课"这一具体任务来拆解找课流程（其他任务流程因篇幅有限，此处不做展示，有兴趣的读者可依据本文给出的方法进行详细体验并反推绘制产品任务流程图）。

（4）腾讯企鹅辅导框架层和表现层分析

信息架构和任务流程确认后，接下来完善界面流程图中的每一个界面细节，最后形成原型。在这一步骤中主要聚焦页面框架布局。

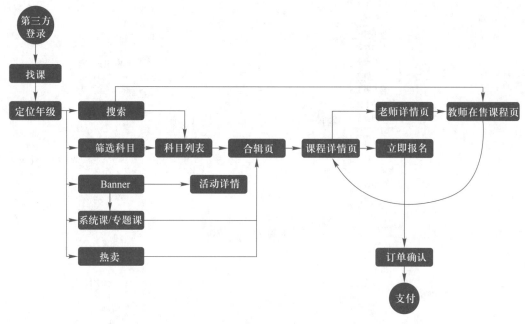

图 3-108　用户找课流程图

① 启动和登录如图 3-109 所示。启动页比较简洁，白色背景加腾讯企鹅辅导 Logo，启动速度较快。登录页面采用第三方登录，新用户提供了以游客身份进入 App 的入口，老用户则提供一键登录。在启动和登录页的设计上都是非常易用友好的。

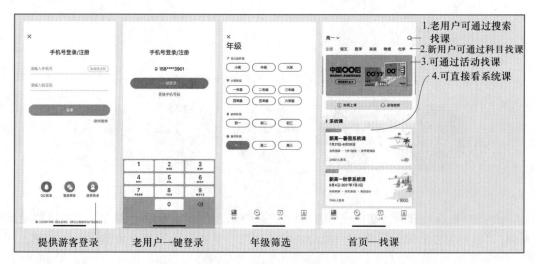

图 3-109　登录和首页

② 首页（内容布局）如图 3-110 所示。新用户进入首页前会给出年级定位，以便首页显示相应年级的课程。首页各功能模块布局依次排序：科目→Banner→如何上课和咨询→系统课/热卖课→搜索。在进入首页后，界面提供了 4 种找课路径：通过搜索老师或课程找课，通过 Banner 展示活动找课，通过具体科目找课，直接查看系统课程合辑页面。

首页的核心功能聚焦为用户提供找课便捷路径，所以在首页整体布局是科目、Banner、特色课程为主要视觉呈现。

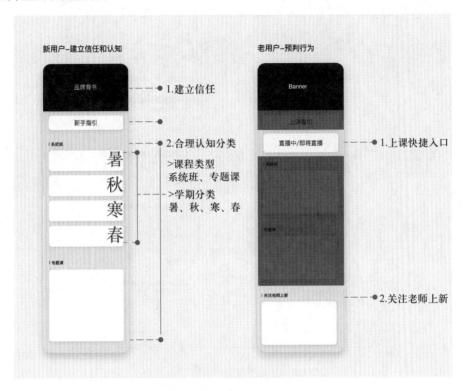

图 3-110　首页布局分析

首页布局主要考虑如何与新用户建立信任关系一级如何提高老用户找课购课效率来设计。通过把 Banner 做成品牌背书，使用"专业的品牌介绍"以及"师资"和"提分"等关键词直击家长和学生诉求，达到建立信任感的目的。以学期和课程类型分类，帮助用户粗略地定位课程。建立上课快捷入口和关注老师上新模块，提高老用户上课购课效率。

③ 科目列表、合辑页（内容布局）如图 3-111 所示。进入科目列表页，就意味着用户聚焦在了单个科目的课程。对课程类型进行合理划分，区分系统班和专题课。

通过具体科目找课到达课程详情页面需要 3 步，如图 3-112 所示；通过搜索和直接查看系统课程到达详情页需要 2 步，如图 3-113 所示；通过 Banner 展示活动找课到达课程详情页需要 3 步，如图 3-114 所示。在每一种找课路径中，科目列表或合辑页都以卡片形式布局。

④ 课程详情页（内容布局）如图 3-115 所示。结合用户找课路径，可以看到从首页到课程详情页，是用户层层筛选、逐步决策的过程。用户的行为特征是：先粗略的判断这个课程是不是我想要的，再仔细甄别，认真筛选的过程。这个过程定义为"粗筛→细筛"。用户在购课过程与电商商品一样，也遵循"吸引决策→刺激决策→加固决策→完成决策"的购买决策模型。课程详情页需要把用户"细筛"时需要看到的信息模块进行穷举、优先

级排序并合理布局。首先，通过课程标题吸引用户；其次，通过价格及优惠信息刺激决策；再次，通过服务内容、试听和老师加固决策；最后，完成决策。

图 3-111 科目列表页布局分析

图 3-112 具体科目找课路径

图 3-113　Banner 展示活动找课路径

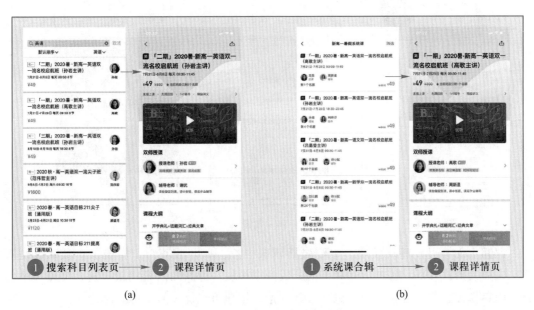

图 3-114　搜索和系统课找课路径

⑤ 其他一级页面（课间、上课、我的）。上课页面：有上课提醒功能，通过课程和课程表两个维度进行查看已购课程相关信息和进入上课，如图 3-116 所示；展示所有已购课程，并可通过科目、类型、课程状态进行筛选课程；提供上课、作业/考试、笔记、学习报告快捷入口。整个页面布局充分考虑用户上课行为过程，并据此提供了合理的布局和功能优先级，体验友好。

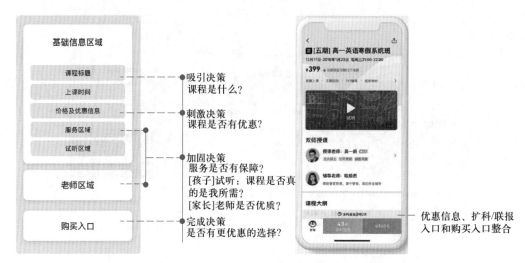

图 3-115　课程详情页布局分析

图 3-116　上课页面

课间页面：提供运营模块，主要包括新课推荐、举办活动、干货展示、微课讲座观看。以列表形式布局，并把活动和干活分成两个板块。课间的内容比较丰富，文章详情的评论内容作了区分，分为热门评论和最新评论，用户可以优先阅读精品评论。

我的页面：常规布局，放置订单、错题本、消息便捷入口。帮助与反馈模块体验较好，其他暂略，如图 3-117 所示。

（5）表现层视觉分析

整体来看腾讯企鹅辅导的界面布局，设计简洁；同时将企鹅元素融入品牌，有趣且具有激励性，契合核心用户喜好。颜色采用明度、饱和度相对较高的绿色，其本身代表了健康、希望、积极的寓意，符合产品行业定位。品牌 Logo 和界面配色均采用单色系配色，既准确表达了"教育是未来、教育是希望"这一含义，也从传递出腾讯在中小学教育的使命和愿景。一切以学习界面为主，刚好迎合它沉浸语言学习的理念。界面布局和设计使用 iOS 设计规范，结构清晰，功能明确，界面信息分级合理，在视觉表现和品牌定位上表现优秀，如图 3-118 所示。

图 3-117　课间页面和我的页面

本页彩图

图 3-118　腾讯企鹅辅导界面设计

（6）总结

从战略层、范围层、结构层、框架层、表现层 5 个方面对腾讯企鹅辅导进行整体分析：

1）受政治、经济、社会文化、技术等因素的共同影响，推动了近几年 K12 在线教育的快速发展，并且在未来几年将持续保持一定的高增长率。

2）在 K12 在线教育市场中，主要有 4 个参与方：家长、学生、老师、平台。平台要想实现快速增长，就必须满足家长和学生的需求、老师的诉求。

3）腾讯企鹅辅导的目标用户是学生（家长为辅），所以所有功能设计主要是围绕着满足学生的需求进行。目标用户使用 App 的场景主要有以下 3 种：

① 买课前学生和家长通过 App 了解自己关心的内容。

② 买课时总览购买内容及支付费用。

③ 买课后学生在平台长期学习课程。

通过对腾讯企鹅辅导功能的梳理可以发现，企鹅辅导较好地满足了用户在以上 3 个场景下的需求。

4）企鹅辅导在完善基础功能的同时，快速迭代优化课程管理，不断丰富学习场景，提高用户体验，在迭代节奏和优化规划步骤上还是值得称赞的。

在了解了用户体验的 5 个层次后，界面视觉设计师必须做到读懂原型图，确保需求理解与团队一致；通过草图快速将"产品关键流程"和"关键交互及界面布局"呈现纸面，以此与 PM、技术沟通达成一致；通过对产品需求分析归纳出设计需求，为视觉设计阶段减少不必要的返工、提高页面设计精度。

【知识拓展】

1. 腾讯企鹅辅导手绘线框图

由于项目本身是已上线、运营成熟并在持续迭代的产品，在实际工作中，原型设计所需要绘制的交互线框图是不适用的。但是对于一个从零开始设计开发的产品，交互线框图在开发阶段是不可忽视和跳过的环节。以下仍以腾讯企鹅辅导为例，以反推的方式展示快速手绘线框图的制作过程。

第 1 步：准备工具如图 3-119 所示。准备手机原型草图本、铅笔、中性笔，如需绘制更加细致的线框图，还可以准备彩铅、马克笔等。

第 2 步：按照前文信息架构图、任务流程图确定具体页面，如图 3-120 所示。以找课任务为例，需要绘制登录页、年级筛选页、首页（找课）及其二级页面、课程详情页。

图 3-119　原型草图本

第 3 步：按照任务流程对手绘线框图进行页面跳转连接并备注细（使用工具为 Mockplus），如图 3-121 所示。

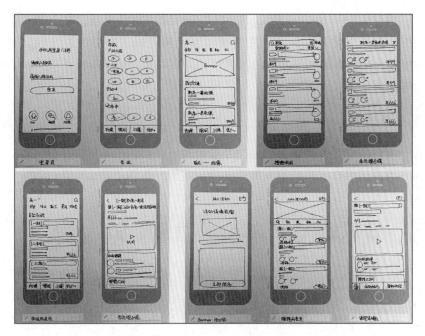

图 3-120　手绘线框图

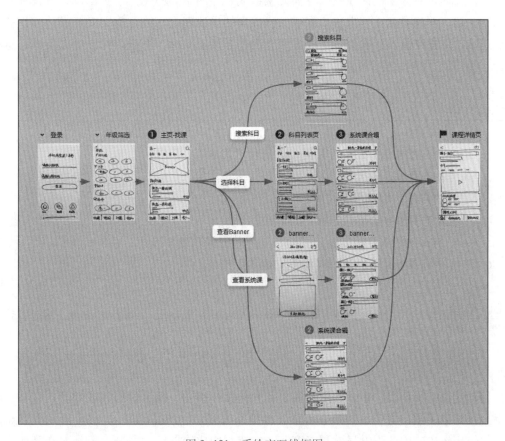

图 3-121　手绘交互线框图

第 4 步：将手绘线框图制作成纸面原型（这一步可据实际情况而选做），进行可用性测试。手绘线框图的作用就是快速出图并理清页面跳转逻辑，同时快速发现问题并马上修改。其适用于产品团队内部成员之间的沟通讨论，在对客户展示阶段性成果时需慎用（最优方案是给客户展示高保真模型）。

2. 问题思考

（1）作为界面视觉设计师，必要的交互设计理论主要包括哪些？

（2）可用性测试可以在产品开发的哪些阶段进行？作用是什么？

任务 3-4　腾讯企鹅辅导核心界面视觉设计

任务 3-4
腾讯企鹅辅导核心
界面视觉设计

【任务描述】

本任务通过对界面设计原则、界面元素组成、界面布局种类、模块化设计等设计基础知识的介绍，明确界面设计方法，深耕手机界面的设计理论。结合前文交互设计知识梳理设计需求，依据产品流程和架构完成腾讯企鹅辅导启动图标、功能图标设计以及核心页面设计（登录页、首页、列表页、课程详情页）。

【问题引导】

1. 形式美的法则是什么？对界面设计有什么影响？

2. 格式塔心理学是什么？

3. 用户"美观"心理产生时的感受是怎样的？

4. 界面视觉工作包含哪些具体内容？

5. 一个 App 到底需要做多少个页面？工作量如何预估？

6. 需要使用哪些工具中的哪些功能完成界面设计？

【知识准备】

1. 界面视觉设计原则

移动端用户界面设计中，视觉往往是用户的第一感受。视觉的好坏或差异，在很大程度上直接导致了用户对产品的第一印象（包括品牌印象、产品印象），甚至可以直接影响用户的使用体验。因此视觉虽然属于产品开发流程中比较靠后的部分，但是对产品而言却至关重要。界面设计在"表现层"（前文中提到的用户体验五层次）中首先要解决的问题就是界面整体的美观性。每个人由于个体的差异，导致审美是不同的。不同地域、不同肤色、不同国家、不同文化导致每个人对"美"的感受不一样，尽管对"美"的界定如此不同，人们仍然在追寻美的道路上勇往直前，不断地去探索"美"的规律。其中，最具代表性的就是格式塔心理学。其理论明确地提出：眼脑作用是一个不断组织、简化、统一的过程，正是通过这一过程，才产生出易于理解、协调的整体。其提出的对齐、对比、亲密、重复、闭合原则在平面设计领域应用广泛，遵循这几大原则设计的版面显示出极强的秩序感、舒适感和美感。实际上，格式塔原理适用于任何属性、任何体量、任何用户群体的产品。

格式塔心理学五大原则是对齐、对比、亲密、重复、闭合。

（1）对齐

任何元素都不能在页面上随意摆放，每一项都应该与页面上的另一项或多项存在某种视觉关联。即使对齐的元素空间上是相互分开的，但在水平或垂直位置上也会有一条"隐形的线"把它们连在一起，如图 3-122 所示。文案类、列表类、表单类等排版会常用到左对齐，在表格或表单中数值使用右对齐。

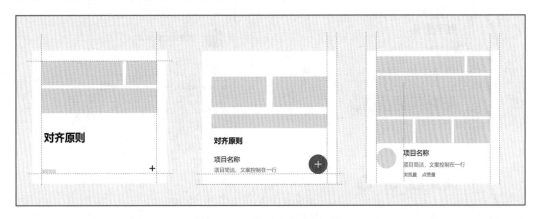

图 3-122　界面中的布局对齐

（2）对比

在用户界面设计中，对比主要有大小、色彩、粗细、简繁、黑白等，如图 3-123 所示。对比可以有效地增强页面的视觉效果，同时也有助于元素之间建立一种有组织的层级结构，让用户快速识别关键信息。一般来说，就是把页面中的信息层级控制在 4~6 层，并且每两种信息层级之间最少有两个度的对比，尽量避免字号对比不明显、颜色太接近、样式太类似等问题。

（3）亲密

亲密也可以叫作亲密性，是指当信息之间的关联性越高，信息之间的距离就越小，反之则它们的距离就越远，如图 3-124 所示。用这样的原则去规划信息之间的间距也就是根据内容去规划页面结构，这样的层次关系会使页面看起来更加自然。用户界面元素之间的关系可以用间距、分割线、分割条、容器（卡片）来划分页面信息层级，如图 3-125 所示。

图 3-123 界面中的对比

图 3-124 界面中的亲密

（4）重复

重复原则是指在同类信息的表达上使用重复相同的元素，这样使用不仅可以有效降低用户的学习成本，也可以帮助用户识别出这些元素之间的关联性。相同的元素在整个界面中不断复用，复用元素可以是线框、颜色、控件、圆角、图标、投影、文本格式、空间间距、设计要素等，如图 3-126 所示。

（5）闭合

人们在观察熟悉的视觉形象时，会把不完整的局部形象当作一个整体来感知，这种知觉上的自动补充称为闭合，如图 3-127 所示。这种整体闭合联系跟人们的生活经验和记忆有直接关系，因此对于陌生或简略的局部形象来说，大脑会产生负面体验。在信息出现过多时，可以用色块进行规则化闭合，如卡片化设计。在界面设计时，应尽量避免使用不规则布局，减少大脑主动联想闭合的时间，提升用户视觉体验。

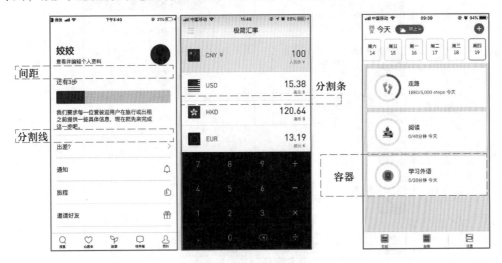

图 3-125　界面中的分割示例

图 3-126　界面中的重复

2. 移动端界面的组成

移动端 App 一般是由十几到几十页不等的页面组成，其主要包括引导页/闪屏、登录注册页面、首页、菜单导航、个人页、图片展示页、列表页、详情页、数据页、反馈页等。一款产品的图形界面由各种页面组成，每个页面又可以分为不同区域。区域是由各类组件组合而成，而组件又是由最基础的设计元素构成，分别是图形和文字。也就是说，图形和文字是构成页面的基本单位，如图 3-128 所示。

页面：产品的一个个独立页面，可通过交互完成页面切换。

图 3-127　界面中的闭合

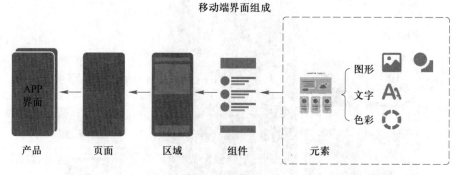

图 3-128　移动端界面的组成

区域：区域可以起到划分页面的作用，通常是按内容/功能的不同来划分各个区域；目前绝大多数产品都是由导航栏、标签栏和内容区组成，如图 3-129 所示。

组件：由元素合成基础组件，最为常见的如按钮（Button）、模态框（Modal）、卡片等。注意：组件还有两个特性，一是组件可由组件复合成更复杂的组件；二是组件必须是可复用的。

元素—图形：这里的图形是泛指，包括图标、线条、形状、图片、视频缩略图、动图等。

元素—文字：文案和正文内容，泛指可通过代码进行编写的文字。

元素—色彩：指界面的颜色搭配

注意在实际制作中，设计师需要用好隐喻和组件化的设计思维，这样可以创造出体验更自然、信息更清晰的界面。

图 3-129　移动端界面实例拆解

3. 界面设计——8 种界面布局

界面布局，是通过引导用户在页面上的注意力来完成对含义、顺序和交互发生点的传达。布局和导航是产品的骨架，是页面的重要构成模式之一，是作为后续展开页面设计的基础，可以为产品奠定交互和视觉风格。在实际的设计中，要考虑信息优先级和各种布局方式的契合度，采用最合适的布局，以提高产品的易用性和交互体验。

常见的移动端界面布局方式包括列表式布局、宫格式布局、仪表式布局、卡片式布局、瀑布流式布局、Gallery 式布局、手风琴式布局和多面板式布局 8 种，如图 3-130 所示。各种布局的使用场景如下。

列表式：常用于并列元素的展示，包括目录、分类、内容等。

宫格式：适合展示较多入口，且各模块相对独立。

仪表式：适合表现趋势走向的展示。

卡片式：适合以图片为主单一内容浏览型的展示。

瀑布流式：适用于实时内容频繁更新的情况。

Gallery 式：适合数量少，聚焦度高，视觉冲击力强的图片展示。

手风琴式：适用于两级结构的内容，并且二级结构可以隐藏。

多面板式：适合分类多并且内容需要同时展示。

关于这些界面布局的使用规则，首先要牢记产品的业务目标，然后分析信息优先级，接着分析用户核心行为，最后考虑浏览模式。注意务必依据具体需求选择合理的界面布局。

4. 界面中的模块化设计和卡片式设计

从移动端界面的组成来看，页面的最小拆分元素是图形、文字、色彩。由于移动端页

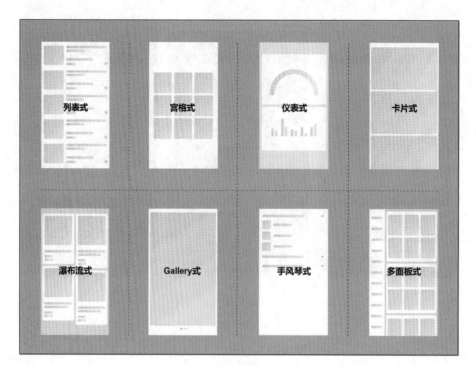

图 3-130 界面布局的 8 种方式

面的重复性，需要把这些元素组合成一个小的模块，再利用模块组合成区域形成各种界面样式。例如个人页一般有头像区、功能区，根据常见样式可以拆分为 4 个基础组件，再由这 4 个基础组件组合成不同布局的个人页，如图 3-131 所示。对于一些复用性较高的组件，采用模块化设计可以保证交互和设计风格的一致性。当界面中状态较多时，采用模块化设计可以让界面状态更完善，避免遗漏，提高设计效率，同时也更适用于产品的修改和迭代，便于维护和协作。

5. 图标设计

在 UI 的设计体系中，图标是最重要的组成部分之一，是任何 UI 中都不可或缺的视觉元素。图标（ICON），是具有明确指代含义的计算机图形，它有广义和狭义两种概念，广义指的是所有现实中有明确指向含义的图形符号，狭义主要指在计算机设备界面中的图形符号。

在界面组成元素中，图片、文字、图形、色彩都只用到排版的技巧，而图标是 UI 设计中除了插画元素以外唯一需要人们"绘制"和"创作"的元素，一涉及这两件事，难度就直线上升了。所以说界面设计中技法层面最难的当属图标设计，不论是手机主题的图标设计还是产品界面中的图标设计，它都是传达产品风格的首要元素，体现了设计者的能力上限。

通常情况图标划分为功能图标、装饰图标和启动图标三大类，如图 3-132 所示。

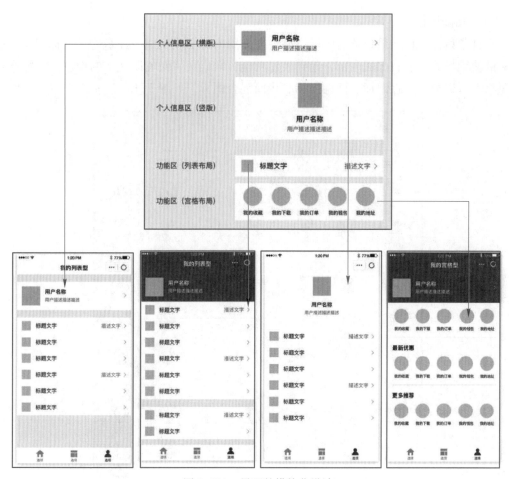

图 3-131　界面的模块化设计

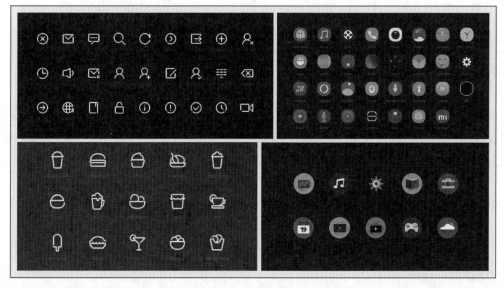

图 3-132　不同种类的图标

（1）功能图标

在日常讨论中提及最频繁的图标类型，即应用内有明确功能、提示含义的标识。功能图标的使用场景一般在界面内部，起到表意功能，取代文字或辅助文字的作用。功能图标在风格上可以分为线性图标、面性图标和线面混合图标，如图 3-133 所示。

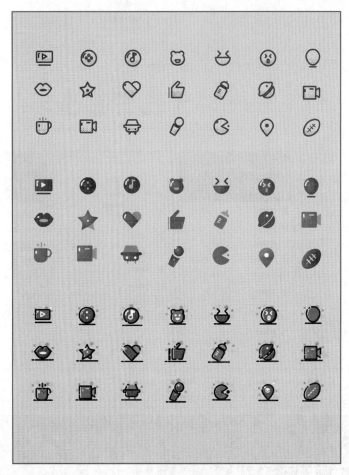

图 3-133　线性图标

① 线性图标：即图形是通过线条的描边轮廓勾勒出来的。多数人对它样式认识的第一反应是使用纯色的闭合轮廓。在线性图标的示例中，貌似创作空间不大，但实际上有非常多的调整空间。

② 面性图标：即使用对内容区域进行色彩填充的图标样式。通常应用于移动端界面内部时，线性图标和面性图标作为标签栏图标的两个状态（常规和选中）来使用。

③ 线面混合风格：在设计图标类型的时候，也不一定非线性和面性不可，还可以将线面融合创作混合型的图标，既有线性描边的轮廓，又有色彩填充的区域。

（2）装饰图标

与功能图标相比，装饰图标的视觉辅助作用更多。对于一些比较页面信息较为复杂的应用来说，除了对信息做好分级和秩序之外，需要使用图标来丰富视觉体验以此来增加内容的观赏性，同时辅助文字提升用户决策效率，如图 3-134 所示。装饰图标有扁平风格、拟物风格、2.5D 风格和实物贴图风格 4 类常见风格，如图 3-135 所示。

图 3-134　装饰图标

图 3-135　装饰图标的不同风格

① 扁平风格：通常可以理解成是用扁平插画的方式画出来的图标，除了纯色填充特性以外，结合与鲜亮的线条结合，比普通图标有更丰富的细节与趣味性。

② 拟物风格：通常在绘制时模拟现实物品的造型和质感，通过高光纹理材质阴影等效果，对现实物品进行适当程度的变形和夸张的描绘再现，在视觉表现上又有轻拟物、轻

质感、写实风格等类型。

③ 2.5D 风格：一种偏卡通、像素画风格的扁平设计类型，在一些非必要的设计环境中，使用 2.5D 会比较容易搭配主流的界面设计风格，有更强的趣味性和层次感。

④ 实物贴图风格：采用了真实摄影物体的设计风格。这种风格在生鲜类、电子产品类电商平台使用较多。

（3）启动图标

也叫作应用图标，可双击或点击打开一个应用程序。除了手机系统图标，更多的启动图标来自手机中第三方应用程序，即在应用市场下载的各种社交、教育、电商、音乐、咨询类 App。多数启动图标的主体物设计就是 Logo 的设计和企业品牌的应用。启动图标常见设计形式有文字形式、图形形式、几何形式、插画形式和拟物形式，如图 3-136 所示。

图 3-136　启动图标的不同风格

① 文字形式：提取产品名称中最具代表性的单个或两个文字、数字、英文、符号等，进行字体设计，也可以把应用本身的品牌 Logo 做成启动图标。

② 图形形式：工具类 App 适合用简单图形传达其主要功能，通常采取使用工具图标的方式设计。

③ 几何形式：这类图标的主体图形经过高度抽象化的标识，传达的是品牌性而不是图形的含义。

④ 插画形式：通常读本、漫画、幼儿类应用，比较适合采用卡通形象作为图标的主体进行设计。

⑤ 拟物形式：尽管扁平风格和轻质感风格图标仍然是主流，但依旧有很多应用的启动图标设计成拟物形式。对比扁平图标来看，拟物设计所传递的信息往往更直观和准确。

（4）图标的设计原则

功能图标的设计原则有三点，即表意准确、美观度、风格统一，如图 3-137 所示。

图 3-137　功能图标的设计原则

启动图标的设计原则有可识别性、差异性、延续产品界面、慎用白色背景、突出品牌、色彩鲜活、使用栅格线和多场景测试 8 点，如图 3-138 所示。

图 3-138　启动图标的设计原则

（5）图标设计必备技能点

通常 UI 设计使用的软件工具包含 Photoshop、Illustrator、Sketch、XD 4 款，如图 3-139 所示。理论上，它们都包含了图标绘制的功能，但是对于初学者来说还是有优先选择顺序的。Sketch/XD 是设计 UI 的主力，但它们主要的功能是用来完成 UI 元素的排版，而不是创作和绘图。虽然它们都包含路径、钢笔、布尔运算等功能（Sketch 相对 XD 更完善一些），绘制基础的线性或面性图标是没有问题，但只要涉及比较复杂的图形、渐变、样式等，还是有些麻烦。这里建议所有学习 UI 的新人，优先掌握 Photoshop 和 Illustrator，在熟悉使用了这两款软件之后，再学习 Sketch 和 XD 时会上手更快。可以说，Photoshop 和 Illustrator 的应用决定了图标设计的上限，而 Sketch 和 XD 是下限，所以把上限拓展得越高越好。

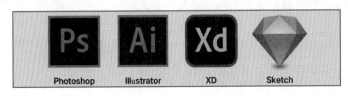

图 3-139　图标绘制软件

1）Illustrator 设计图标中有 3 个需要重点掌握和学习的技能点：形状生成器、轮廓化描边、路径查找器。3 个功能配合布尔运算可以玩转线性图标、面性图标、线面结合图标的各种风格。尤其是在线性图标转面性图标时，非常方便快捷。

2）Photoshop 是一款位图软件，在界面中采用矢量格式的图标是最理想的，而 Photoshop 针对矢量的操作并不便捷，因此通常情况下，更多的是从 Illustrator 中把矢量图形复制到 Photoshop 中去添加图层样式，完成轻质感图标、拟物图标、写实图标的设计。绘制图标需要用到的 Photoshop 功能主要知识点有路径创建和调整、钢笔工具和锚点、路径图层、布尔运算、图层样式、蒙版和智能对象。

3）布尔运算。布尔运算是数字符号化的逻辑推演法，包括联合、相交、相减。在图形处理操作中引用了这种逻辑运算方法以使简单的基本图形组合产生新的形体，并由二维布尔运算发展到三维图形的布尔运算。简单来说，在 Photoshop 或 Illustrator 当中利用几何规则形状经过联合、相交、相减等操作而从得到新的形状，如图 3-140 所示。

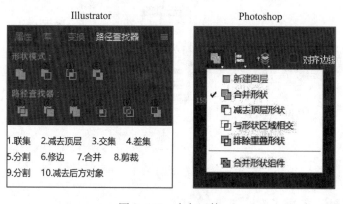

图 3-140　布尔运算

Illustrator 中提供了联集、减去顶层、交集、差集、分割、修边、合并、剪裁、分割、减去后方对象 10 种布尔运算的换算方法。注意这里有两个分割（如图 3-140 所示的编号 5 和 9），编号为 5 的分割是指把形状重合部分全部分割开，形成单独形状。编号为 9 的分割是把所有形状都去除了填充与描边，并且在形状交接的地方都分割了出来。

Photoshop 中提供合并形状、减去顶层形状、与形状区域相交、排除重叠形状、合并形状组件 5 种布尔运算的换算方法。注意这里的合并形状与合并形状组件也是不同的，合并形状之后其中的路径仍然可以挪移、修改，合并形状组件之后路径全都合并，只能做锚点的增删、路径调整，路径无法拆开移动。

（6）图标的应用

在 UI 设计中，图标不是孤立存在的。学习图标设计的目的是要在真实的项目中发挥作用。以下从图标的使用场景来看图标如何应用。

① 应用图标：应用在手机主界面中，在 App 界面外。启动图标需要在同类 App 中脱颖而出，视觉上要够抢眼；风格上能传达行业属性和品牌调性。

② 功能入口：应用在 App 界面内。作为流量分发的出口，很重要，体量感上要够重、够突出。

③ TAB 底部导航：虽然很重要，但常驻底部，可弱化，如图 3-141 所示。

图 3-141　图标的使用场景

④ 列表流：处于次重点，视觉上次突出。

⑤ 网格布局：处于次重点，视觉上次突出。

⑥ 标题点缀：处于次重点，视觉上次突出。

⑦ 辅助/装饰：用于辅助装饰作用，视觉上要最弱。

⑧ 活动入口：如果作为一个主推的活动入口，要能引人注意，如图 3-142 所示。

图 3-142　图标的使用场景

总结：无论是从全局还是从单个页面来看，根据内容由主到次，图标也要相应由重到轻；根据产品功能的优先级别或希望用户关注的主次，图标的风格也是面性图标→线面图标→线性图标。

6. 界面视觉设计 5 要素

前文提到的图形、文字、色彩是人们视觉页面的拆解，这些元素需要合理有序地排布在一个页面中，因此对于界面的视觉表现还需要加上一个"空间"元素，即图形、图标、色彩、文字、空间。由于前文其他章节已经对此内容做了比较详细的介绍，对于这块内容的梳理此处仅以思维导图的形式呈现，如图 3-143 所示。

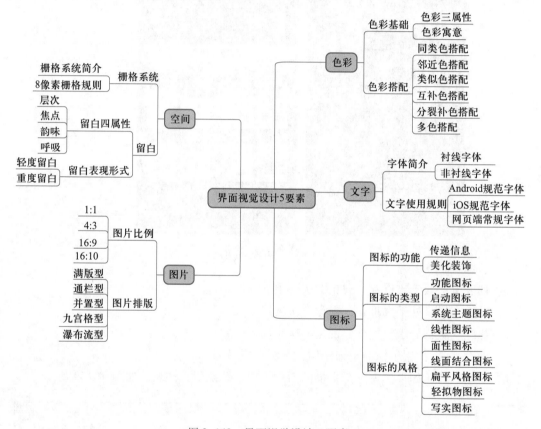

图 3-143　界面视觉设计 5 要素

重要提醒：一个完整的交互流程应该做到让用户交互前可预知、交互中有反馈、交互后可撤销，其中交互前可预知就属于视觉层面的设计。从用户角度来讲，设计师需要对用户使用产品的这 3 个环节负责：开启，使用产品前有较好的视觉感受，设计师需要做到视觉的基础体验合理；解决，使用产品的过程中高效解决问题，设计师需要做到页面信息分级清晰、合理布局；离开，使用产品后有好的印象与情感，设计师需要做到加深产品品牌印象与视觉差异化。作为界面视觉设计师，理解交互流程和用户行为对界面视觉设计的体验提升意义重大。

【任务实施】

1. 设计前工作准备

根据任务描述，使用界面设计软件工具制作腾讯企鹅辅导 App 界面设计。在此之前，需要明确界面视觉设计基础常识。

（1）设计工具

Sketch 或 Photoshop（本文案例使用 Adobe Photoshop CC 2018 版本）

（2）文件管理

合理规划好设计版本，进行明确的文件归档工作，有助于提高设计师的工作效率。

（3）iOS 基础规范

中文字体——苹方黑体；英文字体——San Francisco。

设计稿尺寸：只推荐 750×1 334 px 的尺寸来做设计稿，这是向上向下都最容易适配的尺寸，包括用这个尺寸去适配 Android 版。除了 iPhone X 的比例特殊外，其他的 iPhone 比例几乎差不多的，比较容易适配。

① 使用 Sketch 设计：使用 375×667 pt 尺寸即可，开发在 Xcode 里也是使用这个尺寸。导出的@ 2x 图适配 iPhone 5/5S/5C/SE/6/6S/7/7S/8；导出的@ 3x 图适配 iPhone 6/6S/7/7S/8 Plus、iPhone X。

② 使用 Photoshop 设计：画布建成 750×1334 px 尺寸即可，在这个前提之下，导出原尺寸图片加后缀@ 2x，适配 iPhone 5/5S/5C/SE/6/6S/7/7S/8；导出 1.5 倍图片加后缀@ 3x，适配 iPhone 6/6S/7/7S/8 Plus、iPhone X。

字号使用建议如下（不是硬性规定，根据视觉效果酌情使用）：导航文字——34～38 px；标题文字——28～34 px；正文文字——26～30 px；辅助文字——20～24 px；Tab bar 文字——20 px。

③ App 应用图标，建议使用 1 024×1 024 px 尺寸，逐级缩小去应用到各种场景中。

（4）界面适配

程序内部界面通过写成自适应界面可以很好地适配各种机型，其中需要覆盖全面屏的界面（如闪屏、启动页、引导界面、插画页面等），必须要单独为 iPhone X 的比例重新绘制或者调整设计稿；其他的 iPhone 机型，按照各机型的设计尺寸整体放大缩小、微调之后输出对应的切图就可以了。

注意：iPhone X 的安全区域就是扣除顶部刘海状态栏和底部虚拟 home 键之后，中间的内容显示区域。如果不得不使用 iPhoneX 的尺寸做设计稿，则一定设置好参考线，不要把内容做进这两块区域内部。

2. 实施步骤和结果

任务名称：腾讯企业辅导界面设计（3.20.0 版本），按照 App 启动流程顺序制作核心页面。

（1）第 1 步：制作启动图标

通常在设计启动图标时会使用 iOS 提供的图标栅格，使用该栅格可以规范图形的尺寸及所处的位置和比例。默认的情况下，使用 1 024×1 024 px 尺寸来设计启动图标，该参数在 iOS 和 Android 中都适用。之所以使用这么大的尺寸，是由屏幕分辨率的差异和使用场景导致的。移动端设备根据屏幕规格的不同，展示图标的实际像素量也不同，即图标的尺寸会发生改变。在这不同设备和显示场景里，应用的图标尺寸也不一样。对于一个真实的项目来说，图标不是只放在手机上运行，无论是 iOS 还是 Android 的 App 都可以在 PAD 上安装，图标尺寸规格就不同。并且，由前文知识准备中可知，图标出现在应用商店、列表、通知栏、主屏启动等多个场景中，如图 3-144 所示。

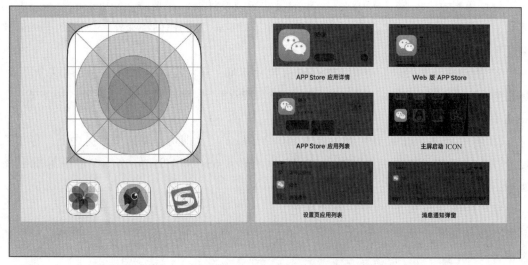

(a) 启动图标栅格　　　　　　　　　　　(b) 启动图标使用场景

图 3-144　启动图标栅格和使用场景

在 iOS 官方的图标模板中，会看见里面罗列了非常多的图标尺寸，只需要设计第 1 个 1 024 规格的，将这个图标置入到 Photoshop 的智能对象或者 Sketch 的 Symbol 中，就可以一次性生成所有尺寸，不需要手动调整各种规格的图标输出。注意：在真实项目中，除非项目的特定要求，只需要提交正方形的图形即可，之后无论是 App Store 还是多数安卓应用商店，都会"自动"对该图形进行裁切，生成符合自己系统的圆角图标。如果想要设计出启动图标的真实预览效果，可以使用 PSD 模板，如图 3-145 所示，将启动图标置入到模板中即可。下面将以腾讯企鹅辅导启动图标为例进行步骤详解。

以下是启动图标的设计演示过程。

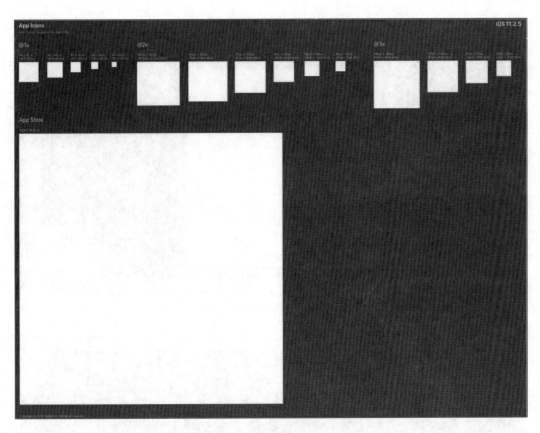

图 3-145　Template-AppIcons-iOS

设计流程：对一个从零开始设计的 App 产品来说，启动图标的造型提取首先从发散关键词开始，从图标名称、产品核心功能进行图形联想，其次找到和产品气质相符的图片、元素进行轮廓抽取，调整图标比例，最后增加图标细节。腾讯企鹅辅导是腾讯旗下产品，涉足 K12 在线教育，即企鹅和书本造型是最为合适的图标造型元素。由于腾讯企鹅辅导是上线运营的成熟产品，其品牌和 Logo 已经非常完备，仅从绘图方法的角度（布尔运算）演示临摹品牌 Logo 并制作成启动图标。对于已有品牌 Logo 的产品无须重新绘制，直接调用品牌 Logo，按照图标栅格调整位置即可。

使用工具：Illustrator+Photoshop（2018 CC 版本）。

尺寸：1 024×1 024 px。

颜色：品牌 Logo 标准色。

下面开始在 Illustrator 中设计产品启动图标。

① 建立一个 1 024×1 024 px 的画布。将图标栅格放入图层 1 中，将腾讯企鹅辅导的 Logo 导入图层 1 中，命名图层为"栅格线"，锁定图层，为绘制启动图标做好准备，如图 3-146 所示。

② 新建图层，命名为"启动图标"。绘制企鹅头部图形，使用布尔运算来完成主图形的绘制。设置描边颜色为红色、1 px、不填充，绘制正圆形。接着调整圆形的大小，复制

多次，让圆形与企鹅头像的轮廓相符合，如图 3-147 所示。

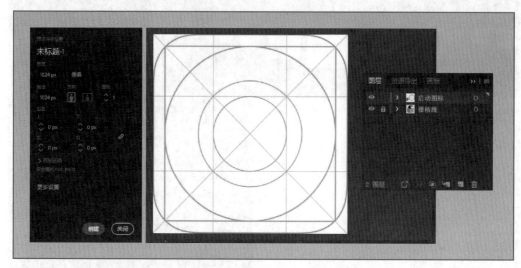

图 3-146　新建画布和图层

图 3-147　绘制圆形与企鹅轮廓相符

③ 绘制书本图形，使用矩形并对其进行斜切，并调整 4 个角的圆角。垂直复制反转并调整位置，完成书本图形的制作，如图 3-148 所示。

④ 选中"书本"图形，选择菜单"对象"→"路径"→"偏移路径"命令，如图 3-149 所示，设置参数为 50 px，单击"确定"按钮。

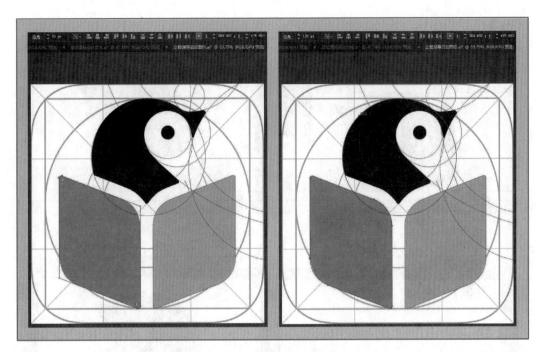

图 3-148　绘制书本

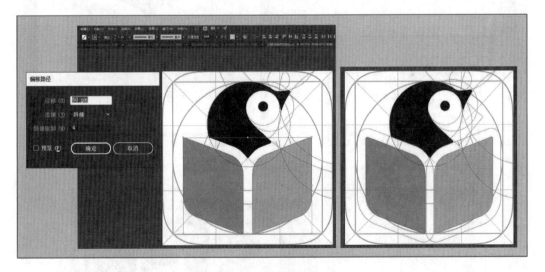

图 3-149　偏移路径

⑤ 使用形状生成器工具完成腾讯企鹅辅导 Logo 的绘制。按 Ctrl+A 快捷键，选中所有图形，按 Shift+M 快捷键，根据需要按住鼠标左键将企鹅头部连成一个图形，再将企鹅脖子部位连成一个图形，单击眼睛部位的圆形使其形成一个图形，如图 3-150 所示。

⑥ 放大调整所有图形的细节，如图 3-151 所示。将多余锚点、线条删除并填充颜色，选中所有图形，单击鼠标右键，在弹出的快捷菜单中选择"编组"命令，最后存储文件。

⑦ 将制作好的启动图标拖入"启动图标设计文件.ai"模板中，把企鹅辅导 Logo 放置

在画板 1 中，并按 Ctrl+S 快捷键保存此模板，如图 3-152 所示。

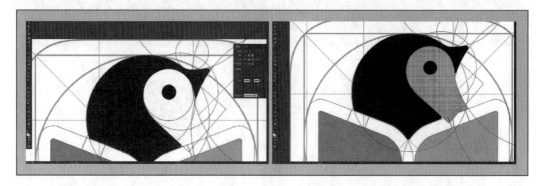

图 3-150   进行布尔运算

图 3-151   完成绘制

图 3-152   使用 AI 模板

⑧ 打开图 3-152 所示的"导出文件"文件夹中的 iOS. psd 文件，双击图层中智能对象，弹出"查找缺失文件"对话框，找到步骤⑦中保存的 AI 模板，单击"置入"按钮，

选择画板 1，如图 3-153 所示，单击"确定"按钮后效果如图 3-154 所示。

图 3-153　修改智能对象

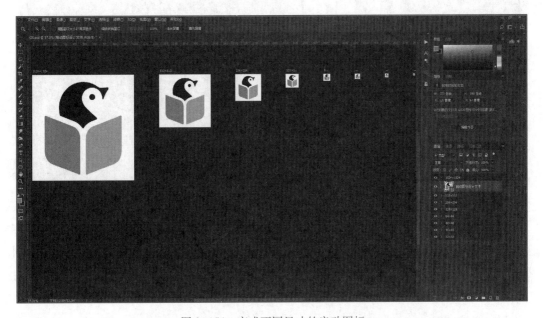

图 3-154　完成不同尺寸的启动图标

⑨ 选择菜单"文件"→"导出"→"导出为"命令（快捷键 Alt+Shift+Ctrl+W），单击"全部导出"按钮。打开存储的文件夹，所有尺寸的启动图标已经存储完毕，如图 3-155 所示。

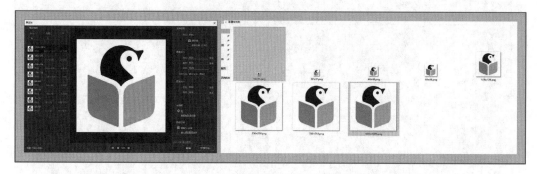

图 3-155　导出不同尺寸的启动图标

⑩ 打开"启动图标预览.psd"文件模板，在"图层"面板中选中修改图层，右击，在弹出的快捷菜单中选择"重新链接到文件"命令，重复步骤⑧对智能对象修改，即可完成启动图标的演示效果图，如图 3-156 所示。

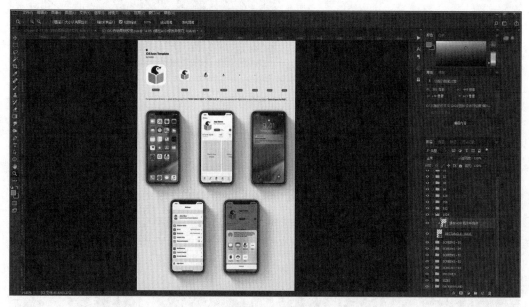

图 3-156　启动图标不同使用场景效果图

注意：在设计已经确认以后，就要导出这些图标。因为启动图标有很多拟物的设计或会使用真实的摄影素材，所以应用商店提交的格式会选用位图格式而不是矢量格式，导出启动图标，只需要导出对应尺寸的 PNG 即可。

（2）第 2 步：制作功能图标

功能图标一般都在界面内，App 中主要的功能图标分布在标签栏、导航栏、金刚区、个人页中，尤其是一级页面中的功能图标均需要体现产品风格和定位。在创作和绘制功能图标时，设计流程为：从发散关键词出发→展开联想→脑暴具象元素→隐喻/比喻→轮廓提取→调整比例→增加细节。在快速绘制完多个功能图标后，开始进入视觉规范阶段。首先确保图标轮廓表意准确，其次确定图标比例、视角、圆角、断口、线条粗细、倾斜角度、光影角度、投影数值等，完成统一性原则规范。在这个过程中还需要注意几何图形的视觉差，不同几何图形带给我们的视觉大小是不同的，就要对它们的尺寸做出额外的调整。这个问题在一个图形的内部也会产生影响，如图 3-157 所示。

图 3-157   几何图形视觉差

在 iOS 界面中底部标签功能图标标准大小为 44×44 px，以此为标准来制作功能图标栅格，如图 3-158 所示。在 Illustrator 中的绘制步骤此处略过。绘制完栅格线后，就可以开始制作功能图标了。接下来以腾讯企鹅辅导首页标签栏中的 4 个图标作为演示案例。

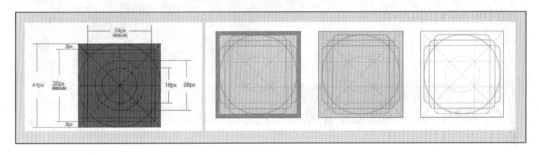

图 3-158   iOS 图标栅格线

使用工具：Illustrator。

尺寸：48×48 px（图标尺寸为 44 px，加上四周增加 1 px 作为边距，因此画布大小为 48 px）。

下面开始在 Illustrator 中设计"找课""课间""上课"和"我的"图标。

① 新建 48×48 px 文件，画板填"8"，列数填"4"。新建图层，图层 1 命名为"栅格线"，图层 2 命名为"图标"。将绘制好的栅格线导入图层 1，并锁定图层（最后导出时请记得隐藏此图层）。

② 给画板 1~画板 4 进行命名，如图 3-159 所示，设置描边 2 px、不填充，绘制线性图标"找课""课间""上课"和"我的"图标。

③ 绘制"找课"图标。绘制 1 个 32 px 矩形，调整圆角 2 px。再绘制 1 个宽 32 px 高 8 px 的矩形，左边圆角调至最大，删除右边线，在"描边"面板中设置端点为"圆头端点"、边角为"圆角链接"，如图 3-160 所示。再次绘制 1 个宽 8 px 高 16 px 的矩形，选择菜单"对象"→"路径"→"增加锚点"命令，选择下部中间的锚点向上移动。细节调整，完成绘制。

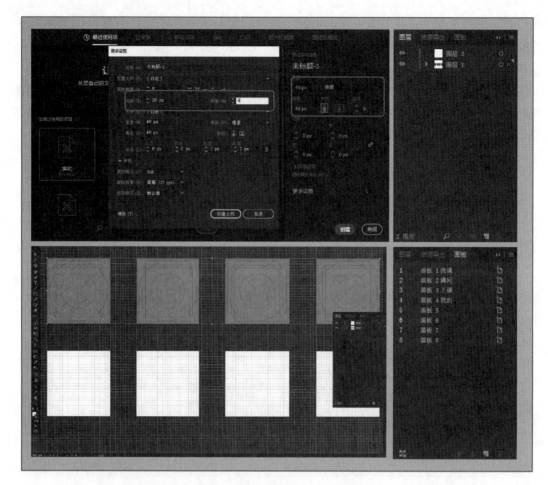

图 3-159　功能图标 ai 文件参数

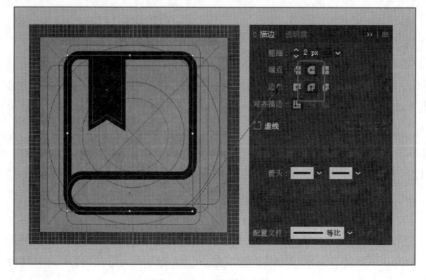

图 3-160　"找课"图标

④ 绘制"课间"图标。绘制 1 个 36 px 正圆，选择菜单"对象"→"路径"→"偏移路径"命令，在打开的对话框中设置"-4 px"，得到一个小圆，如图 3-161（a）所示。为这个"小圆"执行添加锚点命令，并删除多个锚点，做成"高光"，如图 3-161（b）所示。注意描边设置成"圆头端点"、边角为"圆角链接"。再次将第 1 个正圆执行"偏移路径"命令，在对话框中设置"4 px"，得到一个大圆，如图 3-161（a）所示。为这个"大圆"添加锚点，并删除多个锚点，做成"打铃"图形。复制"高光"，执行"水平垂直翻转"命令，并修改描边为 3 px，与"打铃"图形放置一起调整位置，如图 3-161 所示。最后绘制 1 个 4 px 正圆，完成"课间"图标绘制。

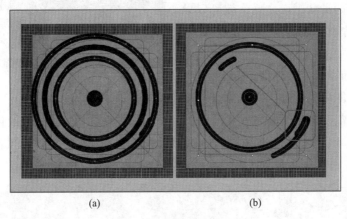

(a)　　　　　　　　　　　　(b)

图 3-161　课间图标

⑤ 绘制"上课"图标。绘制宽 34 px 高 26 px 的矩形，描边 2 px，圆角 2 px。然后绘制一个宽 9 px 高 10 px 的三角形，填充黑色，注意调整向左三角形的位置，保证视差均衡。再次绘制宽 35 px 的水平线，与矩形和三角形居中对齐。最后绘制宽 6 px 的水平线，旋转 60°，执行"垂直翻转并复制水平线"，组成"支架"图形。

⑥ 绘制"我的"图标。绘制宽 30 px 高 40 px 的矩形，在矩形内部绘制宽 6 px 的水平线，再绘制 8 px、14 px 两个正圆。将大圆用布尔运算剪切成半圆并调整位置，如图 3-162 所示。

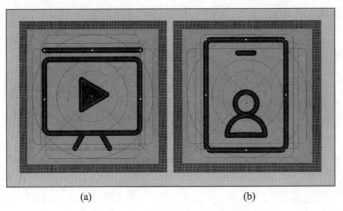

(a)　　　　　　　　　　　　(b)

图 3-162　"上课"和"我的"图标

⑦ 将 4 个线性图标分别选中，选择菜单"对象"→"扩展"命令，在打开的对话框中单击"确定"按钮。最后，将颜色改为灰色#777777，完成线性图标绘制。

⑧ 绘制面性图标。复制 4 个线性图标，将闭合路径图形填充颜色，将原来线性图标中的填充图形反白。注意：做完后需根据实际情况进行微调，并对每个图标执行"扩展为填充"命令。

⑨ 到这里，标签栏中的 4 个功能图标就做完了，如图 3-163 所示。之所以要做线性图标和面性图标两种风格，是因为在交互时有常规和选中两种状态。之后，就可以导入 Photoshop 制作首页了。

通常情况下，一个 App 产品会有一套 ICON，数量以百来计，如图 3-164 所示。在进行制作功能图标时，除了需要体现产品

图 3-163 功能图标

风格的那些图标需要创作绘制之外，剩下的可以用图标库中的图标来修改使用。但是在实际工作中，设计师需要按照页面层级梳理图标数量及其所有状态，以便高效快捷地完成界面视觉设计。

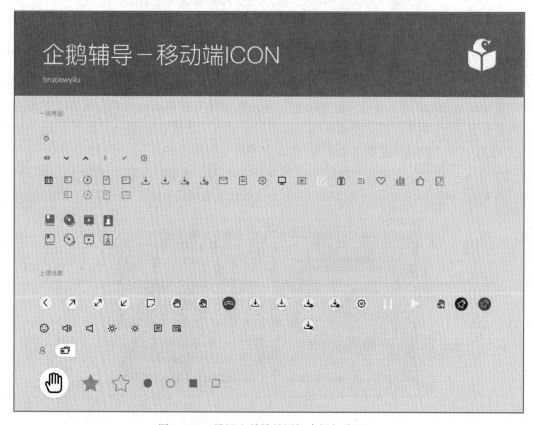

图 3-164 腾讯企鹅辅导图标合辑部分展示

（3）第 3 步：制作启动页和登录页

在制作启动页和登录页之前，需要了解 App 启动流程，如图 3-165 所示。在点击 App 启动图标之后，就会出现启动页面。启动页建议不要做过多设计、不要做广告，仅仅用以传达给用户，应用快速响应认知。启动页是应用每次冷启动过程中展示给用户的一个过渡页面，用于减缓用户在打开应用时等待的焦虑情绪，通常是一张背景图片，无法进行交互，不可点击也不可跳过，展示时间不可控。闪屏形似启动页但拥有交互功能，通常用于展示营销活动广告图片并引导用户点击，可以跳过。引导页是指用户安装或更新后首次启动时展示的数个页面，常用于介绍应用的核心概念、功能玩法、使用场景、核心变更，可交互，左右滑动切换页面，最后一页有"进入"按钮。

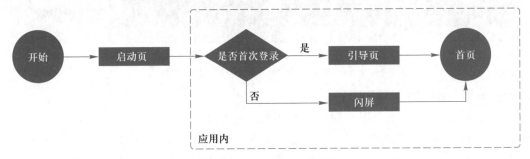

图 3-165　App 启动流程图

1）启动页设计主要是告诉用户产品定位是什么（我是谁？我是做什么的？），最常用的设计方法是使用品牌元素（Logo、Slogan、IP 形象、品牌色等），强化用户对品牌的认知。

使用工具：Photoshop。

尺寸：750×1 334 px。

颜色规范如图 3-166 所示。

图 3-166　颜色规范

字体：中文—苹方（PingFang-SC）/英文—SanFrancisco。

启动页设计演示如图 3-167 所示。

下面开始在 Photoshop 中设计启动页。

① 新建画板，大小为 750×1 334 px，单击"创建"按钮。

② 新建图层，命名为"背景"，填充白色。

③ 将腾讯企鹅辅导 Brandbook 中垂直标志 Logo 导入 Photoshop 中，转成智能对象，图层命名为"LOGO"。

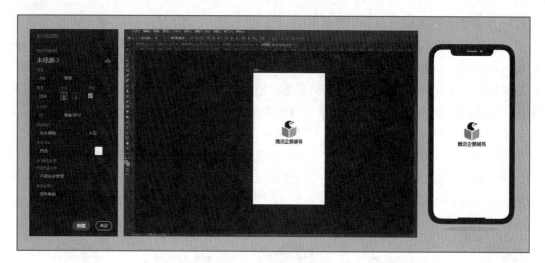

图 3-167 引导页制作

④ 调整 Logo 大小，制作完成。

登录和注册这个看上去很"简单"的功能，其实很复杂，因为涉及老账户体系、未登录逻辑、第三方账号绑定体系等。通常而言，登录和注册是关联在一起的，用户只有进行了注册才能登录，但这种做法仅限于互联网早期。现在互联网公司业务对于注册登录成功率要求越来越高，就逐渐减少了注册和登录的步骤，有些产品甚至不再有注册流程，以此提高平台的用户量和登录成功率。

2）登录页的内容分为产品符号（标志/吉祥物）、主登录路径、辅助登录路径。在视觉设计上，最常规的做法是在主登录页面上放置产品标志，这种设计方式的优势是视觉传达上简洁高效。另外一种常见做法就是在背景上做文章，可以给背景填充品牌的主色调，加深用户对产品的记忆点；或者背景换成图片或者视频的方式，这种做法比第 1 种方式的视觉冲击力更强一些。选择和品牌契合图片或者视频，可以更好地吸引用户对产品的关注度。登录页在交互细节上需要注意以下几点：对手机号码进行 3—4—4 的分布；输入时弹出对应的输入键盘；输入时显示清空 ICON；隐藏/显示输入密码 ICON；忘记密码的摆放位置；登录失败的错误反馈。

下面开始在 Photoshop 中设计登录页。

① 新建画板，大小为 750×1 334 px，白色背景图层。

② 制作主登录页面。页面中包括标题、手机号文本输入框、密码文本输入框、"登录"按钮、忘记密码这些基本元素。注意忘记密码是用户最容易出错的地方，所以用绿色文字放置在"登录"按钮右下方对齐，起强调作用。文本框未点击时，有灰色文字提示填写。按照 iOS 规范设置字体、字号、间距等内容，此处不做详细参数展示。

③ 为了增加用户黏性，提供游客登录模式。将 QQ、微信、游客图标导入文件，并制作图标的说明文字。图标和对应的说明文字居中对齐，三组图标文字间距相同，放置在页面下部。与主登录路径模块拉开距离，便于用户选择快速有效的成功登录。制作用户协

议、隐私协议模块，放置复选框和文字在页面边缘。完成登录页面如图 3-168 所示。

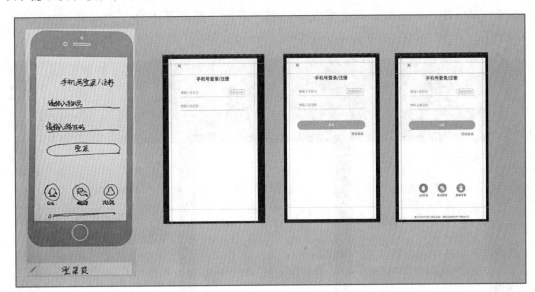

图 3-168　登录页制作

④ 注意事项：登录页不仅仅只有这一个页，还要考虑各种情况。当输入框被激活时，需要有颜色反馈。在登录页制作时，文本输入框需要做两个图层，一个是未激活状态，一个是激活状态。当用户已经登录过，可以直接一键登录。当手机无网络时，登录页面还需有弹窗提示。还有密码登录页面、验证码登录页面、找回密码页面等，此处不再详细演示制作过程，如图 3-169 所示。

作为界面视觉设计师，在制作登录页时要时刻记住登录页的功能和目标：有效快速登录。例如抖音 App 的登录，当手机的移动数据打开时，用户进入登录界面，通过中国移动认证服务一键完成登录，可以说这是目前最简洁最快速的登录流程了。用户协议、隐私协议和中国移动认证服务条款，通过说明告知用户登录即表示同意，这种做法可减少用户勾选同意的流程步骤，提升完成率。淘宝登录细分为两个场景，一个是用户下载后登录过，另一个是用户下载后未登录。当用户下载后登录过，这时候淘宝主流程是刷脸操作，即通过刷脸登录，简单快捷。如果用户下载后未登录过，则主流程是通过手机验证码进行登录。

（4）第 4 步：制作首页

所有的视觉设计都是为了传达给用户某一种情感，围绕用户的感受去设计。App 页面设计的流程是先分析用户看到页面产生何种感受时才会产生转化行为，然后提取关键词，生成情绪版，最后是通过设计手段营造出页面氛围，如图 3-170 所示。

界面视觉设计师通常依据交互原型图来设计视觉页面。在第 1 个阶段主要是美化页面，以美观度为目标，进行以对齐、对比、亲密、重复、闭合为大原则的走查；第 2 个阶段根据产品的特性，把它和同类产品区分开，这里主要指的是同类产品的差异性，需要用色彩、辅助图形、排版、模块来组成贴合产品定位的界面风格；第 3 个阶段是更全面地思考产品、用户、技术等多个维度的问题，到这一步就基本是"产品体验优化师"的水准了。

图 3-169　登录页其他部分页面

图 3-170　App 页面设计流程

在用 Photoshop 开始制作首页之前，还需要了解网格系统，这有利于提高团队协作设计效率。网格系统是利用一系列垂直和水平的参考线，将页面分割成若干个有规律的列或格子，再以这些格子为基准，控制页面元素之间的对齐和比例关系，从而搭建出一个具有高度秩序性的页面框架。它将页面中所有的设计元素高效有序地组织起来，从而让整个

App 的设计具有高度的一致性和规律性。网格系统主要有单元格、外边距、列、水槽、横向间距组成，如图 3-171 所示。在 App 中使用网格系统，首先要定义最小单元格。最小单元格的数值，大多数 App 会选择 4~10 这个范围内一个偶数。在适用性方面，4、6、8、10 这 4 个数值都是基本可以满足的。页面里所有的间距（包括水槽、外边距、横向间距等）、组件尺寸等都需要是最小单位的整数倍，以达到统一视觉节奏的目的。例如，单元格选择为 8 px，那么所有用到的间距尺寸将会是 8 px、16 px、24 px、32 px 和 40 px。

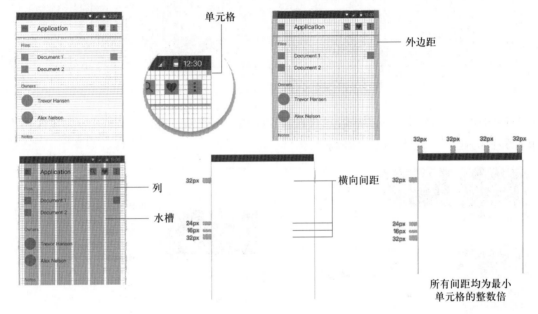

图 3-171　网格系统的组成

在做设计稿的时候，最常用的画布尺寸是 iPhone6/7/8 的 750×1 334 px，但是在这个尺寸下以 8 px 为最小单元格时，画布是无法被整除的——即 750 px 宽度下除去所有外边距和水槽后，每一个红色的列宽实际为 42.5 px，如图 3-172 所示。其实这属于正常现象，因为没有哪一套网格系统，在任何屏幕分辨率下都能完美整除的。例如同样是 8 px 单元格，在 750 px 手机上无法被整除，而在 720 px 手机上就完全没有问题。这种情况如何使用网格系统呢？图 3-172 中的尺寸代表外边距和水槽的蓝色数值，是需要提供给研发的固定值，而红色的数值是根据屏幕实际宽度计算得来的。因此只需要保证提供给研发的数值遵循网格系统规律即可，至于页面中计算得来的数值，那 0~5 px 的偏差肉眼是感觉不出来的。所以说需要根据 App 的实际情况选择合适的数值，4 px 或 6 px 单元格比较适合页面内容信息较多，布局排版比较复杂的产品，如淘宝、考拉等电商类 App；而 8 px 单元格对一般的设计场景都可以很好地满足，比较适合大多数的 App 产品，因此是常推荐使用的。

接下来对腾讯企鹅辅导的首页做设计梳理。

首页的设计目标：信息结构化、提高用户从首页到详情页的转化，同时让用户对系统班和专题课有清晰的认知。前文已经对首页布局做了梳理和说明，此处不再展开。根据首

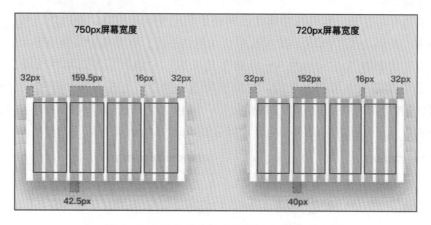

图 3-172　网格系统最小倍数无法整除示例

页布局和找课路径确定首页主要展示课程卡片模块，将搜索、科目、Banner、系统课作为找课路径的起点，如图 3-173 所示。

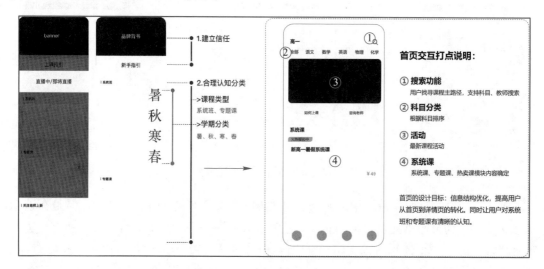

图 3-173　首页布局到交互原型展示

接着从新用户、老用户两个角度确定系统课/专题课，优惠模块、热卖等内容的信息优先级及内容的细节，如图 3-174 所示。例如系统班留几个入口，专题课首屏展示几个、最多展示几门，优惠模块包含限时/折扣，热卖模块数据更新，Banner 活动是日更还是月更等。接下来就是将这些内容按优先级安排进首页中。

下面开始在 Photoshop 中设计首页（颜色、字体规范见前文，布局采用卡片式）。

① 新建画板，大小为 750×1 334 px。

② 设置网格线，确定状态栏、导航栏、标签栏位置，左右两边的外边距为 32 px。内容相对宽度为 686 px，列宽 42 px，水槽 16 px，横向间距为 8 px 的倍数。将网格系统的所有图层打包成组，命名为"网格线"，如图 3-175 所示。

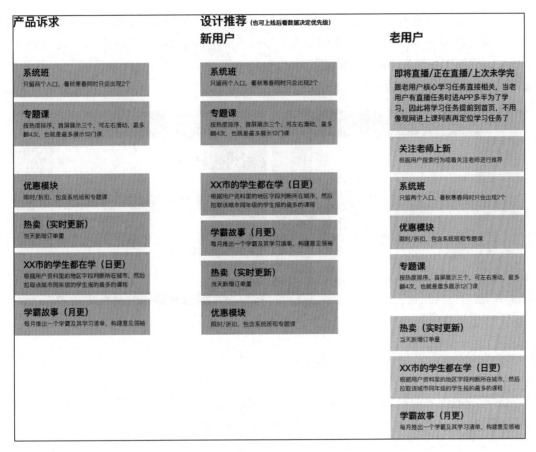

图 3-174　首页内容模块优先级

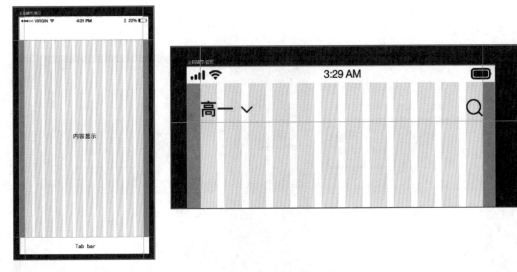

图 3-175　网格线和导航栏

③ 在导航栏区域放置标题"高一"、下拉图标（筛选年级）、搜索图标。标题字号为 38 px，靠左排布；下拉图标和文字间距为 16 px，搜索图标在导航栏靠右排布。注意将这 3 个图层合成组 1，选中这 3 个图层按 Ctrl+G 快捷键，命名为"Navigation"或"导航栏"，如图 3-176 所示（图中为网格线显示和隐藏对比图）。

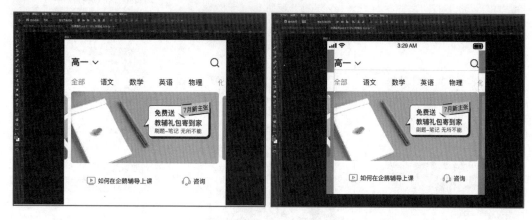

图 3-176　金刚区内容（Banner+如何上课/咨询）

④ 在导航栏下方使用矩形工具为标签绘制背景区域，颜色为白色，高度为 88 px。放置科目标签，文字字号为 32 px，其中"全部"标签颜色为 #08cb6a，其余为黑色。

⑤ 继续放置 Banner 图，圆角为 10 px。首先放一张主图在页面水平居中位置，在与其左右间距为 16 px 的位置放两张 Banner 图，示意用户此处为轮播图。

⑥ 在与 Banner 间距 40 px 的下方放置比较重要的功能"如何上课和咨询"，使用"辅助图标+文字"模式完成制作。

⑦ 间距 40 px，放置直播提醒模块，同时下方和右侧放置可左右滑动提醒图标及图标，如图 3-177 所示。

图 3-177　直播提醒

⑧ 间距 72 px，放置系统课标题；间距 40 px 放置系统课卡片，如图 3-178 所示。

图 3-178　系统班模块

⑨ 放置标签栏及图标，如图 3-179 所示。注意"找课"图标为选中模式（面性、绿色#08cb6a）。说明：设计稿演示使用旧版本，标签栏图标未更新。这是一个手机屏幕高度的首页，一般情况下，首页内容区域是可以上滑查看更多列表内容的，所以在制作时，需要制作完整的页面，设计建稿尺寸是 750×6 000 px，高度可以根据实际需求任意调整为 1 个屏幕高度、2 个屏幕高度或更多。

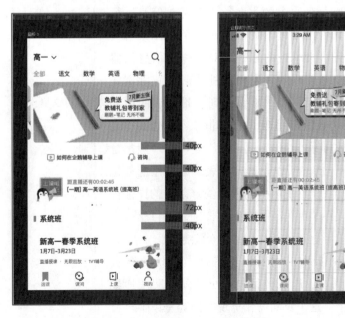

图 3-179　首页完成

　　注意：在步骤⑦和步骤⑧中的直播和系统班是更新较快、复用较多的模块，需要对这两个内容做卡片设计。针对直播提醒和系统班的卡片设计所需要呈现的信息点如图 3-180 所示。

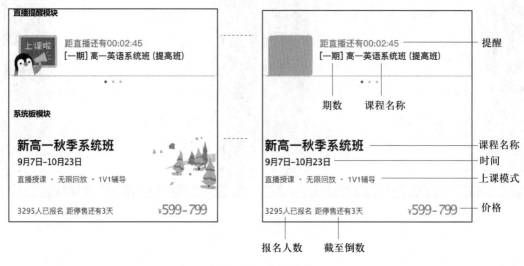

图 3-180　卡片设计

（5）第 5 步：制作科目列表页

在介绍列表之前，需要了解一个经典的交互设计框架，该框架符合一般用户的使用习惯，同时也是人们处理信息的基本模式："首页—列表页—详情页"框架。用户在列表页上的主要行为就是对信息进行筛选和比较，以便让其做出决策，决定进入哪个具体条目去了解相关详情，因此列表页承载的是用户对下一层信息的概况了解，是详情页信息的缩略版。列表的具体形式有垂直式列表、横向式列表、网格式列表。垂直式列表是列表的最基本形式，布局干净，信息清晰呈现，用户非常容易理解，也很容易找到自己想要的目标。注意，用户的浏览习惯一般都是"从左往右，从上往下"的，所以垂直式列表一般采用的都是左对齐的样式。设计师在设计的时候需要平衡好条目的详细程度和条目数量之间的关系，因为条目内容越详细，条目所占空间就会越大，相应地单屏上条目的显示数量就会越少。

以腾讯企鹅辅导首页中的科目标签为例，设计二级页面——科目列表页。当用户进入科目列表页，就说明用户聚焦在单个科目的课程上。这个页面需要呈现的内容是单个科目的课程信息列表，以系统课按内容差异进行打包。系统课的差异化主要从期数、学期两个维度进行打包，如图 3-181 所示。

图 3-181　科目列表框架

　　下面开始在 Photoshop 中设计科目列表页（颜色、字体规范见前文，布局采用卡片式）。

　　前 4 步同首页设计中一样，此处从第 5 个步骤开始。

　　① 复制首页画板，重命名为科目列表页。

　　② 选中 Banner 图层组、如何上课/咨询图层组、直播提醒图层组，删除，如图 3-182 所示。

图 3-182　步骤②和步骤③

　　③ 以"语文"科目为例。修改科目标签文字颜色，"全部"改为黑色，"语文"改为 #08cb6a。

　　④ 选中"系统班"模块图层组，位置上移至导航栏下方，在此基础上修改制作系统课卡片。

　　⑤ 绘制 692×300 px、圆角 10 px 的矩形，为其添加投影。输入课程标题文字、时间、报名人数、原价、现价等文字内容，设置字号分别为 38 px、24 px、20 px、18 px 和 36 px。课程标题文字和现价选用苹方粗体。选中这些文字图层和圆角背板图层，按快捷键 Ctrl+G，将组命名为"课程卡片二期"，如图 3-183 所示。

　　⑥ 复制课程卡片，调整间距，并修改具体文字内容。调整 Tab 图层顺序，最后完成科目列表页的制作，如图 3-184 所示。

图 3-183　步骤⑤

图 3-184　步骤⑥

【知识拓展】

问题思考

（1）绘制功能图标需要用到 Illustrator 中哪些工具和技能？

（2）App 界面设计的流程是什么？

（3）为什么在设计界面时要使用网格系统？

任务 3-5　App 项目设计交付文档整理

任务 3-5
App 项目设计
交付文档整理

【任务描述】

在完成腾讯企鹅辅导案例中 UI 设计之后，要对设计稿文件按照规范进行输出和命名，并按照开发规范进行切图和标注。从开始在软件中设计内容时，就要对图层、图层文件夹进行命名，到对接开发的时候，还要对切图进行命名，再到管理版本时，项目文件目录的命名技巧都是需要掌握的高效团队协作技能。

【问题引导】

1. 功能图标如何命名？

2. 界面中图层如何命名分组？页面如何命名？

3. 输出文件时需要保存什么格式？

4. 导出时文件夹如何整理找起来更方便？

5. 怎么标注可以最大限度还原视觉稿？

【知识准备】

在进行界面的设计和制作时，需要养成良好的文件命名习惯。新手设计师在设计时最容易出现源文件内画板、图标、图层、图层组命名混乱，很难寻找到想要的目标界面或者控件、设计元素，还会出现对整个移动端项目视觉设计文件夹管理混乱的问题。为了便于自我查找和梳理，同时与其他设计师、开发人员展开高效无缝协作，需要掌握从图层到页面、从切图命名到项目文件目录的命名技巧。好的命名系统一定是紧密结合项目文件管理方法的，它能帮助用户有强迫性地对文件进行分类和删除冗余的部分。任何一个人打开这些项目都能轻易找到目标，这才是设计师应该追求的方向。

1. 项目文件命名

通常一个 App 项目完成页面少则十几页多则几十页，每个页面里又有零零散散的图标，需要对图标、界面页面、切图文件进行科学的项目文件管理。为了方便高效地查找到指定的文件，例如想要快速找到之前切图中的"登录"按钮，先从文件命名开始。一般推荐采用文件归纳法，如图 3-185 所示，即把常用类目图标整理在一个文件夹中。常用控件，如 navi、toolbar、setting 等也可以整理成一个通用的切图包，再按照一个页面一个文件夹的方式来整理切图。对于这些文件的命名，可以按层级和文字排序这两个检索模式进行归类。这里需要注意，对项目文件命名的目的是通过这个命名步骤提高检索效率，而不是为命名而命名。

图 3-185　文件归纳法

（1）文件层级

项目开始时，先规划清楚会出现的文件类型，并对其做出层级的划分。例如，在某个项目中，第 1 个版本文件包含的分类有 PRD 文档、Sketch 原型文件、Sketch 设计文件、其他设计文件、动画源文件、参考图片、应用素材、导出展示图、导出交互动画、设计说明以及切图等。需要将它们分类，得出树状图，如图 3-186 所示。

然后，就可以以此在名称为 V1.0 文件夹下方创建各级子文件夹，之后将对应的文件置入到指定层级文件夹中，完成初步的文件整理方式。当然，不同项目的文件类型可能会有增减，最终确定的层级是需要自己整理的。即使一开始定义的不够完整，随着项目的深入，也可以直接在同级中插入新的文件夹。

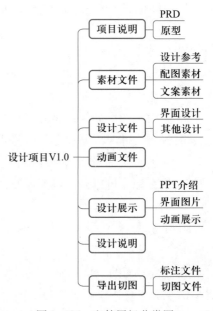

图 3-186　文件层级分类图

（2）文件夹的命名

使用数字作为同一个目录文件排序的方式，因为数字最容易被人记忆，并且可以营造秩序感。文件夹命名方式可以使用 NO_文件夹名称，如图 3-187 所示。

在文件夹内的文件是否一样需要有效的序列，也要根据文件的具体属性来确定。例如素材图，有没有特意命名都不是太重要，因为它们没有记忆和反复提取的必要，保存下来只是做备份而已。

（3）画板命名

基本的文件命名，都会根据层级从上到下通过下画线分割。之所以需要这样的层级划分，是因为可以用来命名页面的词汇是有限的，如果一个应用中出现了很多都要称呼为设置的下级页面，那么最好要清楚它的从属关系，是哪个页面跳转进来的。

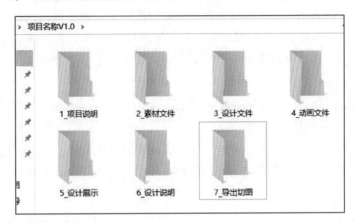

图 3-187　文件夹命名

导出的界面图片命名，实际上就是画板或画布的命名。画板命名较简单，需要做的是避免一些常规错误，尽量使画板名称规整易读。

整体遵循公式：模块（项目名）/一级分类/二级分类/状态

当该界面层级最高时，只需要进行最简单的命名，如（项目名）/首页 。当界面层级不是最高时，需要再补充一个层级的名称，如（项目名）/首页/搜索/input、（项目名）/首页/搜索/regular，这个命名的含义是从首页进入的搜索页面，其中 input 则是指已经键入了内容，其优点是可以清晰地阐述当前界面的来源，上一步操作是什么，父界面是什么，即通过命名传达出交互逻辑。应当避免重名及"画板 1copy"此类情况。

（4）图层与组命名

单个图层（Layer）只需要以其自身属性命名，如矩形、线条、图片等。当该图层有明确意义时，也可使用当前语义来命名，如矩形可以命名为 bg（背景），线条可以命名为 section divide（分割线），图片可以命名为 image（图片）。关于使用中英文的问题看个人喜好和习惯，英文当然最标准，但中文更易读。从高效角度讲，单个图层的命名不需要太过纠结。一方面因为其数量过多，另一方面因为 layer 会嵌套进组，共享一个组的名字，该组的名字是工作中需要重点识别的地方。

图层有多种情况，如文字（Text）、图片（Image）、线条（Line）、形（以矩形、圆形为主）、切图（Slice）、组件（Symbol）。

主要的命名工作实际上是组（Group）命名，大部分图层都应成组，利于操作的同时减少筛选信息的成本。多个图层组成的组才是需要重点命名的设计最小元素。

组命名遵循嵌套的原则，即一级组/二级组/三级组，一般以功能模块为主要命名原则。例如小说首页的主编推荐模块，自然命名为主编推荐，如果是可复用的模块则可以命名为 card（Components：组件名称）/主编推荐。Symbol 本质上也是一个组，而且是进行

UI 设计时最常用的组的种类，用 Symbol 组件利于减少总的组的层级，将组保持在 2~3 层，因此在点击某个最小级别元素时只需要两次点击即可选中，提高了效率和使用体验。

界面中的所有设计元素都能够且应该按照某种逻辑分门别类地归组，应当避免出现落单图层的情况，从而导致画板的一级展开栏混乱不堪。另外不要出现 group copy 此类情况，即便是复制的组件，可以添加一个数字后缀从而体现出一定逻辑性。

（5）控件命名

控件或者说组件是如今设计中最常用到的设计元素的命名。对于平台级官方控件，应当使用其规范的命名；对于非原生控件，根据项目协作需要或者根据提升自己工作效率的诉求，去酌情命名。例如，针对首页的一些内容性质的复用模块，可以使用 card 作为前缀来命名，如图 3-188 所示。控件整体命名规则为：性质/模块/状态（属性），例如 bar/ status bar/black。

图 3-188　非原生控件命名案例

下面列出常用的组件，参考了 iOS 组件库及 ant design 组件库，更加详细的组件命名请登录 iOS 开发者网站和 MD 官网查询。

① 状态栏（Status Bar）

② 导航栏（Navigation Bar）

③ 搜索栏（Search Bar）

④ 标签栏/菜单栏（Tab Bar）

⑤ 工具栏（Tool Bar）

2. 界面标注切图

在设计稿制作完毕后，从中整理出的技术开发所需要的素材或图片就是切图。合格的、严谨的切图可以大大减少技术人员开发返工率，减少技术人员的开发工期，提升开发流畅度，从而减少项目人力成本，最终开发出有利于交互、拥有良好视觉感的产品。切图标注作为连接 UI 设计师到技术开发两者的工作模块非常重要。界面设计师熟悉工具使用、理解设计尺寸与切图倍数的关系，才能在切图时进行判断：目前的设计稿尺寸与切图单位是否正确匹配。

（1）简单理解标注切图原理

本质上，开发写 App 界面和设计做设计稿是一样的，只不过两者实现方法不同。这里使用最简单的方式来理解。

如图 3-189 所示是 iOS 开发工具 Xcode 里的一个空白页面，左侧灰色空白的 View Controller 相当于 Photoshop 或 Sketch 里的一个新建画板。App 简单理解就是由一个个的 View Controller 串联起来的集合。右侧的 View Controller 中放置了部分系统提供的控件，这些是界面设计师非常熟悉的。一个 App 的界面里，在程序里也是由控件组成，每个控件都有自己的属性。开发根据设计稿的样式和标注，对这些控件的属性进行编辑，来完成 App 界面的样式开发。设计稿中的所有设计元素，都需要放到对应的空间中才能在 App 的界面里现实出来。任何 UI 类的设计图，要通过代码还原成软件界面时，没办法通过代码写出来的图形，就需要设计师导出对应的图形文件，给代码做补充。

图 3-189　Xcode 解读

（2）设计稿的标注

根据图 3-189 可以理解设计稿和程序之间的关系：设计稿里的按钮、文字、图标、列表、背景色、线条等所有的设计元素，在 Xcode 里都有对应的控件，设计元素必须使用对应控件，才能在 App 的界面里显示出来。设计稿的标注，实质上是标注的各类控件的属性以及相对于其他控件的关系。

① 文字的自身属性：颜色、字号、字体、行间距、对齐方式、透明度。

② 图片的自身属性：宽高、间距、距离、透明度。

③ Label 的自身属性：颜色、字号、字体、行间距、对齐方式、透明度。

④ Image View 的自身属性：宽高、间距、距离、透明度。

实际上各类控件的属性也要比这个复杂得多，这里是最简单的举例说明。使用本地化插件 Sketch Measure，几乎不用手工标注，标注导出 HTML 后，直接给开发就行。而一些线上工具的插件，如蓝湖、墨刀、Mockplus 等，功能则更加丰富，如图 3-190 所示。

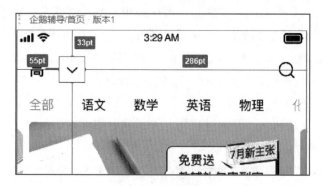

图 3-190　蓝湖标注

需要标注的包括以下几点。

① 文字：字体大小 、颜色。

② 布局控件属性：控件的宽高、背景色、透明度、描边和圆角大小（如果有圆角）等。

③ 列表：列表的高度、颜色、内容上下间距等。

④ 间距：控件之间的距离、左右边距。

⑤ 段落：行距。

⑥ 全局属性：如导航栏文字大小、颜色、左右边距、默认间距等，如果之前跟开发合作过，在这方面的开发了解就可以省略了。

（3）切图

切图是指在设计稿里整理出技术开发所需要的素材或图片。切图的方法由很多，例如，Sketch 和 Adobe XD 可以直接导出，Photoshop 不具备这个功能，但是可以使用 Cutterman、蓝湖等插件导出切图。下载蓝湖插件装在设计工具中（Photoshop、Sketch、XD），选中画板上传，在设计稿中为图层或组切片标记，上传至平台的画板便带有切图下载。

1）切图的分类。一个完整的应用要导出的切图有很多种类型，如图形本身的含义或者是文件的格式。图形的类型包括背景图、插画素材、动画素材、序列帧、图标、Logo 等。图形种类较多，而且切图的数量可能比较庞大，所以还是要依靠文件夹的层级划分进行协助。例如数量最多的图标、序列帧，要单独为它们创建一个文件夹，不能混合到一个目录中。在所有细节从属上，还有一个优先级更高的问题，就是切图面向的手机系统，如果使用了两个平台独立的设计，或是针对平台导出矢量格式文件时，那么在最顶层就应该划分出 iOS 和 Android 两个文件夹，把文件分开导出，便于不同的前端工程师检索。

通常，切图命名公式为：组件_类别_功能_状态 . png，如导航_按钮_搜索_默认 . png。如果使用英文命名，如 nav_button_search_default. png，该效果存在名字太长，以及层级太多且英文的字数难以控制等问题。虽然很多时候有一些广泛应用的元素如导航、标题、背景之类的都有简写（Nav、Tit、Bg），但至少有一半的词汇是没有简写方式的。开发命名之所以使用英语，是因为在代码里不能使用中文，标注是没有必要给自己框定这样的限制的。除非切图命名这个规范是经团队商议，由开发整理后规定的，不然不要企图认为自己的英文命名具有普适性。命名只是为了让开发能快速找到指定的文件而已，所以在每个文件夹中，切图的命名就可以只使用 3 级以内，即"模块_名称_状态"，如标签栏_找课_选中@ 1x. png、动态_评论_默认@ 1x. png、登录按钮_点击@ 2x. png。

一个完整应用中，并不是所有的页面中的元素都需要切图，如常规文字、纯色背景、直线、外框、头像、状态栏等。凡是带样式的、不规则的图形按钮、动图都是需要切图的，具体分类见表 3-13。

表 3-13　切 图 分 类

	不需要切图	需要切图
字体	常规文字	装饰字体
背景	纯色背景	非矩形背景
	渐变背景	含图片背景
	透明背景	含相片背景
	不规则圆角矩形背景	
按钮	常规按钮	不规则图形按钮
	双色渐变矩形按钮	多彩渐变按钮
	带外框文字按钮	带不规则阴影按钮
ICON		常规 ICON（每种状态都切）
		带外框 ICON（连外框一起切）
		ICON+文字组合（只切 ICON）
分割元素	直线	曲线
	常规矩形	
	外框	
平面图	Banner	
	封面	
	文章图片	
	头像	
其他	状态栏	动图

2）切图命名的服务对象是开发人员，而不是设计师，因此对切图命名要照顾开发人员的习惯或者规则。这里简单还要介绍几个原则：

① 避免大小写，有些开发语言无法识别大小写的文件。

② 绝对不允许有空格。

③ 切图使用分隔符"_"而不是"/"。"/"符号是用来分级的，只适用于在软件中管理图标使用，不要命名在切图上。

④ 不允许有数字。

3）类别命名和常用状态中英对照图如图 3-191 所示。

4）切图的格式与大小。切图要注意双

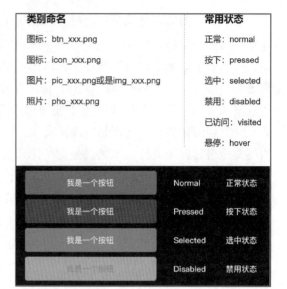

图 3-191 类别命名和常用状态

数像素切图，图片长宽为偶数；750×1 334 px 与 720×1 280 px 的切图资源大小都必须为双数像素，才能保证开发时素材被高清显示，如图 3-192 所示。

5）实际切图与展示区域（桌面图标）。桌面图标/应用 ICON 会被运用在不同的位置，在输出桌面图标切图素材时，不需要对桌面图标切图进行圆角处理，如图 3-193 所示。

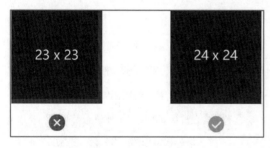

图 3-192 偶数切图

图 3-193 启动图标不做圆角处理

6）点击区域大小。注意画布大小≠素材大小，一般情况下素材分两种，装饰素材和可点击素材，装饰素材直接按图层贴边切图，点击素材需要考虑点击区域的位置与大小，适当调整素材的画布，再进行素材切图。苹果官方提供的能准确点击的最小点击区域：88×88 px、44×44 pt。Andriod 最小点击区域 48 dp，小于这个范围也可以点击，但是点击不灵敏，体验较差。对于比这个范围小的可点击按钮，周围需要用透明区域填充后再输出切图，如图 3-194 所示。

7）切图输出格式。

PNG：常用图片格式，目前大部分产品还在使用此格式；带投影等图层样式的必切格式。

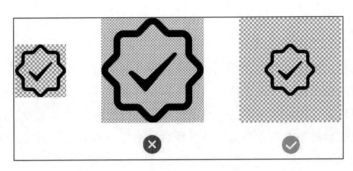

图 3-194　切图考虑点击区域

WebP：安卓的图片格式，同等质量图片下体积非常小，非常推荐给安卓使用。

SVG：矢量格式，完美解决适配问题，但也有部分缺点。

内存大小：为了方便用户在使用产品中快速加载页面，需要对大素材或者图片进行压缩，常用的工具有 ppduck、熊猫压图，它们都是业内较优秀图片压缩工具。

8）切图的套数。理论上，在 iOS 系统中应用需要切 3 套图，分别是@ 1x、@ 2x 和 @ 3x，这样做是为了更好地适配；而在实际工作中，iOS 中只需要切两套图就可以，分别为@ 2x 和@ 3x，其见表 3-14。

表 3-14　设计稿尺寸与切图倍数对应关系

机　　型	设计稿尺寸/px	切图尺寸
iPhone 1/2/3	340×480	@ 1x
iPhone 4/4S	640×960	@ 2x
iPhone 5/5C/5S	640×1 136	@ 2x
iPhone 6/7/8	750×1 134	@ 2x
iPhone X	750×1 624	@ 2x
iPhone 6/7/8 plus	1 242×2 208	@ 3x
iPhone X	1 125×2 436	@ 3x
Android	240×320	ldpi
	320×480	mdpi
	480×800	hdpi
	720×1 280	xhdpi
	1 080×1 920	xxhdpi
	1 440×2 560	xxxhdpi

Android 中应用的尺寸比较多，需要切片的也就较多，通常有 MDPI、HDPI、XHDPI、XXHDPI 和 XXXHDPI 等。

3. 设计交付和对接

从定义上来看，设计交付一般发生在完成的设计送达至开发人员实现它的阶段。设计师负责视觉界面的设计，开发人员负责让视觉界面落地并尽可能还原设计稿。由于设计师和开发人员在项目流程中处于中下游，在项目中只是过程执行者，无法掌控项目的时间和整体进度，这就很容易造成两者在对接时出现意见不统一的情况。所以在这个阶段，给界面设计师的建议如下：

① 交付前自查。交付前的自查是对设计文件的查漏补缺，帮助设计师养成良好的职业习惯，对自己的工作负责，保证交付物的完整清晰。表 3-15 列出了先进行自查的几个方面。

表 3-15　交 付 自 查

规范	字号、色彩、图标、尺寸、圆角、间距等是否符合规范
背景	是否需要手动标注 标注内容是否能读取，有无重叠、遮挡等
切图	是否包含背景 是否固定范围 是否利于开发使用
文案	有无错别字 是否限定文字区 是否提供最短、最长文字效果
缺省态	是否覆盖不同情况的缺省 是否已提供默认图片
动效	是否需要动效说明
适配	是否已覆盖多尺寸屏幕 是否已提供多尺寸图片

② 设计稿交付时提供设计稿以及标注切图。要在理解页面重构的前提下去标注页面，页面标注清晰明了，减少沟通成本。合适的切图、精准的标注位置可以最大限度地还原效果图的设计，精妙的切图和标注更会有事半功倍的效果。

③ 界面设计师应该自己具备与开发人员沟通的能力。设计交接的准备工作应从整个设计过程的一开始就进行，如与开发人员共同确定工具、语言、命名习惯等。在项目推进期间，设计人员与开发人员讨论的检查点应反复出现。在沟通过程中，设计师也需要理解开发者是如何进行设计稿的复现的，代码如何编写的，如何合理布局，哪些地方是可以避免发生问题的，哪些是可以与开发者一起思考想办法解决的。例如在计算机上安装于开发者一样的运行环境的（Xcode），并使用 GIT 保持代码与开发人员的代码同步。

④ 在与开发人员对接时，要做到有据可依，面对出现的质疑，从专业角度和沟通技巧上去解决。

⑤ 定义设计规范，并协同开发人员将控件和组件进行规范化、模块化。

在设计交付阶段，设计师注意以上几点，且与开发人员保持良好的沟通，可以减少返工及沟通成本，让上下游的合作更加高效。

【任务实施】

1. 理解思路准备

根据任务描述，以腾讯企鹅辅导为例，掌握界面、启动图标、功能 图标的输出方法和规范命名，养成良好的工作习惯。本任务以蓝湖插件为例，演示页面的标注和切图。可登录官网下载对应的工具插件，蓝湖支持 Sketch、Photoshop、Adobe XD、Axure 这 4 款工具。

2. 实施步骤和结果

（1）Illustrator 中功能图标的输出与命名

Illustrator 中对功能图标的导出比较方便，只需要对画板进行规范命名，然后直接导出即可。下面以腾讯企鹅辅导标签栏中的图标为例进行介绍。

首先，对画板按照命名公式"模块_名称_状态.png"进行重命名。例如灰色找课图标，其画板重命名为"标签栏_找课_默认"；绿色找课图标，其画板重命名为"标签栏_找课_选中"，将 8 个图标的画板按相同方式分别命名，如图 3-195 所示。

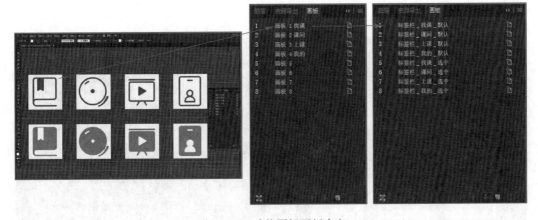

图 3-195　功能图标画板命名

其次，选择菜单"文件"→"导出"→"导出多种屏幕所用格式"命令（快捷键 Alt+Ctrl+E）。在"导出"对话框中选择需要导出的画板或范围，注意"格式"选择中给出了 iOS 和 Android 的命名格式。此处选择 1x、2x、3x 三种，单击"导出画板"按钮。此步骤如图 3-196 所示。

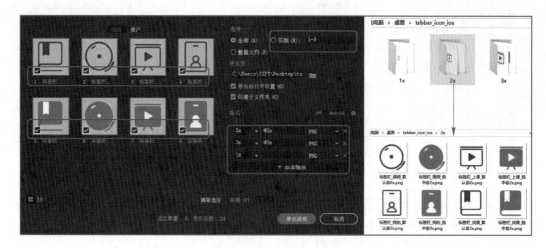

图 3-196   功能图标输出

（2）Photoshop 中界面图层、组、画板的命名

首先，在 Photoshop 中对各个页面的画板按照命名公式"模块（项目名）/一级分类/
二级分类/状态"进行重命名。例如首页画板命名为"企鹅辅导/首页"，科目列表页画板
命名为"企鹅辅导/首页/科目列表页"。

其次，对单个页面中的图层和组进行整理命名，可按照从上到下的顺序进行排列。以
科目列表页为例按照页面中从上到下的顺序和布局进行图层整理，按照卡片或组件进行图
层组命名。具体如图 3-197 所示中右侧"图层"面板：从上到下分别是状态栏、导航栏、
科目、系统班标题、tab、课程卡片、bg。tab 之所以没有放在最下方，是因为科目列表较
长，tab 的优先级是在最上层。

图 3-197   PS 中图层、组、画板的命名

（3）腾讯企鹅辅导页面的标注与切图

首先，下载蓝湖插件安装到 Photoshop 中。

第 1 步，打开"蓝湖插件"面板，选择 iOS@ 2x，可将所有画板或单个画板上传，如图 3-198 所示。

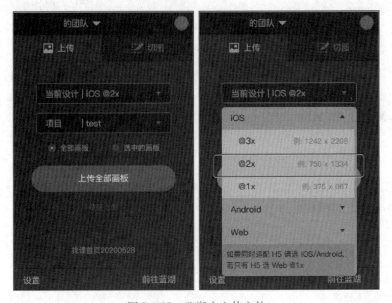

图 3-198　蓝湖中上传文件

第 2 步，单击设计图任意地方，即可打开设计图标注信息面板，查看该设计图元素大小、描边、颜色、投影、圆角、字体、字号、边距等信息。单击空白处，即可关闭"标注"面板，如图 3-199 所示。

图 3-199　蓝湖中查看标注

第 3 步, 点击"标注"面板右上方三角图标, 打开标注单位列表, 即可根据需要选择标注单位。可以看到可以选择 iOS、像素、Android、Web 这 4 种开发平台, 如图 3-200 所示。

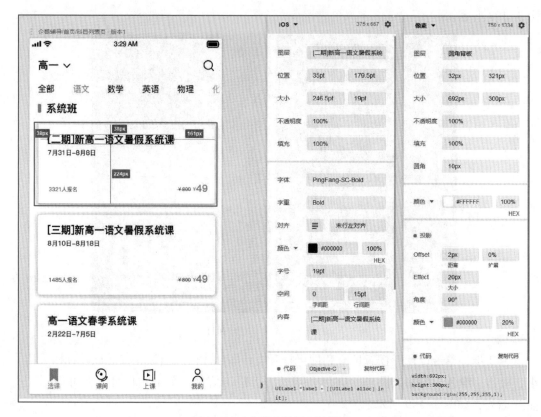

图 3-200 蓝湖中设置标注单位

第 4 步, 页面切图。以科目列表页导航栏中的搜索图标为例。在 Photoshop 面板中选中需要切图的图层或图层组, 打开蓝湖插件, 标记需要切图的图层, 如图 3-201 所示。选中科目列表页画板, 点击上传。

第 5 步, 前往蓝湖 Web 端, 选中设计设计稿, 右击, 在弹出的快捷菜单中选择"下载切图"命令, 如图 3-202 所示, 即可下载切图压缩包。注意, 在 Photoshop 中命名规范, 下载切图后无须二次命名。

第 6 步, 一键下载多张设计图的全部切图。在蓝湖 Web 端画布页面, 按住 Shift 键, 并单击鼠标左键选择多张设计图, 或者使用鼠标右键拖曳可框选设计图; 框选后, 右击, 在弹出的快捷菜单中选择→"下载切图"命令, 即可同时一键下载多张设计图内的全部切图。

以上就是对设计交付中项目文件管理、命名切图等内容的完整梳理, 掌握这些知识点可以应付绝大多数的工作协同需要。这些看似麻烦的过程, 不只是做了给设计师自己使用, 还要方便所有的项目成员, 这种能力一样是一个 UI 设计师应该保有的专业素养之一。

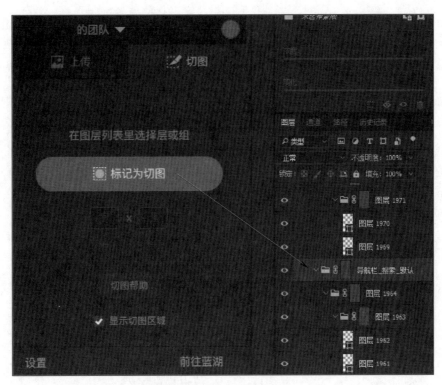

图 3-201 蓝湖中标记切图图层

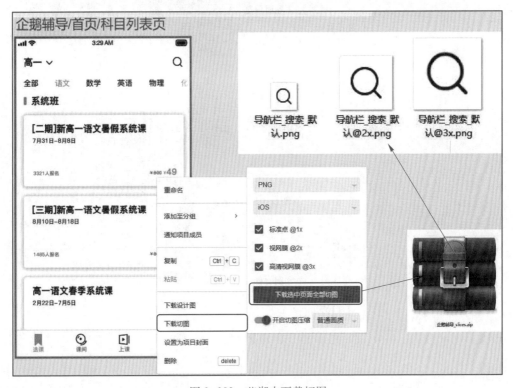

图 3-202 蓝湖中下载切图

本项目文件夹整理及层级思维导图如图 3-203 所示。

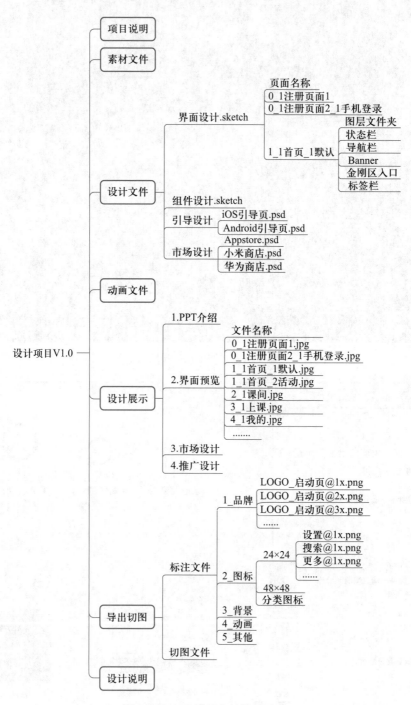

图 3-203　UI 项目文件管理示意

【知识拓展】

1. Android 编码规范建议 18 条

本部分内容适合手机 App 设计师和 Android 工程师阅读。

① Java 代码中不出现中文，最多注释中可以出现中文。

② 局部变量和静态成员变量的命名只能包含字母，除首单词外其余所有单词的第一个字母大写，其他字母都为小写。

③ 常量命名只能包含字母和 "_"，字母全部大写，单词之间用 "_" 隔开。

④ 图片尽量分拆成多个可重用的图片。

⑤ 服务端可以实现的，就不要放在客户端。

⑥ 引用第三方库要慎重，避免应用大容量的第三方库，导致客户端包过大。

⑦ 处理应用全局异常和错误，将错误以邮件的形式发送给服务端。

⑧ 图片的点 9 处理。

⑨ 使用静态变量方式实现界面间共享要慎重。

⑩ Log（系统名称模块名称接口名称，详细描述）。

⑪ 单元测试（逻辑测试、界面测试）。

⑫ 不要重用父类的 handler，对应一个类的 handler 也不应该让其子类用到，否则会导致 message. what 冲突。

⑬ activity 中在一个 View. OnClickListener 中处理所有的逻辑。

⑭ strings. xml 中使用%1$s 实现字符串的通配。

⑮ 如果多个 activity 中包含共同的 UI 处理，那么可以提炼一个 CommonActivity，把通用部分交由它来处理，其他 activity 只要继承它即可。

⑯ 使用 button+activitgroup 实现 tab 效果时，使用 Button. setSelected（true），确保按钮处于选择状态，并使 activitygroup 的当前 activity 与该 button 对应。

⑰ 如果所开发的为通用组件，为避免冲突，将 drawable/layout/menu/values 目录下的文件名增加前缀。

⑱ 数据一定要效验，例如，字符型转数字型，如果转换失败一定要有缺省值；服务端响应数据是否有效判断。

2. 问题思考

（1）有哪些方法可以与开发人员成为好朋友？

（2）界面设计师是否要懂点 "代码"？为什么？

（3）点 9 切图是什么？

项目实训

（一）实训目的

1. 熟悉和了解产品开发流程。
2. 掌握 iOS/安卓设计规范。
3. 掌握基础用户研究、体验设计、界面构建的技能和方法。
4. 掌握界面视觉设计的原则、布局及核心页面视觉设计技巧。
5. 掌握界面、启动图标、功能图标的输出方法并规范命名。

（二）实训内容

依据腾讯企鹅辅导 App 界面设计流程、方法与原则，选择一个 App 进行优化设计（如课程表、记账、行程安排等，游戏除外），并形成产品概念报告书。

（三）问题引导

1. 在使用过的 App 中，有没有体验感较差的产品？
2. 你决定下载一款 App 的原因是什么？是图标比较好看，还是确实需要用它的某个功能或朋友推荐？
3. 你手机上装载了几个同类的 App（出行类、外卖类、咨询类、电商类等）？它们之间有什么不同？
4. 对 App 进行优化设计，可以从哪些点切入？
5. 对需要进行优化的 App 如何进行用户体验分析？
6. 如何从角色、场景、任务 3 个维度理解产品需求？
7. 优化后的 Demo 有哪些演示方法？

（四）实训步骤

1. 确定工具类 App 的具体选题。
2. 依据产品开发流程，明确完成实训任务需要经历的项目开发环节。
3. 制定工作计划，完成小组分工。
4. 根据分工安排，完成用户研究、交互设计，并完成需求分析报告。
5. 制定工作计划，完成界面设计、演示 Demo，并完成产品概念设计报告。
6. 根据产品开发流程，做好设计交付文档。

（五）实训报告要求

讨论用户需求痛点及产品功能，按照要求汇总需求分析报告和概念设计报告。

项目总结

本项目是以腾讯企鹅辅导 App 为项目案例，对移动端项目进行用户体验分析和流程拆解，尽量还原和反推其开发设计过程。在这个过程中，需要学习界面设计师必备的知识点和技能点。本项目的具体任务是：根据用户需求分析、产品框架搭建、交互设计理论运用和界面构建方法，完成该款产品的应用图标设计、功能图标设计及主界面视觉设计，能按照规范命名并输出和交付设计文档。

本项目涉及的知识重点主要是掌握 iOS/安卓设计规范和界面视觉设计两个方面的内容。作为 UI 设计师，熟悉和掌握 iOS/安卓设计规范是完成本职工作必须了解的专业知识。从视觉的角度来说，规范是由设计升华而来，产品由什么样的视觉呈现和元素定义，都有可遵循的标准。操作系统规范可以让新手设计师少走弯路，在界面设计时不出错，这是 UI 设计师能胜任工作的基本。同时，由于 iOS 和 Android 规范尤其是 Material Design 涉及产品开发的各个方面，如尺寸、动效、层级、字体、颜色、组件等，因此在学习和掌握的时候需要对内容做优先级排序，对重要且能马上运用到界面设计的内容进行梳理掌握。在界面视觉设计方面，主要是掌握格式塔心理学的原则、界面的布局、构成元素和视觉质感的提升。这两个内容决定 UI 设计师基本业务能力是否达成。

本项目涉及的知识难点主要是交互设计理论的运用和设计交付文档管理。作为 UI 设计师，在实际工作中，是需要参与到项目前期推进工作中来的。对用户研究方法、竞品分析、信息建构、交互线框图这些知识点掌握的程度是能看懂、能理解、能简单做、能从中提取对界面设计有帮助的内容即可。在项目的案例演示中，对设计交付文档管理只提供了基本的方法，这种职业素养和职业习惯的养成需要在工作中不断积累沉淀。

本项目涉及的技能重点主要是界面视觉设计中所包含的工具软件的熟练使用，如功能图标和启动图标绘制时要用到的布尔运算、路径查找器、形状生成器、轮廓化描边等技能点。同时，UI 设计师还能根据交互设计输出物去制作核心界面，更进一层就是设计表达能力的提升，如从层次、图标、质感上去提升界面的品质感。

本项目涉及的技能难点主要是能使用用户体验五层次分析法分析腾讯企鹅辅导这款产品，明确产品的核心功能，理解腾讯企鹅辅导找课路径；能依照逻辑反推并还原产品架构图、结构图和业务流程图。难点主要在 UI 设计师逻辑思维能力的提升上，即对产品、用户、场景进行观察、比较、分析、综合、抽象、概括、判断、推理等，这与形象思维能力是截然不同的。通过本项目的推演，可以锻炼 UI 设计师逻辑思维能力。

课后练习

1. 单选题

（1）UI 设计师的工作产出物不包括（　　）。

A. 移动端界面设计（基于 iOS 和 Android 两个平台）

B. 小程序界面设计、H5 页面设计、网页设计

C. 后台界面设计、大屏幕数据展示界面、电商界面

D. PRD、MRD、

（2）一个 App 产品的研发流程大致包括产品需求、用户研究、（　　）、视觉设计、前端开发、测试上线和维护运营。

A. 交互设计　　　　B. 流程设计　　　　C. 架构设计　　　　D. 可用性测试

（3）迭代模型中周期不超过（　　）。

A. 1 周　　　　　　B. 2 周　　　　　　C. 3 周　　　　　　D. 4 周

（4）现在市场上占额最大的移动端操作系统是（　　）。

A. 谷歌的 Android　B. 苹果的 iOS　　　C. 惠普的 WebOS　　D. 微软的 Windows

（5）iPhone 常用的设计尺寸为 750×1 334 px，是（　　）分辨率。

A. @1x　　　　　　B. @2x　　　　　　C. @3x　　　　　　D. @4x

（6）Android 开发单位是（　　）。

A. px 和 pt　　　　B. dp 和 sp　　　　C. cm 和 inch　　　D. dpi 和 ppi

（7）下列中（　　）不是 Material Designs 的目标。

A. 创建　　　　　　B. 统一　　　　　　C. 高效　　　　　　D. 定制

（8）交互设计在于定义人造物的行为方式（the "interaction"，即人工制品在特定场景下的反应方式）相关的界面。交互设计不仅需要对产品的行为进行定义，还包括对（　　）认知和（　　）规律的研究。

A. 用户，行为　　　B. 用户，审美　　　C. 产品，行为　　　D. 产品，审美

（9）用户研究中属于定性研究的方法是（　　）。

A. 数据分析　　　　B. 焦点小组　　　　C. 调查问卷　　　　D. 日志文件分析

（10）用户体验五层次从下到上排序正确的是（　　）。

A. 战略层、范围层、结构层、框架层、表现层

B. 战略层、范围层、结构层、表现层、框架层

C. 范围层、战略层、框架层、结构层、表现层

D. 范围层、范围层、框架层、表现层、结构层

（11）格式塔心理学五大原则是（　　）。

A. 对称、节奏、亲密、重复、韵律

B. 对齐、对比、对称、均衡、闭合

C. 对齐、比例、亲密、统一、闭合

D. 对齐、对比、亲密、重复、闭合

（12）下列中（　　）不是功能图标的设计原则。

A. 表意准确　　　　　B. 突出品牌　　　　　C. 美观度　　　　　D. 风格统一

2. 问答题

（1）产品开发模式有哪些？

（2）请简要说明互联网产品团队有哪些岗位。

（3）请简要分析 iOS 和 Android 的差异。

（4）请列出交互设计的九大定律。

（5）什么是信息架构？架构图和流程图又分别包括哪几类？

（6）请列举常见移动端界面布局的 8 种方式。

（7）简要说明移动端界面的组成。

（8）设计文档交付前需要从哪几个方面进行自查？

参考文献

[1] 安德鲁·福克纳，康拉德·查韦斯．Adobe Photoshop CC 2018 经典教程［M］．罗骥，译．北京：人民邮电出版社，2018.

[2] 布莱恩·伍德．Adobe Illustrator CC 2018 经典教程［M］．侯晓敏，译．北京：人民邮电出版社，2018.

[3] 原研哉．设计中的设计［M］．朱锷，译．济南：山东人民出版社，2006.

[4] 刘津，李月．破茧成蝶［M］．北京：人民邮电出版社，2014.

[5] Steve K. 点石成金：访客至上的 Web 和移动可用性设计秘笈［M］．蒋芳，译．北京：机械工业出版社，2015.

[6] Alan C，Robert R．About Face 3 交互设计精髓［M］．刘松涛，译．北京：电子工业出版社，2020.

[7] 顾振宇．交互设计原理与方法［M］．北京：清华大学出版社，2016.

[8] 由芳．交互设计思维与实践［M］．北京：电子工业出版社，2017.

[9] 余振华．术与道——移动应用 UI 设计必须课［M］．北京：人民邮电出版社，2017.

[10] 郗鉴．UI 全书［M］．北京：电子工业出版社，2019.

[11] 拉杰拉尔．UI 设计黄金法则［M］．王军锋，高弋涵，饶锦锋，译．北京：中国青年出版社，2014.

[12] 常丽，李才应．UI 设计精品必修课［M］．北京：清华大学出版社，2019.

[13] 董庆帅．UI 设计师的色彩搭配手册［M］．北京：电子工业出版社，2017.

[14] 黄岩．UI 设计与制作［M］．上海：上海人民美术出版社，2016.

[15] 郑昊．UI 设计与认知心理学［M］．北京：电子工业出版社，2019.

[16] 张鸿博，明兰．平面构成［M］．北京：清华大学出版社，北京交通大学出版社，2011.

[17] 喻小飞．设计构成［M］．2 版．北京：人民邮电出版社，2019.

[18] 李颖．图形创意设计与实战［M］．北京：清华大学出版社，2015.

[19] 王起．版式设计全攻略［M］．北京：人民邮电出版社，2020.

[20] 刘芳．字体设计与实战［M］．北京：清华大学出版社，2016.

[21] 刘延琪．版式设计就这么简单［M］．北京：电子工业出版社，2015.

郑重声明

高等教育出版社依法对本书享有专有出版权。任何未经许可的复制、销售行为均违反《中华人民共和国著作权法》，其行为人将承担相应的民事责任和行政责任；构成犯罪的，将被依法追究刑事责任。为了维护市场秩序，保护读者的合法权益，避免读者误用盗版书造成不良后果，我社将配合行政执法部门和司法机关对违法犯罪的单位和个人进行严厉打击。社会各界人士如发现上述侵权行为，希望及时举报，我社将奖励举报有功人员。

反盗版举报电话　　（010）58581999　58582371
反盗版举报邮箱　dd@hep.com.cn
通信地址　北京市西城区德外大街4号　高等教育出版社法律事务部
邮政编码　100120

读者意见反馈

为收集对教材的意见建议，进一步完善教材编写并做好服务工作，读者可将对本教材的意见建议通过如下渠道反馈至我社。

咨询电话　400-810-0598
反馈邮箱　gjdzfwb@pub.hep.cn
通信地址　北京市朝阳区惠新东街4号富盛大厦1座
　　　　　高等教育出版社总编辑办公室
邮政编码　100029

防伪查询说明（适用于封底贴有防伪标的图书）

用户购书后刮开封底防伪涂层，使用手机微信等软件扫描二维码，会跳转至防伪查询网页，获得所购图书详细信息。

防伪客服电话　　（010）58582300